U0172871

梁怀月 著

义乌江下游流域传统村镇聚落公共空间

Public Space of Historic Villages and Towns in Lower Yiwu River Basin

中国建筑工业出版社

图书在版编目（CIP）数据

义乌江下游流域传统村镇聚落公共空间=Public
Space of Historic Villages and Towns in Lower Yiwu
River Basin / 梁怀月著. —北京：中国建筑工业出版
社，2022.6
ISBN 978-7-112-27552-6

Ⅰ.①义… Ⅱ.①梁… Ⅲ.①乡村—聚落环境—公共
空间—研究—浙江 Ⅳ.①TU—881.2

中国版本图书馆CIP数据核字（2022）第109964号

　　本书基于丰富翔实的田野调查与大量宗族谱志原始文献，进行了大量细致而详细的调研，尝试从真实的历史传统乡村社会生活入手，还原民国以前义乌江下游流域传统乡镇聚落的真实样貌，解析其公共空间的具体特征和规律，构建历史上该区域完整的区域公共空间体系。揭示该地区聚落及其公共空间形态与特殊区位地理环境、历史人文背景之间的关联，解答该地区得以长久持续地区社会和平稳定的根本原因。义乌江下游流域的聚落空间研究是江南区域性传统聚落研究的重要一环，有利于金华地区历史文化的传承与发扬，对于当代浙江中部地区传统聚落的保护更新及区域乡村公共空间建设具有指导借鉴意义，也为当代社会主义美丽乡村建设提供了可行的科学依据与策略。

　　本书适用于建筑学、城乡规划等相关专业的师生、从业者，以及从事聚落、乡村振兴、历史文化保护等相关专业的人员阅读参考。

责任编辑：张　华
书籍设计：锋尚设计
责任校对：芦欣甜

义乌江下游流域传统村镇聚落公共空间
Public Space of Historic Villages and Towns in Lower Yiwu River Basin
梁怀月　著

＊
中国建筑工业出版社出版、发行（北京海淀三里河路9号）
各地新华书店、建筑书店经销
北京锋尚制版有限公司制版
北京中科印刷有限公司印刷
＊
开本：787毫米×1092毫米　1/16　印张：19¼　字数：415千字
2022年6月第一版　　2022年6月第一次印刷
定价：**98.00**元
ISBN 978-7-112-27552-6
　（39485）

序

数万年来，我们的先辈在中华大地上繁衍生息，造就了璀璨的中华文明，遗留给我们得以依托的、弥足珍贵的人文遗产，令人惋惜的是，这样的人文遗产正逐渐消失于现代化的洪流之中。显然，保护和研究乃至传承这样的人文遗产成为当务之急。令人感动的是，党的十八大以来，以习近平同志为核心的党中央提出要主动推动中华优秀传统文化的传承与发展，为我们的研究指明了方向。

我在北京林业大学任教时，先后担任了梁怀月的硕士研究生导师和博士研究生导师。梁怀月是一位才华横溢而又踏实、低调、品学兼优的学生，对于研究生态人居环境的建设充满好奇和热情。在讨论其博士论文的选题时，我建议她先实地考察和研究浙江省的国家级历史文化名镇和历史文化名村，在此基础上，再确定博士论文的主攻内容。尽管遇到各种困难，梁怀月还是积极、认真、不辞劳苦地完成了调研工作，获得诸多的惊喜发现和成果，其中就包括对义乌江下游流域人居遗产的认知和体验，这里的传统社会生活特点鲜明，直至中华人民共和国成立初期，始终保持着男耕女织的传统生活分工；定居聚落单姓宗族聚居；观念上崇尚耕读轻视工商，区域贸易经营等活动全部由外来人口从事；热衷庙会、节庆、斗牛等活动，娱乐活动极其丰富；士农各阶层均以郊野出游为乐；祭祖敬宗、多神信仰、笃信风水……这样的传统生活孕育了当地独具特色的区域公共空间体系。

义乌江下游流域所属的金华地区自新石器时期开始，就是以农耕为主业的稳定社会形态，虽也在方腊起义、元末明初、清朝初年及清末太平天国运动、抗日战争等时期遭到战火的重创，但所经历战争次数明显少于苏杭、浙东、衢州等地，在历史绝大多数时期处于战争后方位置，长久以来社会安定，人民并不富足，但都能安居乐业。稳定的社会形态根源于充沛的地区自然资源环境和社会意识形态的主导，也与合理且完善的公共空间具有重要联系。义乌江下游流域公共空间体系承载了长久以来稳定的社会生活，并对于强化促进社会稳定起到重要作用。据此探索公共空间与社会稳定之间关系可以为当代乡村振兴的建设提供有益的发展策略。

此书以义乌江下游流域范围内的传统聚落历史形态为研究对象，对于整个区域传统村镇聚落公共空间体系进行全面梳理和研究。现阶段浙江中部义乌江下游流域独特的区域性聚落特征尚未在建筑、规划等相关学科研究中得到应有的重视。对于江浙一带的传统聚落来讲，业内人士已有大量针对徽州、嘉杭湖平原、楠溪江流域等地聚落的相关研究。而义乌江下游流域被普遍认为是浙江中部的过渡地带，整体风貌上不及徽州、浙东、浙北及太湖流域以及浙南、福建等地具有明显地域性特征。聚落遗存情况上，也不及周边山区及交通闭塞地区，义乌江下游流域大部分传统聚落都遭到了不同程度的破坏和改造。在历史文化方面，由于商业发展的落后，历史上知名战役及政治事件较少，新石器时期上山文化遗址的挖掘起步较晚，近代经济发展又被邻近义乌市发达小商品经济的锋芒所掩盖，因此在人文学科的研究中也未得到重视。而且过往研究通常针对区域性的传统村庄或市镇或城市，仅对同一类型层次的传统进行总结性研究。因此，本书提出区域性传统公共空间体系由满足日常生活的村庄聚落和主要承载贸易活动、娱乐活动的市镇聚落共同构建而成，有必要对整个区域范围内的传统聚落进行整体性研究和论述。

梁怀月的研究创新点在于：一是研究视角和成果的独特性和深刻性，即从义乌江下游流域安土重迁传统社会生活作为切入点，挖掘公共空间形成和演化的根本原因，把握义乌江下游流域传统聚落公共空间的特征和规律；二是研究方法中，突破既往研究通常仅针对乡村或市镇的单类型聚落进行分析方式，首次构建了义乌江下游流域范围内的完整区域公共空间体系。

此书是梁怀月在其完成的博士论文基础上总结提高的、具有重要学术价值的成果，我为此感到骄傲和自豪。我深信这是浙中地区历史文化的传承与发展及其乡村振兴战略的实施所需的一块不可或缺的理论基石，具有长远的战略眼光和现实意义，对于其他地区在此领域的发展也有积极的借鉴作用。本人对此书的付梓出版表示热烈祝贺，并期盼梁怀月再接再厉，在生态人居环境的研究领域做出更多的贡献。

刘晓明　博士

中国圆明园学会皇家园林分会会长、中国风景园林学会副秘书长、常务理事

2021年11月2日

前言

浙江是历史人文荟萃之地，省内尚存传统聚落是鲜活的历史文化见证。本书为本人博士论文内容修改编撰而成。本人在2017年夏，携幼子在浙江继续调研的过程中，所幸发现了义乌江下游流域，也就是现今金华市金东地区这块尚未引起学界重视的传统文化深厚地区，之前对于浙江省范围内的广泛调研工作也使我对义乌江下游流域传统聚落的特点更有感触。本书选择浙江义乌江下游流域作为传统聚落区域研究范围主要因为：

1. 义乌江下游流域地域环境的特殊性——融汇四方，自成一体

义乌江下游流域地处浙江省中部地区，是浙江北部、东部、西南部以及安徽、江西、福建等地文化交融汇集的区域，是浙江中部历史文化的典型代表。贯穿此区域的义乌江向西与钱塘江上游交汇，贯通浙江西部，向北连通杭州、嘉兴等地，向西南连通徽州、江西以及浙江衢州地区。此地区向东北经浦江或义乌，与浙东北宁绍地区相通。向西北经武义，永康等地通达浙东及浙南腹地。当地传统聚落风格上具有江南多地文化融合的特征。也因此，其民居建筑和传统聚落很难被单独分类研究，义乌江下游流域所代表的婺州建筑通常仅作为徽派建筑的分支而被忽视，或者被笼统划为浙西传统建筑的一部分，可谓当今江南传统聚落研究中的空缺区域。

而就义乌江下游流域具体地理环境而言，又有自成一体的封闭性特点，与浙江其他区域具有明显区别。义乌江下游流域地处金衢盆地东部，其西北与东南两方向分别受金华山与东山阻隔，整个区域位于金衢盆地东部，属于相对完整的独立地理区域。义乌江流域地理环境上的封闭性与独特性造就了独具自身特点的传统聚落形态与特殊的家园文化特征，值得作为单独的区域展开深入研究。

2. 义乌江下游流域社会文化的特殊性——民风淳朴，社会稳定

义乌江下游流域民风淳朴，直至中华人民共和国成立初期，始终保持着男耕女织、耕读传家的传统生活方式。而且此地区长久以来社会安定，在绝大多数历史时期都处于战争后方位置，虽然在元末、清初、太平天国运动、抗日战争等时期也都经历了战争的重创，但相对而言发生战乱远少于嘉杭、宁绍等地。除战乱年代以外，义乌江下游流域人民安居乐业，极少发生民间的起义事件。在区域交通便达，并不封闭隔绝的前提下，商业发展远落后于江南其他区域，如《金华县志》所言"商贾不如他邑之伙"，本地居民以农为本，商业经营完全由外来人口从事。为何此地区域交通发达，人民却能安土重迁？为何此地经济发展落后，人民

清贫，却又能延续稳定的社会秩序？这些都是值得思考的议题。尤其地区稳定的社会秩序所对应了怎样的公共生活方式，是解答这些谜题的关键所在。

义乌江下游流域传统聚落公共空间是区域民众生活的主要载体。针对此区域传统聚落公共空间展开研究能够解答此地之所以长治久安、社会稳定的原因所在，也能明确村镇公共空间对促进地区社会稳定的重要作用，为当代乡村公共空间的建设和改善工作提供有力的科学依据。

此外，义乌江下游流域也是研究传统农耕文明的极好样本。义乌江下游流域传统聚落如何承载和适应远古以来的传统生活方式，以及在原始农耕背景下公共生活如何有序地展开和进行，都能在针对传统聚落公共空间的研究中找到答案。

3．义乌江下游流域传统聚落资源的原真性

义乌江下游流域尚有20余座历史风貌保存较为完好的历史聚落，此外各乡村、郊野地区散落有大量历史建筑及构筑物，是进行传统聚落研究的第一手资源。同时，义乌江下游流域基于宗族血缘传承的历史文脉尚在，至今，此地区大部分村落仍然保留着单姓聚居的传统，多数村落仍留存有本族的宗谱资料。宗谱上记载了家族迁徙、定居、维护村内宗祠及水塘等设施的情况，并记录有宗族的管理制度和家法家规禁约，以及先祖的生平、像赞等信息，为研究历史上聚落生活空间的状态及生活方式提供了大量史料信息。此外，村内很多长寿的老人仍保留着鲜活的历史记忆，这些当地居民是传统聚落历史和生活的见证者，也为本研究提供了丰富的佐证资料。

4．当代义乌江下游流域聚落研究的紧迫性

义乌江下游流域传统聚落相关研究工作亟须尽早完成，目前此区域聚落的保存现状并不容乐观。除山头下村、锁园村、蒲塘村等被列为省级以上历史文化名村或中国传统村落的历史聚落受到较好的修缮之外，绝大多数传统聚落缺少应有的保护措施。就本人于2017～2018年调研情况来看，大量历史建筑或遗迹被当作危房直接清除。未被公众知晓的澧浦镇洪村、孝顺镇低田村、傅村镇傅村等传统聚落尚存部分，历史建筑保存状况堪忧，大量古建筑已经有倾斜、坍塌趋势。当地镇政府每年为历史建筑拨款极为有限，无法支持大面积传统聚落的维护和修复工作。除对于古建筑维修的财力困境之外，义乌江下游流域当地村民对自身传统文化的不重视，使此地域文脉传承上出现断层。很多村落的宗谱、宗祠已不复存在，当地民众相比传统民居而言，更崇尚西式别墅建筑，富足人家多将自家建筑擅自改建或重建，保存尚可的古民居中仅有年迈老人留守，也仅因资金缺乏才未改造为新屋。这些都是义乌江下游流域传统聚落令人忧心的现状。传统公共空间本身也正面临当代重大变革，即将消失，亟须被记录和研究。

为此，一方面，留给义乌江下游流域传统聚落的研究时间极为有限，关于当地传统聚落以及其承载的历史文化研究亟待进一步整理和完善；另一方面，关于义乌江下游流域传统聚落的详细研究成果诸如此书或许可以起到一些公众宣传的作用，加强对于珍贵传统聚落这一历史文化遗产的重视程度。

基于本书研究成果，本人后续又有幸申请到国家社会科学基金项目"明清岭南宗族聚居传统聚落公共空间研究"，是对本书研究方法与内容的认可与支持，希望今后能有幸为我国传统聚落的研究以及传统文化的传承与发展做出更多的贡献。

目录

第 1 章
绪论

　　义乌江下游流域位于我国浙江省中部，金衢盆地东段，自古以来是浙江北部、东部、西南部以及安徽、江西、福建等地区文化的交融之地。此地充沛的土地及林木资源、源远流长的农耕文明、四方汇聚的贸易交流、延续至今的传统民俗活动共同造就了当地传统聚落及公共空间的特殊性。尤其该地区长久以来都维持着稳定的社会秩序，民风淳朴，人民安居乐业、安土重迁，极少发生民乱事件，在大多数历史时期都处于战争后方位置。这样长治久安的社会环境对应了怎样的公共生活方式与怎样的家园公共空间体系是本书的主要议题。解答此问题也能为明确乡村公共空间对促进地区社会稳定的重要作用，为当代社会主义美丽乡村建设提供可行的科学依据与策略。

　　本书以"义乌江下游流域传统聚落公共空间"为题目。就其定义来看：聚落，原意指"村落，人们聚居的地方"。与"村落"相通，相当于英文的"Settlement"一词。在史料记载中，"聚落"一词常用来描述整座人类定居空间环境的状态。例如《史记·五帝本纪》中提及"一年而所居成聚，二年成邑，三年成都。"《汉书·沟洫志》中的"或久无害，稍筑室宅，遂成聚落。"另有唐薛能《凌云寺》诗："万烟生聚落，一崦露招提。"明徐弘祖《徐霞客游记·黔游日记一》："又西下，升陟陇壑，共七里，得聚落一坞，曰白水铺。"等记载。吴良镛先生提出"聚居"，含义也不再局限于"房子与房子的简单叠加，而是人们多种多样的生活和工作的场所"①，是"人类居住活动的现象、过程和形态"。

　　传统聚落（Traditional Settlement）的定义"是指各地区经过居民长期以来选择、积淀，有一定历史风格的聚居环境系统，包括传统村落、集镇及城市中的传统街区。"②（李晓峰，1998年）。其中传统（Traditional）一词作为形容词意，在辞典中的含义为"世代相传的，旧有的。"张立文认为"传统"之意在于"传"而"统"之，"传"指时间上具有延续性，"统"指影响上具有权威性③。可见对于"传统聚落"的概念而言，"经历漫长的历史积淀"而形成约定俗成的聚居环境是此概念的重点内容，与经历彻底变革的现代化居住场所相对应。根据《住房和城乡建设部、文化部、财政部关于加强传统村落保护发展工作的指导意见》（建村〔2012〕184号），"传统村落指拥有物质形态和非物质形态文化遗产，具有较高的历史、文化、科学、艺术、社会、经济价值的村落。"本书所指传统聚落不仅包含已经登录在《中国传统村落名录》中的传统村落和历史文化名村，还包括义乌江下游流域村落环境、建筑、历史文脉、传统氛围等保存较好的且未经官方确认的村落。

　　而所谓公共空间，即指公众可以自由出入，并能够进行各类日常交往活动与公共事务的场所。④聚落公共空间是以村落居民为主体，供村民日常休闲、农活、节庆等各类活动而营造

---

① 吴良镛. 人居环境科导论[M]. 北京：中国建筑工业出版社，2001。
② 李晓峰. 适应与共生——传统聚落之生态发展[J]. 华中建筑，1998（2）：108-110。
③ 张立文. 中国传统文化及其形成和演变//许启贤. 传统文化与现代化[C]. 北京：中国人民大学出版社，1987：28。
④ 莫全覃，刘帆. 北京郊区传统村落公共空间探析[J]. 建筑与设备，2012（1）：1。

的活动场所，其历史发展与聚落历史密切相关，也渗透着聚落历经百余年积淀的传统特色文化。因此，聚落公共空间不只是一个实体的活动场所，更是精神的寄托和慰藉。

本书选取1949年之前作为时间节点，针对此时间点以前义乌江下游流域传统聚落的历史原貌进行分析研究。自1919年"五四运动"的发起开始，受西方工业化运动的影响，在经济、文化、社会制度各方面，我国开始出现颠覆传统的思潮，将变革与现代化、民主联系在一起，至1949年以后，经历土地改革、人民公社、"文化大革命"等时期，以及20世纪80年代开展的大规模现代城镇化建设，对原本传统聚落的历史样貌以及其所承载的社会文化传统产生根本性改变和冲击。因此，对民国及以前历史时期的传统聚落样貌进行研究能够更准确地把握当地传统生活与传统聚落公共空间的对应关系，梳理其所承载的宝贵社会文化传统。

义乌江下游流域的所属范围区域与当今金华市金东行政区范围基本重合。其位于浙江省金衢盆地中段，义乌江的上游——东阳江干流自廿三里街道何宅东南进入境后，名义乌江，曾名乌伤溪、义乌溪、东江。义乌江下游在现今金华市位置与武义江合流为金华江，是金衢盆地的主要水系。义乌江下游流域在本书中特指金华市区以东至义乌市域交界处位置的平原地带。此区域如今以金华市金东区为名，历代均属金华县县域范围之内。这里区块完整，历代疆域明确。金华县建制长达1800余年，东汉初平三年（公元192年）建立长山县，是为建县之始。隋开皇十八年（公元598年）始名金华县。该区域范围受山岭阻隔，有较为一致的地理地貌特征及相近的气候等环境因素。地貌上以丘陵、盆地低山地形为主体。平原丘陵地区海拔在50米左右。冲积平原面积广阔，适于发展农业。得益于一致的地貌气候条件和连通的区域交通网络，该区域范围之内的历史聚落有着相近的布局形态、公共空间特征和建筑风格特色，值得作为单独的区域范围，进行研究总结。

本书所表述的义乌江下游流域传统聚落包括范围内的村庄聚落和市镇聚落类型，涵盖社会学、历史学等领域所称的"乡村"（村庄）、"市镇"两类层级。村庄聚落是由宗族定居而发展形成的同姓血亲聚居村落。而村庄聚落由原本交通便达地带的草市逐渐演化形成固定的商业街市伴有定居的多姓氏聚居聚落。据此，本书依据传统聚落形成源头的不同，探讨义乌江下游流域聚落公共空间特征。

本书所作研究将以义乌江下游流域的传统聚落历史形态为研究对象，并针对整个范围内传统聚落生活涉及的公共空间进行全面阐述。具体实地考察与研究分析主要以义乌江下游流域范围内的19座保存较为完好的传统聚落为研究样本，具体包括曹宅镇曹宅村、傅村镇傅村、傅村镇山头下村、傅村镇畈田蒋村、孝顺镇孝顺村、孝顺镇低田村、孝顺镇中柔村、澧浦镇澧浦村、澧浦镇锁园村、澧浦镇郑店村、澧浦镇蒲塘村、澧浦镇洪村、岭下镇岭五村、江东镇横店村、江东镇雅湖村、赤松镇仙桥村、赤松镇下潘村、塘雅镇含香村、塘雅镇下吴村。具体19座传统聚落的分布如图1-1-1所示。除此之外，另以义乌江下游流域范围内其他聚落宗谱所载宅图、舆图上描绘的当地聚落形态，其他聚落局部保存较好的公共空间节点或构筑物作为参考研究对象，以此为依据对于义乌江下游流域传统聚落公共空间特征进行全面总结。

　　本研究基于大量第一手数据和资料，以此为基础还原义乌江下游流域传统聚落公共空间的历史原貌。具体采用文献研究与资料整理、实地调研与测绘考察、总结归纳、对比分析与动态研究的方法得出义乌江下游流域传统聚落公共空间的普遍特征和规律。通过对各传统聚落相关地方志、宗谱等古籍的查阅与整理，以考证聚落的历史渊源、当地地理区位特点，以及聚落原本宅图或舆图所记录的聚落原始形态。尤其针对聚落古籍府志、县志、宗谱中卷首的古图纸资料与聚落的现代实际状况进行比对分析。所采用的古籍史料主要包括：《金华县志》《民国金华志稿》《金华府志》（1408；1909）《金华通志》（1561；1919）《大清一统志》（1849）《东山傅氏宗谱》《坦溪曹氏宗谱》《双溪沈氏宗谱》《中柔孙氏宗谱》《畈田蒋氏宗谱》《凤林王氏宗谱》《松溪胡氏宗谱》《灵岳郑氏宗谱》《岭下朱氏宗谱》等。除宗谱资料以外，地方民间风俗习惯、民间歌谣谚语、民间传说故事也都是反映义乌江下游流域传统生活的重要资料，记载了普通人民的生活状态，也是本书研究的重要参照依据。（图1-1-1）

　　实地调研过程中，除测绘记录之外，采用广角相机取景拼合街景立面的技术手段，呈现传统聚落狭窄街巷中本无法看清的公共空间立面全貌。此方法解决了仅能通过绘制立面显现传统街巷空间界面的单一性，真实客观地反映出传统聚落公共空间的真实样貌。

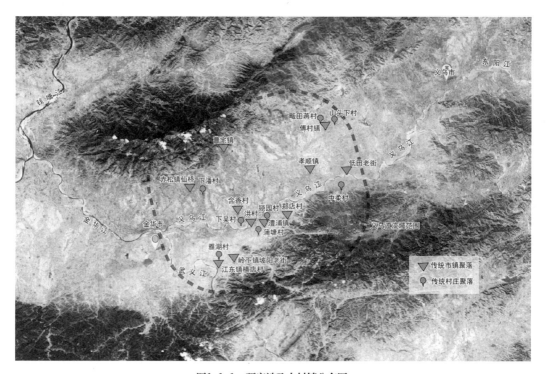

图1-1-1　研究涉及古村镇分布图

第 2 章

义乌江下游流域
地理文化特征

义乌江下游流域位于浙中腹地平原中部的地理环境中，此地独特的腹地平原地貌、水文环境和安土重迁的社会文化共同造就了该区域传统村镇聚落及公共空间组织的特殊性。

2.1   浙中腹地的地理环境

义乌江下游流域位于我国浙江省金华市域范围东部，原金华府城以东的金华县域所属范围。所在地理位置位于金衢盆地东段，属于浙中丘陵盆地。在浙江地区，属于重要的浙中腹地位置，且所在位置构成衔接浙江、安徽、江西、福建等周边省份的中央汇集之地。历史上《金华县志》描述此地区所在地域特征"分土肇造炎刘，负山带江居浙腹地"[①] "居中驭外，形势巩固"[②] "东北有宁绍台为藩篱，东南有衢温处为比邻西北有杭严徽为蔽障，诚一郡之形胜两浙之要区也"[③]。

义乌江下游流域以北的兰溪县为钱塘江上游，向北连通杭州、向南经衢州连通广阔的福建、云贵地区，是浙江中部的水运枢纽。《康熙金华府志》开篇既有对于金华重要货运枢纽区域经济地位的描述："凡温处三衢之近与云贵闽广之远其官吏之走集贡篚之转输大抵遵婺境以达千省会实为浙东冲要之区"[④]，尤其兰溪县"陆衢要南出闽广北距吴会"[⑤]。义乌江下游流域所在区域经金华江向西与钱塘江相连通，"双溪萦带众水汇合弯环流衍注于瀫水转浙江知郡"[⑥]，构成水运上与杭州、徽州以及江西福建等地的连通。

义乌江下游流域所在区域位置可以视为处于与浙江中部水路交通枢纽邻近的尽端位置，义乌江下游流域向西有与钱塘江相通的得天独厚的交通资源。同时，其向东仅与义乌、东阳两县相连，向北经浦江县连通绍兴嵊州，向南通过武义江连通武义与永康，但这两个方向均有山峦阻隔，不是区域的主要货物通行路径。

义乌江下游流域所处盆地周边山峦构成明确的盆地边界屏障，"回峦列巘连屏排戟拱卫四维"[⑦]，中部盆地地势平坦，拥有得天独厚的、广阔的土地资源，构成相对封闭的农耕文化环境。在民国后期铁路修筑之后，义乌江下游流域地区特有的封闭地理形态才被打破。民国《金华县志》记载："自浙赣铁路通车后，尤为浙闽赣三省之关键，东南军事重镇也"。[⑧]铁路干线横穿其中部连通金华、义乌、东阳，在境内设孝顺、塘雅两站。

---

① （清）吴县钱等. 光绪金华县志. 卷一地理. 清光绪二十年（1894）修. 民国二十三年（1934）重印版。
② 同上。
③ （清）张藎等. 金华府志. 卷二形胜. 清康熙二十一年（1682）. 宣统元年印本。
④ （清）张藎等. 金华府志. 卷一疆域. 清康熙二十一年（1682）. 宣统元年印本。
⑤ （清）张藎等. 金华府志. 卷二形胜. 清康熙二十一年（1682）. 宣统元年印本。
⑥ 同上。
⑦ 同上。
⑧ 干人俊. 民国金华县新志稿. 民国三十六年（1947）。

2.1.1　两山夹一川的地形地貌

义乌江下游流域地区有典型的盆地地貌特征。中央平原地带呈东北—西南走向，地势低平。盆地边界线海拔都在100～200米之间变动。盆地边缘与山地界限清晰，河流从四面八方向盆地中心的义乌江汇聚。盆地中央的义乌江两岸1000～3000米为三江冲积平原范围，东起义乌江南岸的上宅附近，南自武义江西岸的雅畈，地势略有起伏，海拔在36～42米之间。其余盆地区域以溪谷平原与丘陵低岗相间分布的地形为主，海拔多在50～150米之间。义乌江下游流域传统村镇聚落主要分布在地势平缓的平原区域。

义乌江下游流域南北两山对峙而立，峰峦叠嶂，山势陡峻，形成南北屏障。北山，又名金华山，属龙山山脉，海拔多在500～900米之间，主峰大盘山海拔1312米[①]。山势陡峻，多"V"字形溪谷，溪谷与溪谷之间低山丘岗自干脉分支南伸。北山南坡，自兰溪市灵洞乡洞源至境内源东乡洞井，伸展着一条长25000米、宽约1000米的石灰岩带，有大小溶洞50多个，绵延于流域北部。义乌江下游流域所涉及南面山脉称为东山或南山，是义乌江以南、武义县以北、义乌市以西、武义江以东诸山的俗称，属仙霞岭山脉，由砂岩、砂砾岩、凝灰砂砾岩类组成，海拔多在500米左右，最高峰为金华、义乌两县市界上的凉帽尖，高725.3米[②]。

义乌江下游流域盆地两侧构成外围围合的北山（金华山）和东山都属于浅山山体，远不及周边的南山及江西、安徽一带山脉绵延深广。《金华县志》中，提及金华市西南原本汤溪县区域所背靠的南山，"高倍于北山，周四百余里，深邃幽远，千峰层矗群岫荣纡奇形异状不可殚述……人迹罕到"[③]，对比之下，义乌江流域两侧北山和东山上所汇集形成的山溪水源相对有限。这样浅山围合的平原地貌也造就了当地平原相对于浙江其他地区更为干旱，河溪更少的自然环境条件。

2.1.2　溪塘纵横的水文环境

义乌江下游流域范围属钱塘江水系。义乌江自东向西流经区域中央，在西南边界处与自南而来的武义江交汇为金华江。义乌江自东而西流，沿途接纳航慈溪、孝顺溪、东溪、西溪、山河溪、赤松溪诸水。武义江东岸即义乌江下游流域以及现今金华市金东区的西南边界（图2-1-1）。

上文提及南北两侧作为屏障的金华山和东山均为孤立浅山，因而溪流水网丰富程度远不及浙江省内其他地区。受地形和气候影响，溪水暴涨暴落，山丘易旱，沿江易涝，水土流失比较严重，河床淤积，沙洲迭见。义乌江流域年平均降水量1300～1500毫米，年径流量52亿

---

① 金华地方志编纂委员会. 金华市志[M]. 杭州：浙江人民出版社，1992。

② 金华地方志编纂委员会. 金华市志[M]. 杭州：浙江人民出版社，1992。

③（清）吴县钱等. 光绪金华县志·卷一[M]. 清光绪二十年（1894）修. 民国四年（1915）. 民国二十三年（1934）重印版。

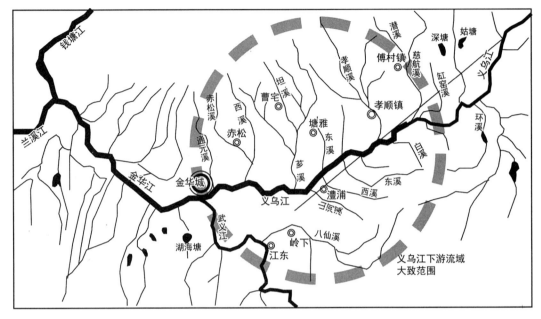

图2-1-1   义乌江下游流域水系示意图

平方米，年径流深770毫米[1]。径流年内分配不均，集中在4～6月，占全年径流总量的50%以上，其中6月径流量最大，可占20%[2]，秋旱是本流域的严重问题。水位暴涨暴落，年内变化与径流相一致。中华人民共和国成立以前义乌江流域水土流失严重，每逢暴雨山洪暴发，河流泛滥，冲毁无数农田和村庄。也为此，义乌江有"烂肚肠"[3]的俗称。（表2-1-1）

义乌江下游流域主要溪流   表 2-1-1

溪名	源头	入汇地	干流全长（km）	集雨面积（km²）
葛仙溪	义乌市龙县坑	孝顺镇低田下马	3	10
白溪	孝顺镇低田干坑	孝顺镇江沿塘湖	7	15
张家溪	塘雅镇砖塘	塘雅镇村里	6.5	17
东溪	塘雅镇羊尖山	塘雅镇含香黄古塘	9	17
西溪	义乌市古寺岭	澧浦镇江滩	14.5	28
山河溪	澧浦镇长庚茅草塘	澧浦镇洪村	13	28
航慈溪	义乌市黄山鹅毛尖	孝顺镇月潭东	31.5	131

① 金华市金东区《金华县续志》编纂委员会. 金华县续志[M]. 北京：方志出版社，2005。
② 陈桥驿. 浙江省地理简志. 杭州：浙江人民出版社，1985。
③ 同上。

续表

溪名	源头	入汇地	干流全长（km）	集雨面积（km²）
孝顺溪	源东乡竹马尖	孝顺镇严店	22	150
东溪	义乌市青坑	澧浦镇灵岳横路塘	21.5	32
芗溪（坦溪）	源东乡太阳岭	塘雅镇下吴	26	120
赤松溪	金华北大盘山	东孝乡瓦灶头	20	65
八仙溪	大寒尖	江东镇横店	28	128

（数据来源：金华市金东区《金华县续志》编纂委员会. 金华县续志[Z]. 北京：方志出版社，2005：97-98）

　　义乌江亦称东阳江、东港、义乌港，古称乌伤溪。源出磐安县龙鸟尖，经东阳、义乌两市域后于孝顺镇低田村东入现今金华市金东区范围，即义乌江下游流域。至此义乌江长36000米，河床宽300～360米，水深1～6米，比降0.36‰。枯水期，滩上只有0.5米[①]。沿岸有2000～3000米带状冲积平原，澧浦镇东湖上宅以下渐入三江平原。干流长度在5000米以上的主要溪流有11条。据《光绪金华县志》载：义乌江渡口主要有：月潭渡、夏宅渡、严田渡、肖家渡、西庵渡、叶店渡、朱礅头渡、楼下殿渡、范家渡、黄古塘渡、下店渡、洪村埠渡、上宅渡、下坊渡、前王渡、新佳渡、戴店渡、下演渡等19处。

　　武义江，作为此区域的西南边界，亦称永康江、永康溪、武义港，属山港支流，俗称"蓑衣江"，源出武义县千丈岩，经缙云县和永康市，复入武义县，于江东镇焦岩入境，全长25公里，河床宽100～300米，其水流变化较大，天雨水涨，天晴则水退。水深2～3米，国湖以下水深比降0.65‰，横店以下江水几分几合，进入三江平原。长度在10000米以上汇入的溪流有4条，20公里以上长度的主要有八仙溪、梅溪。中水位水深1～3米。涸水期，滩上只有0.2米。

　　义乌江下游流域属于浙江省内较为干旱地区，但仍存在大量湖泊、水塘，部分由沼泽平原上留存的淡水湖或湖盆形成，部分为农田水利而兴建。大规模的造塘工程开展于北宋时期，"宋淳熙间州守洪迈言金华田土多沙，势不受水，五日不雨则旱，县丞江土龙令耕者出里田主出穀修筑官私塘堰湖陂八百三十七所，溉田二千余顷，岁赖以登，然则讲求水利其可缓哉"[②]。（图2-1-2）

2.1.3　温暖干旱的气候条件

　　金衢盆地属亚热带季风气候，夏季高温，光照资源丰富，夏秋季干旱少雨，基本无台风影响。年平均气温17℃，7月平均气温29℃，1月平均气温4～8℃。年均降水量1300～1400毫米。无霜期250天，日照2028小时[③]。由于时空分布不均，地区差异较大，也会出现不同程度

① 金华市金东区《金华县续志》编纂委员会. 金华县续志[Z]. 北京：方志出版社，2005。
② 吴县钱等. 光绪金华县志卷三. 清光绪二十年（1894）修. 民国四年（1915）. 民国二十三年（1934）重印版。
③ 金华地方志编纂委员会. 金华市志[Z]. 杭州：浙江人民出版社，1992。

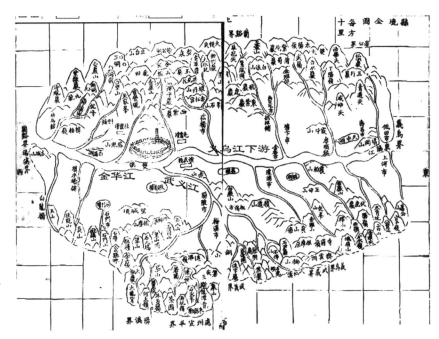

图2-1-2   义乌江下游流域水文古图记载
（来源：《道光金华县志》卷首）

的旱涝、冰雹、台风等自然灾害。

义乌江下游流域属亚热带季风气候，四季分明，温暖湿润。盆地小气候在浙江最低，最热月为7月，平均气温29.1℃，最冷月在1月，平均气温5.2℃，极端最高气温40.5℃，极端最低气温96℃，年降水量454毫米，年均无霜期257天，全年≥10℃，年积温平均为5300～5600℃，持续日数240～260天。年平均气温为16.5～18℃，最冷月平均气温为4～7℃，最热月平均温度为28～29℃，是全省夏季高温中心，极端最高气温可达41～42℃。极端最低气温平均为-3～7℃，极值为-5.0～-10℃，无霜期为240～270天。年辐射总量为102～114千卡/平方厘米，年日照时数为1750～2100小时[①]。年降水量为1300～1700毫米，其中4～6月平均降雨量为550～840毫米，7～9月平均降雨量为300～700毫米。年相对湿度为75%～82%[②]。7～8月份降水量常在15%以下。干燥指数常超过2，是浙江省最严重的夏秋干旱区。总的特点是四季分明，气温适中，热量较优，雨量丰富，干湿两季明显。春末夏初气温变化不定，雨水集中，时有冰雹大风；盛夏炎热少雨，常有干旱；秋季凉爽，空气湿润，时间短；冬季晴冷干燥，大气层结稳定，遇强冷空气南下时，温度变化较大。

可以明显看出，义乌江下游流域所兴建的传统聚落形态和民居建筑形式明显适合这样干旱暴雨交替、夏季高温的气候环境条件。

---

① 金华地方志编纂委员会. 金华市志[M]. 杭州：浙江人民出版社，1992。
② 金华地方志编纂委员会. 金华市志[M]. 杭州：浙江人民出版社，1992。

2.1.4 农林繁茂的植物资源

义乌江下游流域是浙江全省太阳年辐射量和日照时数最多的一个地区，光热资源丰富，适宜种植双季稻、棉花，河谷平原是粮、棉、乌桕的主要产区；广大的红土丘陵是茶、柑橘、桃、梨、枣、油桐、油茶的产区；盆地四周的山地适宜发展用材林、薪炭林、水源林。就全省而言，这里是乌桕、油桐、油茶的主要基地。

粮食作物以水稻为主，兼种大小麦、玉米、番薯、豆类。经济作物有棉花、油菜籽、花生、甘蔗、茶叶、蚕桑等。油料作物以油菜籽为主，民国十八年（1929年）《金华民政月刊》载，金华和汤溪种植粮食76.58万亩，亩产70.4公斤[①]。

河谷平原区主要种植粮、棉、油、桑等作物。岗地缓坡农业类型区主要分布在沿江平原与南北山地之间，地形呈波状起伏，冲沟纵横，塘溪穿插，低丘垄田相间分布。土壤类型多样，秋季易旱，作物生产能达到中产水平。水田主要种植粮、油作物。旱地、低丘缓坡种植麦、薯、茶、果。丘陵山地农田水利条件差，为林木茶叶种植区。部分溪谷可种植单季稻或双季稻。

义乌江下游流域地区平原广阔，整体地势平坦，土壤肥沃，是仅次于浙北平原的浙江省第二大粮仓。这是义乌江下游流域得天独厚的地理优势，也造就了当地源远流长的农耕文明。

2.1.5 陆路为主的区域交通

义乌江下游流域所在的金华地区是浙江中部地区的交通枢纽。水路与陆路驿道均有着悠久的历史。整体构成陆路交通为主，两江水路为辅的交通系统。义乌江、武义江交汇于金华城南，下钱塘，通衢州。宋代李清照《题八咏楼》诗云："水通南国三千里，气压江城十四州"，是对古代金华水运的写照。但义乌江下游流域除义乌江与武义江通航之外，其他河道均无法通行船只，仅在汛期部分溪流可通达竹筏。因而，义乌江下游流域大部分区域历史上主要依靠古驿道作为陆地交通。

本地区的陆路交通在东汉时期就开始形成，宋代已初具规模。东汉初平三年（公元192年）建置长山县（金华），此时期北经睦州（建德）至杭州、南经处州（丽水）至温州的长约一千里古道已逐渐形成[②]（图2-1-3）。唐宋时期婺州（金华）东北至越州（绍兴）三百九十里（177公里）为驿道。宋吕祖谦《入越记》载："自金华到绍兴，行程四天即至。"唐开元二十九年（公元741年）。江南东道驿线图载："婺州北经兰溪达衢州，或经睦州（建德）至杭州，南经处州（丽水）至温州，东经义乌、诸暨至杭州"。唐元和年间（公元806年～820年）《帷李吉甫和郡县志图记》中记载唐代驿程："自杭州西南行三百五十里至睦州，一百六十

① 陈桥驿. 浙江省地理简志[M]. 杭州：浙江人民出版社，1985。
② 金华县交通局史志办公室. 金华县交通志[Z]. 杭州地质印刷厂，1990。

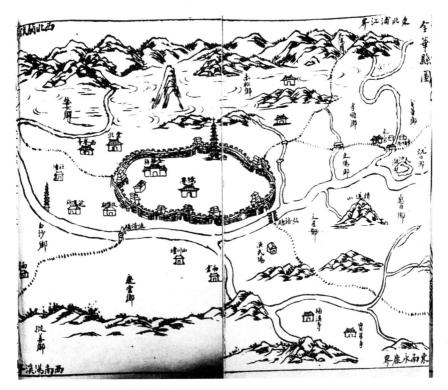

图2-1-3 义乌江下游流域区域主要驿道交通
（图右半部为义乌江下游流域范围，来源：《康熙金华府志》清康熙二十二年（1683）撰）

里至婺州（73公里），二百六十里至处州（118公里），二百七十里至温州（123公里）。在府治北三百步设置金华驿（吴越钱氏建。公元907年~978年）。县东五十五里设孝顺驿，为东出义乌之道。"《光绪金华县志》载："金华县驿设夫役90人。金华县铺司设二十铺"。研究对象中的含香、二仙桥、曹宅（拱坦）均设铺，是重要的车马道中途驿站和物流集散地。（图2-1-3）

元代至清代义乌江下游流域以府治金华城为中心区域的车马道交通网络已成体系，县县相通，甚至多路相通。府县与较大集镇也有大路相连，而且道路设施已经十分完善。部分大路中中间铺石板或用鹅卵石砌铺。如绍兴至金华的古道，就中间铺石板，两侧用砖砌，同时在道路两旁还出现了专供行人歇足的路亭①。元代，由于马为官用交通的主要工具，陆路占有重要地位，故对道路的修理都较为重视。《元典章》就规定："每年九月一日起，平治道路，令佐贰官监督附近居民修理，十一月一日使毕，重要道路陷坏积水，影响行旅，则不拘时月，量差本地人夫修理，仍委按察使以及时检察。"

义乌江下游流域民国时期主要驿道包括：（1）金武路自城东南（赤橙门外）过上浮桥，

---

① 金华县交通局史志办公室. 金华县交通志[Z]. 杭州地质印刷厂，1990。

经驿豆（驿头）、七里饭、向古亭（上古井）、十八里。（2）石灰路（日辉路），岭下朱，石塘、包村至武义荗道。（3）金慈路，自城北（旌孝门外）经戴店、刘店（楼店）、东藕塘、杨梅塘至含香（三十里），又十里至范村（大路范），又十里至郭婆（谷盘桥），又经孝顺（三里）、浦口（五里）、塔山江（塔江山）、底田（又称低田，五里）至义乌县航慈（缸窑十里）。（4）金义路，出旌孝门（东关）经仙桥、曹宅（三十里）、阳塘（十四里）、鞋塘（十四里）、孝顺（十五里）、傅村（十六里），入义乌县境。（5）金让路自上浮桥东经澧浦（三十里）经让河（三十六里）入义乌县境。（6）金浦路自城东北十里至二仙桥（旌孝门外），又十里至上目宋（小黄村），又十里至拱坦（曹宅），又转北经杜店（五里）、长风弄（长风垄五里）、洞并（五里）、阳城（阳郑五里）、太阳岭（一里）至浦江县的岭脚（七里）[1]。

民国二十四年（1935年）《金华县经济调查》记载：本县运输业共11家，全年贸易总额水上运输10000元，陆上运输20000元[2]。在以水路为主体的浙江地区，金华县陆运总额竟是水运的两倍，进一步佐证了义乌江下游流域陆路交通的主要地位。

2.2 安土重迁的社会文化

2.2.1 男耕女织的原始分工

义乌江下游流域地区始终保持着自上古流传下来的男外女内的社会分工。"俗勤耕织"[3]是义乌江下游流域地区风俗的最明显特点。"男勤生业，女事妇工，不出闺门"[4]此句虽载于明《正德兰溪县志》，但也准确描述了义乌江流域所始终保留的上古风俗。这样男女有别的分工方式的形成远早于封建社会的形成。从人类原始部族开始，人类就过着男人在外狩猎，女人在居住地进行哺育子女、编织、采摘等活动的生活。男耕女织原本仅是为满足自家最基本的生存所需进行的劳动，"盖一夫不耕必受其饥，一女不织必受其寒"[5]。但在宗族礼教的倡导之下，男耕女织被上升为淳朴风俗的重要组成部分。即使是官宦大户人家，也推崇男女如此的分工形式"为男子者虽素承富贵，必当夙兴夜寐知稼穑艰难，为妇女者虽高门贵族亦必躬亲纺绩修箕帚职业。"[6]"生人以衣食为天，凡人家子女皆当教之，以稼穑蚕桑之事。"[7]男女有别的分工也在中华人民共和国成立后始终流传的传统迁居习俗中有所体现，"迁居新屋的仪式中，全家长幼男女手中各持一物并一灯笼、三炷香。外当家为算盘、称、账册，内当家为箩筐、

① 金华县交通局史志办公室. 金华县交通志[Z]. 杭州地质印刷厂，1990：17.
② 金华县商会编制. 金华县经济调查[Z]. 民国二十四年（1935）：85；公用经济调查–表5.
③（明）宋濂. 吕东莱祠堂记. 载于《浙江通志》金华府金华县风俗.（清）雍正浙江通志. 清雍正十三年（1735）撰.
④（明）章懋. 正德兰溪县志[M]. 明正德五年（1510）撰，载于清康熙金华府志.
⑤《浦口俞氏宗谱》. 卷之一家规，2005重修.
⑥ 山头下务本堂沈氏宗谱编纂. 金华傅村山头下务本堂沈氏宗谱[Z]. 长春：吉林文史出版社，2013；卷二家规.
⑦《浦口俞氏宗谱》. 卷之一家规，2005重修.

畚斗、笕篱、饭甑。其他男人为农具，妇女为炊膳用具，小孩背书包等，不可空手"①男女所持不同工具代表了社会普遍认可的男女及幼童所主要从事业务的分工。

这样的原始社会分工明确了男子从事在外生计，崇尚以耕读为主业，首推读书登仕，而"农耕立本"被视为仅次于读书的重要职业。"耕读二事人家不可缺一，古云田不耕，仓廪虚，有书不读子孙愚。"②义乌江下游流域各宗族均有在读书之余推崇以农耕为业的记述"设若不干仕进者，只需专事农业，暇则读书明理学字以备其用。本分生涯终无危辱古人朝耕暮诵求为好人，后世当以为鉴③；"吾家先人世业不过耕读二事，子弟不能业儒者，当知农业为生，民根本，胼胝稼穑务期有秋④。而在此"耕"的含义，除田地耕作以外，还包含渔、樵、牧。《畈田蒋氏宗谱》中记录的"训耕"一节即包含了"渔者言""樵者言""耕者言""牧者言"四部分内容。渔、樵、耕、牧被视为四种形式的农耕职业。工、商排位于此四类之后。但无论具体从业为何，男子工作最大的共同点都是在远离聚落以外的地点从事劳作，而在大部分时间里把聚落家园托付给女子掌管。

而传统观念中女子则理当居家，管理内务，负责养育子女、炊事和织布。女人被视为家中内院的主人，传统家中建设灶台要根据女主人的八字来选定日期，⑤"家庭内务由祖母或婆婆管理，长媳协助之。家务的诸事处理，男人一般都放权于妇女。"⑥女子从小便与男子分开，不学诗书，而主要教授纺织炊事的技能。"男子十二岁习经学发明心地涵咏性情淘汰俗气决遣疑情，先器识而后文艺；女子十二岁习女工教之谨起居工针线知烹饪有师必尊有傅必重"⑦。"女子至九岁十岁以后……惟常依母氏学女工饬女容习礼数以预为他日为人妇地"⑧。女子在行动上也被严格限制在家中。"闺门万化之原也，内外之别不可严"⑨，"女子不出中门觇人必避，不及避则掩面而趋教之习辟纑"⑩。中华人民共和国成立后，传统习俗上，女子仍不能独自出门，需要父母或丈夫的陪同。⑪

这样明确的男外女内的分工方式，划定了聚落内部的主要使用人群。在大部分时间里，壮年男子外出劳作，而聚落家园是女子及老幼家族成员的主要活动空间。这是义乌江下游流域紧致型聚落形态的形成根源。

---

① 章寿松. 金华地方风俗志[Z]. 浙江省金华地区群众艺术馆，1984：85。
②《畈田蒋氏宗谱》. 卷之一家规，2009重修。
③ 同上。
④《中柔孙氏宗谱》. 卷一家规，2015年重修。
⑤ 章寿松. 金华地方风俗志[Z]. 浙江省金华地区群众艺术馆，1984：85。
⑥ 章寿松. 金华地方风俗志[Z]. 浙江省金华地区群众艺术馆，1984：80。
⑦《东山傅氏宗谱》. 卷一家规，2006年重修。
⑧《螺川家引》. 载于《浦口俞氏宗谱》. 卷之一家规，2005重修。
⑨ 山头下本堂沈氏宗谱编纂. 金华傅村山头下务本堂沈氏宗谱[M]. 长春：吉林文史出版社，2013：卷二家规。
⑩《东山傅氏宗谱》. 卷一家规，2006年重修。
⑪ 章寿松. 金华地方风俗志[Z]. 浙江省金华地区群众艺术馆，1984：80。

2.2.2 聚族而居的社会传统

宗族聚族而居的社会传统是当地传统聚落公共空间样貌形成的根本原因。整个聚落的社会关系建立在血缘的基础上，因而内部的社会结构与制度相对稳定。这样的社会传统反映在家庭的组成、房族和宗族分支的组成与关系上，进而决定了聚落的发展模式和形态结构。

同族血亲聚居于一地，聚落的居民通过血缘和地缘的双重关系紧密地联系为共存的整体，具有强大的凝聚力，生产生活受到宗族制度规定的制约。这样稳固的凝聚力推动了聚落整体的规划与建设。聚落内的公共基础设施如碶渠及池塘水系、宗祠及书院等公共建筑都是有组织地在族长的带领下合力完成。以农业为根本的生产生活也在宗族的管理和引导下有组织地进行。

义乌江下游流域传统聚落普遍以父母和子女组成的小家庭作为最基本的生活单元。各家族宗谱中族规首条均以孝敬父母为开篇，承认父母，尤其家中父亲对于整个家庭的绝对领导地位。义乌江下游流域传统习俗中成婚习俗是整个家中最为重要的大事，整个婚礼从定亲到过门成家通常要筹备和庆祝三年，婚俗的隆重程度也从侧面反映出传统思想上对于小家庭建立的重视程度。

宗族强化小家庭内部以及家族整体的秩序。将婚配、葬礼两件本属于小家庭的事件上升为宗族需要涉及管理的重要内容。各宗族内部明确规定婚葬需注意的习俗，尤其将婚配看作延续宗族的最重要事宜。

2.2.3 出游频繁的娱乐传统

义乌江下游流域传统活动统计　　　　　　　　　　表 2-2-1

时间	活动	地点	具体活动
春节 正月初一 至初四	祭祖 拜门神 请大年 拜年	祖坟 宗祠 村中 家中	春节指正月初一至初四的一系列活动。正月初一早晨开门放鞭炮，拜门神，清早去祖坟祭祖，去本族祠堂祭祖并按辈分领馒头，"请大年"请房亲族亲聚喝茶。"元旦举家夙兴盛服焚香拜天及悬祖先遗像或祠堂神主率长幼拜之然后尊长辈以次交拜诣族党亲友之门投刺相贺名曰贺岁"。 初二"拜年"即走亲访友，若挑水需祭塘公塘婆。年初一拜太公，年初二拜外公。 初三家中祭神摆全猪和"四样果子"。 初四送祖送佛。 春节四天早饭吃羹（耕）或吃粽（种）。春节期间有"敲锣鼓"，俗称十响班，民间音乐会，同期举行"扛佛"、庙会、灯会活动。春节忌讳扫地、用菜刀、挑水、用生米做饭、弄湿灶台、借钱还钱、吵嘴打架、摔破家中物件
正月十二	迎蜡烛	穿村过庄	纪念刘秀，傍晚迎蜡烛仪式，八人一组抬竹篾扎成的"蜡烛"，外裱红纸，内点灯，高三尺或四尺
正月十五	迎龙 迎灯	村内 宗祠	夜各家悬灯于门首，街衢接竹为棚系灯其上，笙歌鼓乐喧闹彻旦社日四乡各有社祭以祀土谷之神

续表

时间	活动	地点	具体活动
立春	作春福	郊外	立春前一日，官率僚属迎春于东郊，春日官祀太岁，行鞭春礼，碎土牛，家设酒肴以祭土神，谓之作春福
清明	踏青	郊外 祖坟	人家门户插柳枝，少长行赏郊外，名曰踏青。前后十余日祭扫先坟
四月初八	浴佛节	佛寺	释迦佛生日为浴佛节，俗染乌饭竞相馈遗
五月初五	端午节	郊外	端阳日龙舟竞渡男女阗视亲族相欷民费不赀。是日，取箬叶裹黏米为角黍相馈置菖蒲雄黄于酒饮之，妇女佩符艾，或以彩作虎，小儿丝绳系臂缀绣符于衣带，谓可消灾。采药合药者俱以是日为最劲
六月初六	六月六	村内	吃肉、洗浴、晒伏（衣被），"六月六，不吃肉生瘰瘤；六月六晒红绿；六月六猪猫狗要洗浴"
七月初七	七夕节	家中	七夕女子夜间陈瓜果祭赛，乞巧中元素食祀先僧。作盂兰盆防或放水灯烂若列星，乞巧、洗头发、杀公鸡
七月半	中元	祖坟	烧羹饭祭祖
八月十三	胡公生日	胡公庙	庙会，演戏斗牛
八月十五	中秋节	宗祠 郊外祖坟	八月十五日，家各置酒燕集祭祠庙九日，佩黄泛菊蒸米作五色糕。士人或具酒榼游山为登高防冬至各设酒肴以祀其先
九月九	重阳	集市	社戏、灯会、斗牛。尤其金东区塘雅村重阳大庆，演戏
腊月二十四	送灶神	家中	十二月二十四日，夜祀灶品用糖糕，人家各拂尘，换桃符，门神
除夕	守岁	家中	年终亲戚互为岁馈交错于道除日酒扫堂室悬祖先像；燔柴于庭燃纸炮以代爆竹相应答响至元宵不绝；终夜围炉集，少长欢饮群坐，不寝，名曰守岁

数据来源：章寿松. 金华地区风俗志[Z]. 浙江省金华地区群众艺术馆，1984：103-136.

　　从表2-2-1一年中义乌江下游流域传统节日活动的统计中可以看出：此地区娱乐活动尤其以郊野为主要活动平台，而且活动丰富，各阶层民众都有适合自己的娱乐活动方式在郊野空间中开展。春季祭祖、赏灯、踏青，夏季山中乘凉，秋季登高、采菊，以及诸多的庙会、社戏和当地盛行的斗牛活动，都是当地男女老少均可参与的活动。社会各阶层均有符合自己身份的娱乐宣泄方式，文人雅士登高赋诗，平民踏青祭祖，富人养牛角斗，穷人赴会赌博。金华地区虽然风俗传统守旧，但对于除寡妇、孕妇以外的女性而言，只要结伴均可参加庙会、出游等活动。

　　《金华府志》记载的当地习俗中主要有："立春前一日，官率僚属迎春于东郊，春日官祀太岁，行鞭春礼，碎土牛，家设酒肴以祭土神，谓之作春福。正月十五日夜各家悬灯于门首，街衢接竹为棚，系灯其上。笙歌鼓乐，喧闹彻旦。社日四乡各有社祭，以祀土谷之神。

清明日，人家门户插柳枝，少长行赏郊外，名曰踏青。前后十余日，祭扫先坟。四月初八释迦佛生日为浴佛节，俗染乌饭竞相馈遗。端阳日龙舟竞渡，男女阗视，亲族相歆，民费不赀。是日，取箬叶裹黏米为角黍相馈置菖蒲雄黄于酒饮之，妇女佩符艾，或以茧作虎，小儿丝绳系臂缀绣符于衣带，谓可消灾。采药合药者俱以是日为最效。八月十五日，家各置酒燕集祭祠庙九日，佩茰泛菊蒸米作五色糕，士人或具酒榼游山为登高防冬至各设酒肴以祀其先"[1]。这些都是一年中大量传统出游活动的见证。

2.2.4　笃信风水的传统观念

历史上义乌江下游流域民众十分讲究风水，认为这是家族兴旺的关键，山头下村"屋连云田，负郭饶裕百倍于前，非其祖宗积善好施，阴德动大之所至乎"[2]。"子孙蕃衍富贵绵远皆由风水所致，先人枯骨所萌，故当择吉地以葬，父母使其土暖而神安，于心斯无遗憾。不然神骨不安于原下安望其福庇后裔乎。古云得地者昌失地者亡，亦大较然甚哉，堪舆所当众也，而福地从积德中来盖勉诸"[3]"宗族之蕃昌子孙之贤哲多由阴阳两宅风水积盛致然，人人固当留心培植不可损伤"[4]。这些都写出了风水观念在义乌江下游流域民众心中的地位。尤其义乌江下游流域所在金衢盆地向西连接徽州、赣州地区，是江西形势派风水的发源之地。尤其在宋代以后，风水随着朱熹理学的传播而被视为儒家正统知识的一部分[5]，由士人广泛传授给各宗族的管理者，成为义乌江下游流域传统聚落营造根深蒂固的理论基础。

2.2.5　多神崇拜的信仰文化

当地民间宗教信仰也是对传统聚落公共空间产生重要影响的因素之一。义乌江下游流域地区的信仰文化呈现出多元化的特点，道教、佛教、儒家思想都在金华广为流传，信徒广泛。众多的宗教信仰已经扎根民间，并且呈现出世俗化与地方化的趋势。

多神崇拜的信仰文化影响着区域公共空间的形成。义乌江下游流域崇尚多神并重信仰，多种庙宇祠堂齐布，包括佛教、道教、基督教以及祭祀地方特有人物的祠堂等，与宗族祠堂一同散布于聚落内外。当地的大型庙宇祠堂构成了主要的公共活动空间。平日朝拜者络绎不绝，以祈求家人平安，仕途顺利，重要祠庙建筑于节庆及重要祭奠日期会举办庙会或祭奠活动，并在寺庙附属的戏台上演戏敬神，是当地居民最重要的娱乐活动。

多神的信仰传统间接促进了聚落商业贸易的发展。宗教文化衍生出多个宗教性的庆典和节日，形成以祭祀为主，伴以娱乐表演、特色商品交流的庙会活动。原本只为香客礼佛设置

① （清）张蘷.《金华府志》. 清宣统元年（1909）石印本：风俗。
② 《山头下务本堂沈氏宗谱》. 民国三年（1914）重修。
③ 《畈田蒋氏宗谱》. 民国二十四年（1935）重修。
④ 《祠规二十条》. 清康熙五年（1666）. 载于《浦口俞氏宗谱》. 2005年重修：224。
⑤ 何晓昕，罗隽. 风水史[M]. 上海：上海文艺出版社，1995。

的贩卖香火的香市、庙会，逐渐演变为商品多样的集市，进一步促进了区域经济的发展。信仰文化与贸易传统、社会传统相融合，共同构成了公共空间中的重要部分。

2.2.6　重农轻商的初级贸易

历史上义乌江下游流域的贸易发展始终处于初级阶段，贸易交易主要以临时性市场为主。直至中华人民共和国成立以后，义乌江下游流域的临时性集市仍是区域贸易的重要组成部分。"本县各乡镇仍盛行市集制，有日市、隔日市、节市等"[①]。究其原因，与义乌江下游流域地区土地资源充足，定居人群以务农为主业密切相关，清代的《金华县志》与《金华府志》也都将此作为此地商业不如周边其他地区发达的原因。"大率士谦而好文，农愿而习俭，务本抑末重去其乡，故商贾不如他邑之伙"[②]，"以耕种为生不习工商"[③]。

对于集市贸易，金华地区有着固定日期举办集市的传统，每个地方的集市日期各有不同，有每月逢三、逢七或每月逢十的情况，具体频率根据地方的贸易需求而定。这样的贸易传统促成了聚落以临时性的集市为开端，逐渐由临时性集市向常驻商业区的发展演变，最终形成了固定的商业贸易街市，整体发展成为区域传统聚落。

而义乌江下游流域从事贸易的人员几乎全部为外来人口，来自龙游、衢州、兰溪、徽州、义乌、东阳等各地，"第以商店，远有皖、赣、湘、鄂、闽来此者，近有金、兰、东、义、永、武、浦阳及各邑来此者"[④]。而且此地区本地人普遍存在重农抑商思想，崇尚耕读，认为经商低人一等。例如，《畈田蒋氏宗谱》中有写"（如果耕读）二者不务，百艺中莫如医道最善，是宜学之必须精通始不误人"[⑤]，认为除"耕读"之外其他职业中仅有学医值得推崇。

金华的贸易活动尤其在民国期间最为兴旺。民国二十四年（1935年）金华城区有店号1044家，资本逾百万银圆。抗日战争前期，沪杭沦陷，金华成为湘、赣、皖及四川等省向宁（波）温（州）等海口购销物资的通道，一时车辆集结，街巷商店林立。民国二十六年（1937年）十二月，杭州沦陷，浙江省部分党政军机关迁来金华，需求大增，川、湘、皖、赣进出口物费，都要通过金华，一时车辆集结，商业繁荣，至民国三十一年（1942年），金华沦陷，商业冷落，市场再度萧条。[⑥]

① 干人俊. 民国金华县新志稿[Z]. 民国三十六年（1936）：卷九。
② （清）吴县钱等. 光绪金华县志[Z]. 清光绪二十年（1894）修. 民国二十三年（1934）重印版。
③ （清）张蘦. 金华府志[Z]. 清宣统元年（1909）石印本。
④ 方少白. 澧浦街市记[Z]. 民国三十五年（1936）. 原载于：《澧浦王氏宗谱》，现宗谱已失，见于金华市金东区澧浦镇党委、政府等编. 《积道山下澧浦镇》. 内部发行。
⑤ 畈田蒋氏宗谱[Z]. 民国二十四年（1935）重修。
⑥ 金华县志编纂委员会. 金华县志[M]. 杭州：浙江人民出版社，1992。

2.2.7 徽婺结合的建造传统

传统建筑是构成传统聚落公共空间的基础要素。义乌江下游流域所在的婺州（金华）地区位于浙江中部腹地，其建筑风格受多方影响，融合了徽州、浙北、浙东等多地的建筑风格，其建筑形态被视为浙东与徽州建筑之间的过渡形态。

就平面布局形态而言，义乌江下游流域传统建筑院落天井的尺度与浙东、浙北、浙西至徽州地区具有明显区别。如图2-2-1所示，义乌江下游流域所在地区建筑院落天井通常为小型长条矩形，天井具有观赏作用，常布置水缸或盆景作为装饰，三合院天井所对的墙面上方可能装饰有绘画或浮雕工艺供主人欣赏。兰溪和徽州地区的天井常见为更狭长窄小的一

（a）义乌江下游流域三合院天井

（b）义乌江下游流域四合院天井

（c）浙西小天井

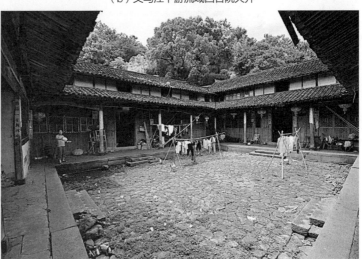
（d）浙东、浙中大天井

图2-2-1 义乌江下游流域及周边地区传统建筑院落实景对比

条，仅能起到透光换气的作用。在浙东宁波、台州，浙中金华东南的永康地区及浙东南温州地区，传统建筑院落宽敞，面积远大于义乌江下游流域地区，各院落通常供多户家庭共同居住。其天井具有明显的使用功能，人们可在此进行晾晒和休闲娱乐活动，各院落构成各家族的小型公共活动空间。浙北杭州和绍兴地区传统建筑院落形式与义乌江下游流域相近，但天井更宽，常在院子里对植乔木，而义乌江下游流域院落中极少能容纳树木的栽植。

就建筑立面形态而言，建筑高度比例与周边地区基本一致，山墙上方收口形式是区别于周边区域的主要特征。义乌江下游流域建筑山墙面上方以三段式和五段式马头墙为主要形式。而徽州和金华兰溪等地的马头墙形式更简洁出挑、更高耸，常以"一"字形或二段型为上方收口。而同样采用马头墙形式的浙东地区建筑装饰更复杂，马头墙常出现七段、九段的形式。浙北杭绍及嘉兴地区以及浙东南温州地区传统建筑山墙通常不高起，而以悬山形式为主。常年阴雨，对防火需求相对较弱，是封火墙较少出现的主要原因。义乌江下游流域传统民居建筑外墙覆白色，上方黛色瓦筑顶，墙面开凿小窗的外立面形式与浙江大部分地区以及安徽等地基本相同。（图2-2-2）

（a）义乌江下游流域传统建筑外观——
纵墙面
（b）义乌江下游流域建筑外观——山墙面

（c）徽州地区　　　　　　　（d）浙北、苏南地区　　　　　　　（e）浙东地区

图2-2-2　义乌江下游流域及周边地区传统建筑外观

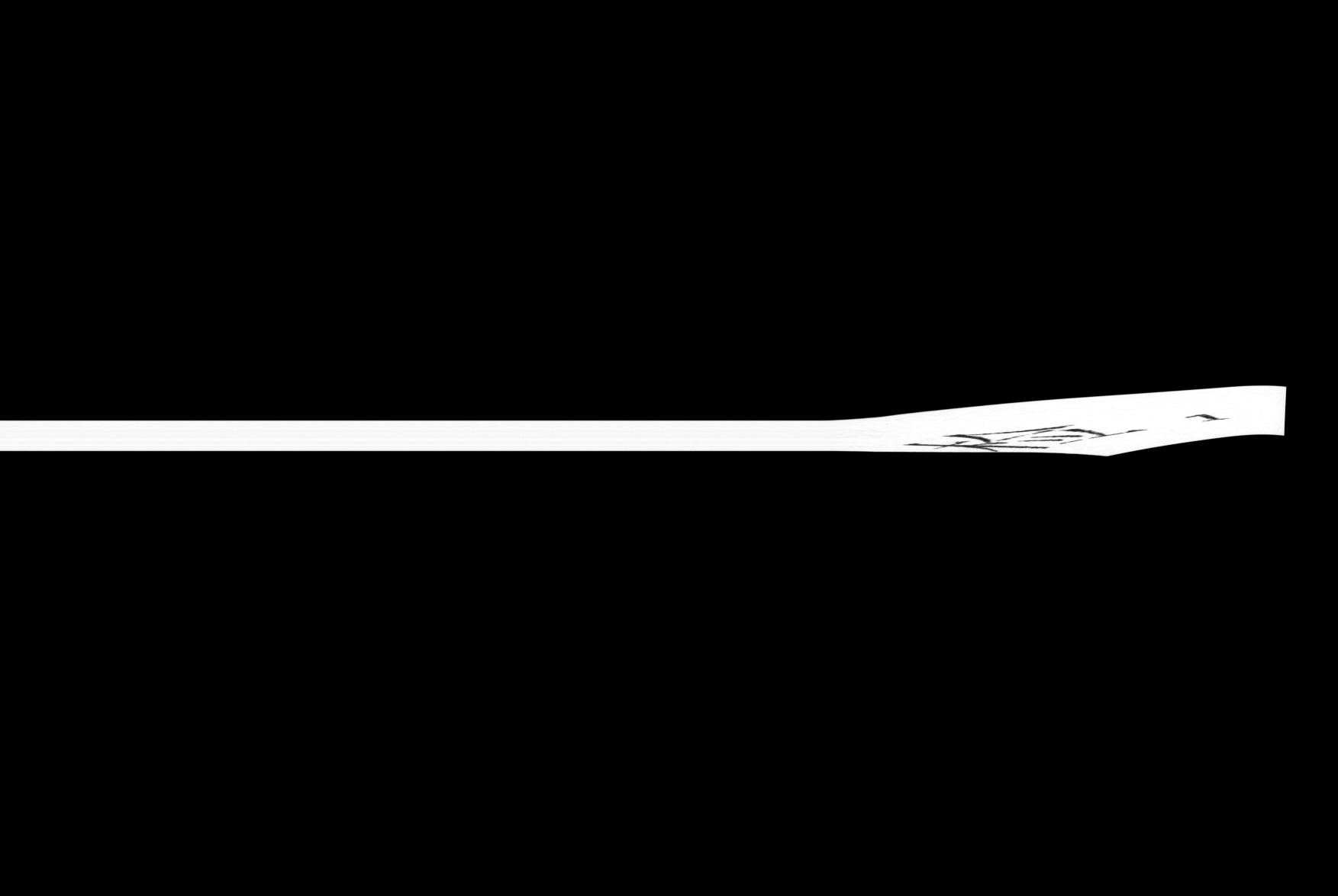

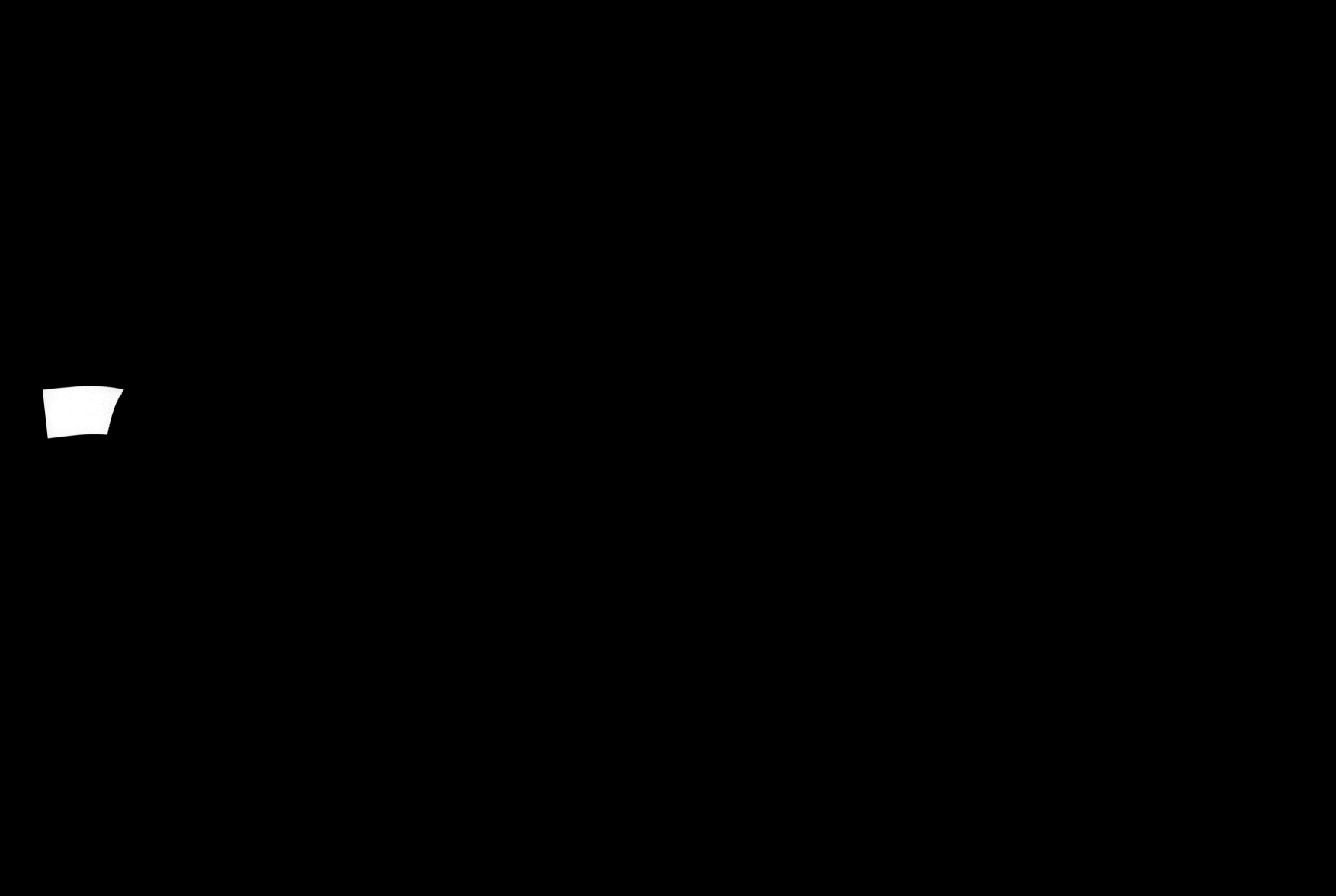

传统建筑横墙面以木板门面和砖墙面两种形式区分内外，这一特征普遍存在于江南大部分地区，义乌江下游流域的传统建筑也不例外。面向人使用的一侧采用木板门面，包括民居院落内部朝向天井一侧的立面、商铺建筑外立面、祠庙建筑正立面入口部分等。而需要对外隔离封闭的部分采用石墙面，民居建筑外墙、商铺建筑除铺面以外的其他方向立面、祠庙建筑除正立面以外的其他院墙立面均属此类。

连接成片的传统建筑共同构成了义乌江下游流域传统聚落公共空间的特色风貌。

2.3　本章小结

义乌江下游流域自然环境的主要特征为浙中腹地的区位地理、"两山夹一川"的走廊式地形、溪塘纵横的水文环境、温暖干旱的气候条件、农林繁茂的植物资源和陆路为主的区域交通条件。此流域的社会文化特征主要包括男耕女织的原始分工、聚族而居的社会传统、出游频繁的娱乐传统、笃信风水的传统观念、多神信仰的宗教传统、重农抑商的初级贸易和徽婺结合的建造传统。传统聚落公共空间特征的形成是这些因素综合作用的结果。

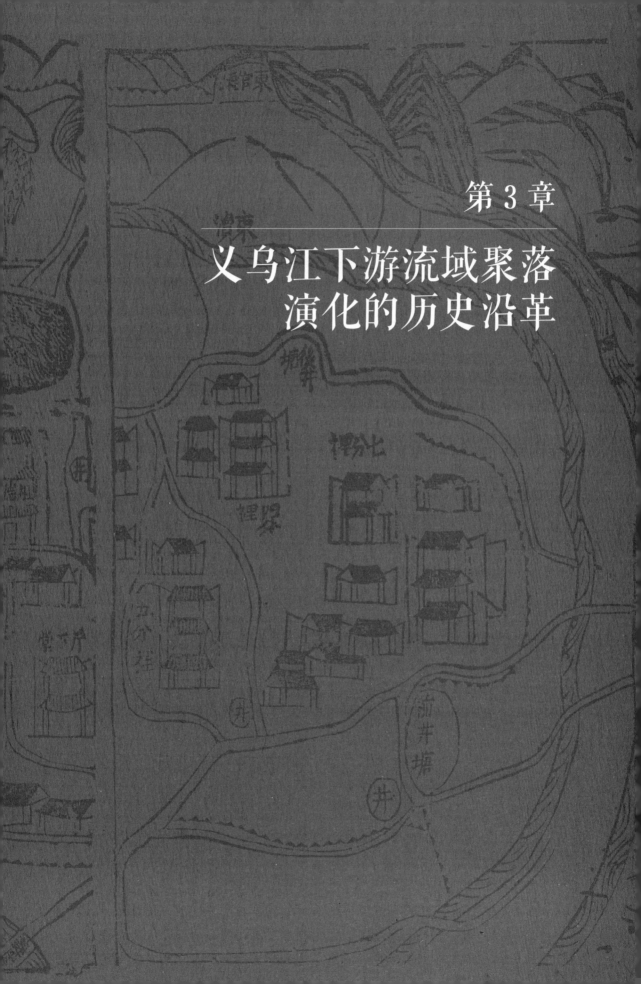

第 3 章

义乌江下游流域聚落演化的历史沿革

　　义乌江下游流域可以追溯的历史演化大致可以分为六个阶段，即：史前至春秋战国时期、秦汉时期、魏晋南北朝时期、隋唐五代时期、宋元时期、明清至民国时期。从史前上山文化到北方士人南迁，再到宋元以后随着水利兴建而形成文化荟萃、繁荣安居的聚落生活状态，义乌江下游流域聚落演化的历史可以说是我国华南地区农耕文明演化发展的典型缩影。

3.1　史前至春秋战国——上山文化到古越人的繁衍生息

　　义乌江下游流域传统聚落历史悠久。早在新石器时期已开始存在定居的农耕文明。金衢盆地范围内发现的18例上山文化遗址证实此地在距今12000年～9000年时已存在以农耕为主业的定居聚落。浦江县范围内最先发现的上山遗址中，水稻痕迹表明在距今10000年左右，此地区已有驯化的水稻种植。2013年发现的义乌桥头遗址是距离义乌江下游流域范围最近的聚落遗迹，距今9000年左右，属于上山文化中期遗址。此遗址中表明聚落具有"环壕"特征，三面环绕宽度达10～15米，深度为1.5～2米，另一面临界河流，是具有极强防御特征的早期聚落。上山文化时期，聚落面积约在3万平方米以上，是当时普遍的聚落规模。金华市浦江县上山遗址中发现房址具有成排的"柱洞"，当时建筑已具有初级木构建筑特征，并与会稽地区河姆渡遗址发现的干阑式建筑具有相似之处，进一步佐证了义乌江流域与绍兴地区极深的历史渊源和文化往来。

　　近年考古学研究观点认为（蒋乐平，2013），江浙地区新石器时期的史前文明发源于钱塘江中上游，随气候变化，在距今9000年～4000年期间，经历了从金衢盆地所在的内陆地区向沿海平原迁徙与发展，又于4000年左右由于海侵及气候巨变，而重新向内陆迁移。可以明显从史前文化遗迹的分布上看出从金衢盆地所在内陆向杭州、绍兴等沿海地区迁徙的规律。上山文化至良渚文化的时间段恰好处于卷转虫海侵的海退时期，海平面下降，露出大面积适宜人类生存的浙北平原地区。在距今7000年时期，一次大规模的海侵直接导致了跨湖桥文化的消亡，但此后河姆渡文化与马家浜文化又在海平面下降之后继续在宁绍、嘉杭湖一带广泛发展。直至良渚文化后期，海平面及气候一直趋于稳定。而得到世界考古学界公认的距今4000年左右全球规模的气候及地理环境变化，即在中原夏朝末期，直接导致了良渚文化的灭亡。跨湖桥文化遗址和良渚文化遗址上发现覆盖的淤泥层均是对于海侵说法的佐证。

　　在这样长达5000年的新石器史前文明时间里，人类从内陆至沿海，再由沿海退回内陆的过程，义乌江流域始终作为受到海侵及气候变化较小的内陆地区，得以持续地保持自己的原始生活，并作为越人祖先而存续下去。

3.2 秦汉时期——汉越杂居开始

春秋时期越国建都会稽山阴，称大越，据考证即现在的绍兴城附近。吴越争霸期间，战场主要集中于杭州与绍兴交界的钱塘江江岸附近。而义乌江流域始终是越国的战事后方位置，极少受到战争波及。

越国后被楚所灭，后又归降秦国。秦王政二十五年（公元前222年），置会稽郡，义乌江下游流域属会稽郡乌伤县。秦始皇曾亲自到过会稽地区，当时仍称大越，可见绍兴地区作为越国经济文化中心位置至此仍然存续。秦始皇强制迁移大越地区人员，向西至江西、衢州地区。从东汉时期金华仍保留有种姓土著大族看来，秦代时期金华地区越族本族可能未遭受大规模强制迁徙，而是经历了和平的归降与同化。

而秦始皇与汉武帝时期中原移民开始被迫迁入。据《史记·秦始皇本纪》记载秦始皇三十三年（公元前214年）开始"发诸尝逋亡人①、赘婿②、贾人取陆梁地，为桂林、象郡、南海，以适遣戍。"秦始皇三十七年（公元前210年）《越绝书》记载："徙天下有罪谪吏民，置海南故大越处，以备东海外越。"《汉书·高帝纪》记载："秦徙中县之民南方三郡，使与百越杂处。"均描述的是秦始皇时期的强制迁徙。这次强制移民将北方的社会底层人民强制迁往包括金华在内的江南地带，与越人混居。

汉武帝时期，又兴起了一次大规模的强制移民，据《汉书·武帝纪》记载："关东贫民徙陇西、北地、西河、上郡、会稽，凡七千二万五千口。"《十七史商榷》卷九记载："会稽生齿之繁，当始于此，约增十四万五千口"。

秦代置会稽县，金华地区归属会稽受直接管辖，越族土著与迁徙来的汉族共处，并接受汉族政权的统治，义乌江下游流域属于汉族政权直接统治的边界区域，金华东山以东南地区，因秦朝未完全将其征服，而采取越人自治的统治形式，至此义乌江下游流域地区作为较早期即被汉族同化征服的地区与直至汉武帝时期才完全汉化的浙东南地区逐渐产生更大的差异。

东汉时期，东汉顺帝永建四年（公元129年）分钱塘江以西为吴郡，以东为会稽郡，义乌江下游流域仍属会稽郡乌伤县。东汉初平三年（公元192年）设长山县，为独立建县之始。可见，当时义乌江下游流域的人口数量及文化发展已具备一定规模。

3.3 魏晋南北朝——士人避乱而来

魏晋时期是北方士族阶层主动迁入金华地区的开端，也是金华本土宗族崛起又终至衰亡

---

① 逃避或拖欠国家税役的人。
② 秦时穷人将儿子卖给富人作奴隶称为赘子，主人为赘子娶妻的称赘婿。

的大变革时期。东汉末年，因为北方董卓之乱（公元189~192年），大量北方人迁移至江南地区，但此时开始，与之前政权强制性的迁徙不同，是北方世家贵族阶级主动的搬迁逃亡。《三国志·华歆传》中引注华峤《谱叙》："是时西方贤士大夫避地江南者甚众。"《三国志·华歆传·荀彧传》注引《曹瞒传》载："自京师遭董卓之乱，人民流移东出，多依间。"《张昭传》记载："汉末大乱，北方士民多避难杨土，昭皆南渡江"。《三国志·濮阳兴传》载："父逸，汉末避乱江东。"《晋书·孔愉传》载："其先世居梁国，曾祖潜，太子少傅，汉末避地会稽，因家焉。"

西晋末年，北方发生"五胡乱华"战乱，晋室南迁，因而在此后数十年的时间里又出现了三次北方人口大规模南迁。永嘉五年（公元311年）匈奴政权攻占洛阳，晋朝官民大规模向南逃离。《资治通鉴》记载："时海内大乱，独江东差安，中国士民避乱江左者，多南渡江。"《晋书·王导传》记载："京洛倾覆，中州士女避乱江左者十六七"可见当时南迁规模之空前。之后建武二年（公元318年）司马睿正式称帝后，又有大批汉族随之南移。成帝初年（公元325年），苏峻、祖约之乱以后。《晋书·地理志》载："成第初，苏峻、祖约为乱于江淮，胡寇又大至，百姓南渡者较多。"

晋及南朝为稳定政权，获得南迁士族的拥护，采取一系列有利于北方流民的安置政策，设置侨州、侨郡、侨县，并使其与土著居民相隔离。《隋书·食货志》载："晋自中原丧乱，元帝寓江左，百姓之自拔南奔者，谓之侨人，皆故旧壤之名，侨立郡县，往往散居，无有土著。"东晋政权的建立也仰仗于北方迁居而来的世家大族。王、庚、桓、谢四大家族封地多在浙江一带。

大规模的北方士族迁徙为义乌江流域带来了先进的农业生产技术，以及儒家士族文化。三国吴宝鼎元年（公元266年）建东阳郡，此后金华市区所在地为历代郡、州、路、府的都城，统管包括金华、兰溪、汤溪、武义、永康、义乌、东阳、浦江在内的八县，故统称"八婺"。至此在政权统治上，义乌江下游流域地区开始与绍兴剥离，而与东南的永康、武义，西方的兰溪、汤溪建立更深的联系。

义乌江下游流域的土著世家大族留氏家族在魏晋南北朝时期的政治军事舞台中起到了至关重要的作用。影响最大的时期为孙吴时期与南朝梁陈之交。长山留氏"世为郡著姓"[①]。《三国志·孙峻传》裴松之注引《吴书》称留赞系"会稽长山人"。陈寅恪曾考证关于留氏的源流"据地域论，当是越种"[②]。

留氏在东汉末年开始参与政治纷争，留赞，字正明，少为郡吏，参与镇压黄巾军。汉献帝建安二十二年（公元217年）因征兵需要，留赞开始受到孙权赏识，并组建了以长山留氏为

① 《留异传》. 载于《陈书》·卷三十五·列传第二十九。
② 陈寅恪. 魏晋南北朝史讲演录[M]. 万绳南整理. 贵阳：贵州人民出版社，2007。

主体的乡兵集团，屡立战功。四位留氏家族成员包括留赞、留略、留平、留虑都在抗击曹魏战争中征战南北，战功赫赫。至凤凰元年（公元271年）留平因谋反废帝而死，但其罪未波及留氏家族。此后晋朝有留叔先，南朝梁陈时有留郁孝、留异、留贞臣、留忠臣、留瑜、留朝。留异是梁陈时期的风云人物，梁武帝太清二年（公元548年）侯景之乱爆发，留异回乡招募士卒，并夺取了长山县乃至东阳郡的统治权①。直至陈天嘉二年（公元561年），陈文帝正式下诏讨伐留异，过诸暨至义乌，直插留异后方，至陈天嘉五年（公元564年），即三年以后，处死留异，留氏家族及聚居地均被铲除殆尽。

南北朝时期留氏家族由盛到衰的经历，也使义乌江下游流域地区聚落由兴盛转为衰落。受到侯景之乱以及围剿留异的影响，义乌江下游流域在此阶段受到严重的战争波及，大量聚落遭到毁灭性的打击。兴盛近三百余年的留氏聚落痕迹几乎完全不复存在，仅有金华西南曾发现有留赞家墓。而义乌江下游流域的孝顺地区曾发现梁大同七年（公元541年）的留郁孝的井砖和大型铺地方砖、雕花墙砖、厚度在8厘米以上的雕花门楼用砖、青砖彩陶，以及数量众多的古井和园林遗迹，推断义乌江下游流域的孝顺镇一带曾是留氏家族的聚居地之一②。而土著留氏家族的衰落也给北迁的汉族提供了更多的生存空间和机遇。

3.4　隋唐五代——吴越国富饶安定

隋唐五代时期，是义乌江下游流域聚落缓慢发展时期，一方面此阶段不断有北方家族继续迁入定居下来，另一方面本地的水利农业资源建设至五代吴越国时期才开始缓慢起步。隋唐时期，义乌江下游流域所在的江浙地区并不富裕。如《隋书·食货志》所载："江南之俗，火耕水耨，土地卑湿，无有蓄积之资"③。

隋唐初期属于动乱年代，义乌江下游流域也并不太平。就建制而言，隋开皇十三年（公元593年）置婺州，开皇十八年（公元598年）义乌江下游流域所在区域始名金华县。唐武德四年（公元621年），从金华县析出建德、太末地，并析金华置长山县。唐武德八年（公元625年），长山县并入金华县。唐垂拱四年（公元688年），改称金山县。唐神龙元年（公元705年），复名金华县，为婺州治。建制的频繁变动也反映了当时政局的不稳定。在此期间唐永辉四年（公元653年）睦州女子陈朔起义，攻打婺州城，未攻克，但战乱波及义乌江下游流域。唐咸亨四年（公元673年）山洪暴发，淹死五千余人，并对当时的农业造成毁灭性冲击。

即使是这样的时期，义乌江下游流域所在地也始终处于从未被分割的完整自治状态，仅在县治位置上发生过迁徙，在今孝顺附近的古长山县所在地与金华府城位置之间发生迁移转

---

① 《留异传》. 载于《陈书》·卷三十五·列传第二十九.
② 金华区教育文化体育局. 金东区文物古建筑精粹[Z]. 2012, 3: 2.
③ 《食货志》. 载于《隋书》卷二十四·志第十九.

换。长山县治位于义乌江下游流域东端。金华府城即如今所见金华市区北部，位于义乌江下游流域西端。在县治迁至金华府城之后，原长山县治区域形成后来的大规模市镇——孝顺，作为金华与义乌之间的经济文化中心。而广大义乌江下游流域的土地始终处于县城外的郊野乡村区域。政权的不稳定带来了当时的人口锐减和地区萧条，但就长期历史情况看来，县治迁移对于义乌江下游流域聚落人民生活并未产生明显影响。

唐朝两次出现大规模的北方人南迁现象。武则天垂拱二年（公元686年）陈政、陈元光父子奉命入闽。当时随迁宗族有45姓之多①。迁居路径经钱塘江，过境金华地区，一部分北方人在此期间迁居至杭州、绍兴及金华地区。"自中原多故，贤士大夫以三江五湖为家，登会稽者如鳞介之渊数。"②第二次北方人南迁在安史之乱（唐玄宗天宝十四年（公元755年）至唐代宗广德元年（公元763年））以后。"中原鼎沸，衣冠南走"③因此"中原人士多避地南下"。这次迁徙主要方向为安徽、福建、四川、湖北等地，也有部分迁至浙江。李白的《为宋中丞请都金陵表》中描述："天下衣冠士庶，避地东吴，永嘉南迁，未盛于此"④言及当时向江浙一带南迁的规模大于晋代。

唐末黄巢起义自乾符四年（公元877年）开始波及江浙地区，至乾宁四年（公元897年）钱镠正式接受镇东军节度使的任命，统一两浙地区为止，这20年是天灾人祸横行、民不聊生的20年。

此后，钱镠执掌吴越国开始，义乌江下游流域随吴越国的稳固安定而进入平稳发展时期。钱镠在政治上采取效忠中原政权的战略做法，在五代十国时期先后接受唐、梁、后唐等朝的册封。至宋统一时吴越内部几乎未发生战争。在内政上，钱镠倡导修筑海塘，疏浚内湖，大力开展水利工程建设。水利上积累的先进经验是宋代义乌江下游流域地区围筑陂塘广泛推行的技术基础。苏轼评价钱镠时期的盛况："吴越地方千里，带甲十万，铸山煮海，象犀珠玉之富，甲于天下，然终不失臣节，贡献相望于道。是以其民至于老死不识兵革，四时嬉游歌鼓之声相闻"⑤，与北方地区"天下大乱，豪杰蜂起，方是时，以数州之地盗名字者，不可胜数。既覆其族，延及于无辜之民，罔有孑遗"⑥形成鲜明对比，也是五代时期继续有北方世家到吴越地区避难的根源所在。

---

① 《人民志·氏族简》. 载于《台湾省通志》。
② （唐）穆员. 《鲍坊碑》载于《新唐书志》。
③ 《肃宗朝八宝》. 载于《太平广记》。
④ （唐）李白. 《为宋中丞请都金陵表》。
⑤ 苏轼. 《表忠观记》. 载于《苏东坡全集》. 卷八十六。
⑥ 同上。

3.5　宋元——水利兴建，文化荟萃

宋元时期是义乌江下游流域聚落大规模发展的开始。尤其宋代开始农田水利的兴建、北方士族的不断迁徙以及哲学文化思想的迸发都是促成聚落发展的直接原因。

宋元两代，杭绍以及其北的湖州等地区的农田开发已开始出现饱和状态，随着圩田技术的普及，大面积的沼泽湖泊都转化为田地。南宋卫泾描述宁宗嘉定时（1208～1224年）的景象："三十年间，昔之曰江、曰湖、曰草荡者，今皆田也"[①]。陆游也曾感慨当时绍兴地区的农耕景象"有山皆种麦，有水皆种粳"[②]。据记载，南宋时期两浙西路（钱塘江以北含江苏地区）圩田计有1489所，而至元时共有8829围[③]，增长近6倍之多。

而南宋时期，义乌江下游流域的农田建设才刚刚起步，仍有大量尚未开垦的农田资源。据《光绪金华县志》记载，义乌江流域地区水利开始于宋淳熙年间（1174～1189年），"宋淳熙间州守洪迈言金华田土多沙，势不受水，五日不雨则旱，县丞江士龙令耕者出里田主出谷修筑官私塘堰湖陂八百三十七所，溉田二千余顷，岁赖以登"[④]远晚于五代吴越国钱镠时期就开始兴建水利的杭绍一带。而广阔未开发的土地资源是吸引更多北方世家到此定居的重要原因，明代方孝孺提及"宋之迁于江南，婺去国都为甚迩，其地宽衍饶沃，有中州之风，故土之北至者多于婺家焉"[⑤]。

北宋末年开始，北方战乱，宋室南迁，出现了我国历史上第二次大规模北人南迁，江浙地区人口骤然增加。建炎元年（1127年）宋高宗赵构南逃，宋室开始南迁。建炎三年（1129年）金兵南下，战区向浙江、江西和湖南推进，绍兴四年（1134年）金兵渡过淮河陆续南侵，在此形势下中原人只得继续南逃。在南宋定都临安（1138年）之后，浙江地区更成为北方迁居而来士族工商的乐土。"四方之民，云集二浙，百倍常时"[⑥]。而如前所说义乌江下游流域临近都城杭州，又有"宽衍饶沃"的土地，因此大量宋朝官员在为官期满以后都选择在战后的金华地区建村定居。例如张辅，祖籍山东济南章丘，官至礼部尚书，在为官届满后选择在义乌江下游流域的金东区含香村定居。金东区傅村始太祖承事郎傅公世杰于1117年移居杨塘坞，后在宋德祐年间（1175年），"太祖万廿七东山迪功郎府君傅公杨成由杨塘坞徙居东山"，成为金东区傅村"东山傅氏"的始祖。宋元明三朝迁入金华县地区的北方名人有吕好向、吕大器、苏迟、潘正夫、张耀，以及范浚先祖、宋濂先祖、严子陵的后裔等。

随着宋室南迁，义乌江下游流域的文化思想也得到进一步发展。金华位于南宋与金、元

---

① （南宋）卫泾. 《论围田札子》见《后乐集》. 卷十三. 载于《续文献通考》. 卷三。
② （宋）陆游. 《农家叹》. 载于《剑南诗稿》：卷三二。
③ 《田地条》. 载于《姑苏志》. 卷十五。
④ （清）吴县钱等. 光绪金华县志[Z]. 十六卷. 清光绪二十年（1894）修. 民国二十三年（1934）重印版：卷三水利。
⑤ （明）方孝孺. 《吴氏宗谱序》. 载于《义乌吴氏大宗谱》。
⑥ 《建炎以来系年要录》. 卷一五八。

对抗的战争后方位置，大量宋朝官员文人安家于金华地区，并带来了大量中原的文献典籍。宋元两代，金华地区有著名的忠臣文人，宋有潘良贵、郑刚中、叶衡、王介、马光祖、唐仲友、吕祖谦、何基、王柏，元有许谦、文苑、张枢等①。

得益于丰富的文献典籍，以吕祖谦为代表的浙东婺学，又称文献学派，开始发扬光大，与徽州朱熹理学、浙东陆象山心学并称。"宋乾、淳以后，学派分而为三：朱学也，吕学也，陆学也。三家同时，皆不甚合。朱学以格物致知，陆学以明心，吕学则兼取其长，而复以中原文献之统润色之"②。吕祖谦的理论犹以兼容并蓄，融会朱、陆两派观点而见长。婺学的发展也促使义乌江下游流域地区道德风化与中原儒家正统思想一致，宋濂曾提及："吾婺自东莱吕成公传中原文献之正，风声气习，蔼然如邹鲁，而其属邑东阳为尤盛"③。元代金华文人多拒绝出仕，而隐居潜心钻研文献史料，进一步促进了地区文化哲学思想的进步。此后南宋至元代的"北山四先生"④是吕学思想的传承者。

宋代开始义乌江下游流域的建制再无大变化。而宋元时期对义乌江下游流域影响较大的战争共有三次。北宋末年方腊起义（宋宣和二年1120～1121年）主战场在金衢盆地上，使义乌江下游流域在内的婺州地区遭受一次洗劫，很多聚落遭到焚毁。元至元十三年（1276年）元军攻占临安城（杭州），南宋赵㬎上表投降，在继续围剿南宋残余势力的战争中，元军于同年十月攻占婺州，逼近衢州，战争波及义乌江下游流域。此后建制改为婺州路。元末朱元璋起义主要势力范围在徽州及浙西地区，与义乌江下游流域关系密切，义乌江流域民间流传有大量朱元璋战争相关的民间传说故事，元至正十八年（1358年）朱元璋攻取婺州路，义乌江下游流域所在婺州路改称宁越府，此后至正二十年（1360年）又改为金华府。

3.6   明清至民国时期——鼎盛繁荣与战乱交替

明代对聚落发展影响最大的事件主要包括玉米、甘薯等旱地植物的引入，以及贸易的起步与变革。明代引入番薯、玉米、花生、土豆等作物，清康熙、乾隆年间人口大幅增加。清康熙五十年（1711年）后出生人丁永免税负，雍正朝实行"摊丁入亩"，隐瞒丁口减少，社会也较安定，人口增长较快。而明代中期纳税方式由纳粮改为纳银，白银作为货币开始流通促进了江南地区贸易经营活动的发展。义乌江下游流域地区贸易虽远不及扬州、杭州、宁波等地区，但徽州、龙游、永康、义乌等地商贩来到义乌江下游流域从事贸易经营活动，极大地促进了义乌江流域聚落整体性生活水平的提高。清中期以后至民国时期义乌江流域陆续出现

---

① 干人俊.《民国金华县新志稿》. 民国三十六年（1947）. 卷首。
② 全祖望. 同谷三先生书院记. 鲒埼亭集外编. 卷十六//全祖望. 全祖望集汇校集注[M]. 上海：上海古籍出版社，2000：1046。
③ （明）宋濂. 题蒋伯康小传后//芝园后集. 卷八. 宋濂全集。
④ "北山四先生"包括何基（字子恭，金华人，1188—1269年）；王柏（字会之，金华人，1197—1274年）；金履祥（字吉父，兰溪人，1232—1303年）；许谦（字益之，金华人，1270—1337年）；是宋元时期"北山学派"的代表人物。

多座市镇聚落。

明清两代在聚落体系发展成熟，人口扩张发展鼎盛的同时，也间歇受到了大规模的战争波及。清顺治二年（1645年）清军攻克婺州城，屠城三日，人口减少2万人。民众避难郊野农村。清康熙十三年（1674年）耿金忠反清，金华为战区，人口锐减。清咸丰八年（1858年）自清同治二年（1863年）太平天国战争持续六年，古婺为主战场，反复拉锯战。清嘉庆二十年（1815年）人口279376，清同治十三年（1874年）仅119427人，锐减15000余人。民国元年（1912年），金华县179061人。民国二十六年（1937年）日本侵略军相继占领沪、杭、宁绍，金华成为浙江省政治、经济、文化中心和东南交通枢纽，形成战争中期短暂的迅速繁荣。民国三十年（1941年）定居人口达318941人。1931年金华被日本侵略军侵占，1936年金华县人口又降至242579人。

3.7 本章小结

总体看来，义乌江下游流域传统聚落的历史沿革经历了六个历史时期，逐步发展成熟。史前至春秋战国时期，上古流传下来的农耕文化是传统聚落发展的根基。秦汉开始至隋唐五代时期，长期的汉越杂居形成了义乌江下游流域地区南北文化交融的传统习俗。宋元时期的水利兴建是聚落大规模发展的开始。明清至民国时期是传统聚落形态走向成熟的时期。流域传统聚落公共空间是在历史发展历程中不断演化发展的结果，本书后面所陈述的本区域传统聚落总体特征与公共空间特征主要针对明清至民国时期的历史样貌进行陈述。

第 4 章

义乌江下游流域传统村镇聚落总体形态特征

义乌江下游流域传统聚落按照聚落最初的形成缘由可明显区分为村庄与市镇两类，分别为村庄聚落与市镇聚落。两类聚落具有截然不同的形成根源，选址分布特征、整体形态、公共空间的组成均有差异。

4.1　义乌江下游流域传统村镇聚落的基本特征

村庄聚落与市镇聚落最初形成发展的缘由存在明显的差异。村庄作为居住型聚落是义乌江下游流域地区聚落的主要组成部分。基于农耕传统的广大历史背景，主要形成于宗族定居而发展为同姓血亲聚居村落。而市镇作为贸易型村落由原本交通便达地带的草市逐渐演化形成固定的商业街市伴有定居的多姓氏聚居聚落。

4.1.1　村庄聚落

村庄聚落以宗族定居为起源演化发展。历史上三次自北向南的人口大迁徙，迫使北方世族举家迁至江南地带，形成最初的定居聚落。随着聚落中人口不断繁衍增加，聚落逐渐达到饱和状态，过剩的人口即宗族子孙从原本定居点迁出，另寻适宜居住和耕种的地点开始新的生活，新选的定居点逐渐发展又可能成为新的大型聚落，之后又将有宗族子孙离开原聚落另寻新的定居地点。村庄以此近似细胞分裂的方式，不断扩张和向外产生新的宗族聚落。广大浙江地区均有与此相近的村庄聚落演化规律。

例如，义乌江下游流域现属金东区傅村镇管辖的畈田蒋村始建于明洪武二十七年（1394年），先祖为湖州安吉人，"五季之衰，兵戈扰攘，鼻祖守善者避地而居浦邑之西皋"[1]，在迁居金华浦江县之后历经十世的繁衍，迁徙至义乌县山塘村，此后不久又迁至畈田蒋村所在地"二世祖曰德邵，仕后唐三州刺史，又十世至千十六朝奉曰观字嵩元，于元武宗肇迁乌伤山塘，历年未久，曾大父成一府君复徙居斯地而入籍焉，正皇明龙飞时也。"[2]后文作为详细个案的金东区傅村镇山头下村，是村北仅相距600余米的沈宅村析出的沈氏分支。"金邑府东八十里山头下著姓沈氏者梁隐侯休文公之后裔，双翼一本祠之分派也，自成二府君兄弟三人始迁居此，应四传而至珪四十九府君名文雄公珪五十六府君名文杰公，族已浸昌而浸炽矣。"[3]始迁明末，至清后期已经具有很大规模"更历四传以至于今，益见子姓之蕃衍，而且屋连云田，负郭饶裕百倍于前"[4]并且又有自山头下析出的宗族分支迁居至武义八

---

[1] 孟希韩. 蒋氏族谱序[M]. 嘉靖庚子年//畈田蒋氏宗谱，2009重修.
[2] 同上.
[3] 傅文荣. 山头下沈氏创建宗祠记. 道光五年岁次乙酉//山头下务本堂沈氏宗谱编纂. 金华傅村山头下务本堂沈氏宗谱[M]. 长春：吉林文史出版社，2013：卷一.
[4] 同上.

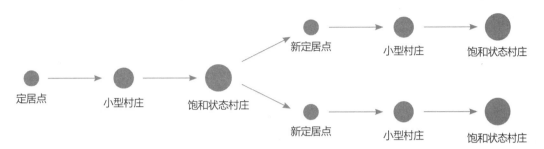

图4-1-1　村庄聚落演化模式
（图片参考：陆林，凌善金，焦华富，等. 徽州古村落的演化过程及其机理[J]. 地理研究，2004，23（5）：689）

素山"武邑东乡八素山著姓沈氏者建昌侯休文公之后裔，双溪一本祠之嫡派也，自三十四世孙章一府君卜居此地迄今十有余世，子孙蕃衍，烟居鳞集"[①]（图4-1-1）

宗族在迁徙之后仍有谱牒作为血缘的见证，各宗族深以族内人口繁衍人数众多，以取得官职和成就为荣。金东区傅村镇傅村是区域内始建较早规模巨大的大型村庄、聚落，"始于万廿七迪功公东山卜迁世居迄今三百余岁矣，即勋庸罕勒于天府，而聚族几数万指，栋甍鸟革，原隰鳞比，甲于郡邑"[②]带有明显的自豪之情。义乌江下游流域的金东区澧浦镇郑店村的东溪郑氏宗谱序中记载："伯定公讳凝道者自郑州来为处都郡守，因家于处都，其子讳自严公卜居于括苍之里三十一世孙有迁金华之长山，有迁浦阳深塘麟溪，虽分迁不一，其积功累仁世济其美传载之史书之班班可考，而同宗其本之义益昭"[③]宗谱的编者多深为自己宗族"子孙蔓延与天下"以及"积功累仁世济其美"而感到荣耀。山头下村宗谱中也称"昔沈氏散处各郡邑俱成巨族"[④]。

各分迁构成的新建聚落，在人丁繁衍至一定程度，都尽可能修建属于本聚落的宗祠。山头下村与沈宅村相距仅不足一公里，仍在清末建造本村宗祠"山头下与双溪一本祠虽仅隔里许而亦自建务本祠，以分记焉"[⑤]。其分支八素山的沈氏宗族也以路远祭祀不便为由，另建分祠。"旧祠向在金邑山头下，虽春秋两祀永无差忒，第世远路长不免有雨云风霜之阻，终难报先灵于九泉之下"[⑥]。

① 徐振冈. 八素山沈氏创建宗祠记. 民国三年岁次. //山头下务本堂沈氏宗谱编纂金华傅村山头下务本堂沈氏宗谱[M]. 长春：吉林文史出版社，2013：卷一。
② 傅成哲. 家规. //东山傅氏宗谱[Z]. 2006年重修。
③ 翰林学士郑崇义. 括苍郑氏宗谱旧序. 龙飞至正元年岁次辛巳. //东溪郑氏宗谱[Z]. 光绪丁酉统翻。
④ 傅文荣. 山头下沈氏创建宗祠记. 道光五年岁次乙酉//山头下务本堂沈氏宗谱编纂. 金华傅村山头下务本堂沈氏宗谱[M]. 长春：吉林文史出版社，2013：卷一。
⑤ 同上。
⑥ 徐振冈. 八素山沈氏创建宗祠记. 民国三年岁次. //山头下务本堂沈氏宗谱编纂：金华傅村山头下务本堂沈氏宗谱[M]. 长春：吉林文史出版社，2013：卷一。

4.1.2 市镇聚落

市镇作为贸易型聚落是由临时性市集（草市）逐渐演化为以商铺建筑和街市为中心的聚落。义乌江下游流域主要因为土地资源充足，始终保持着古朴的农耕风俗，商业上不及周边其他地区发达，市镇聚落的数量及发展程度均弱于浙江其他县市。如《光绪金华县志》所言："大率士谦而好文，农愿而习俭，务本抑末重去其乡，故商贾不如他邑之伙"[①]。

值得一提的是，于市镇聚落而言，义乌江下游流域贸易发展滞后，存在有"市"无"镇"的情况。义乌江下游流域绝大多数市镇聚落均在民国之前以"村""市"命名，仅有孝顺一处，在南宋时期即称为"镇"[②]。宋代整个金华府八县地区也仅有"镇"四处。直至民国十九年（1930年），依据民国政府颁布的乡镇自治施行法，原定村里改名为乡镇，"以百户以上之村庄为乡，百户以上之街市为镇"[③]。至此金华县全县共有19个镇、121个乡[④]，中华人民共和国成立后基本沿袭民国时期乡镇名称，并将"镇"定义为行政区划单位。义乌江下游流域金东区现分辖2个街道、8个镇、1个乡，包括多湖街道、东孝街道、孝顺镇、傅村镇、曹宅镇、澧浦镇、岭下镇、江东镇、塘雅镇、赤松镇、源东乡[⑤]。原本的市镇聚落现多为如今的镇治所在地，而具体聚落范围现今仍称为"村"。为避免混淆，并遵循历史原貌，在本书中均以聚落现在的村名（2017年）称呼各聚落。

义乌江下游流域的市镇聚落产生发展较晚，而在发展演化过程中，贸易地点多经历了兴废和变迁。义乌江下游流域的市镇聚落产生发展开始于宋代，但直到南宋时其发展水平仍相当有限。金华县南宋有史可考的市镇聚落仅孝顺镇一处。直到明中期，万历六年（1578年）金华县的市镇聚落数量剧增至16市1镇。义乌江下游流域范围内有5个市，包括东关市、含香市、曹村市、里浦市、何楼市、孝顺市和孝顺镇。清康熙二十二年（1683年）金华县市镇增至19市1镇。金东区范围内有12市1镇，包括东关市、含香市、曹村市、孝顺市、里浦市、何楼市、二仙桥市、孝顺镇、松溪市、上河市、孝昌市、塘下市、低田市。其中二仙桥、松溪、上河、孝昌、塘下、低田均为新增加集市。

至清末光绪年间，因经历了太平天国战乱的洗劫，商业发展有所退化，民国四年（1915年）的《光绪金华县志》中记载的集市仅有9处，包括东关市、曹宅市、含香市、塘下市、低田市、澧浦市、鞋塘市、傅村市、莲塘潘市。注明二仙桥市、曹村市、寿昌市、上何市、何楼市、松溪市均为废市。新增曹宅、鞋塘、傅村、莲塘潘集市。街市具体地点发生迁移。

① （清）吴县钱等. 光绪金华县志. 十六卷[Z]. 清光绪二十年（1894）修. 民国二十三年（1934）重印版. 卷十六：类要风俗.

② （南宋）沈约.《宋书 州郡志》。

③ 干人俊. 民国金华县新志稿[Z]. 民国三十六年（1947）：卷六。

④ 《浙江省情》. 民国二十二年（1933）六月. 载于：干人俊：《民国金华县新志稿》. 民国三十六年（1947）：卷六。

⑤ 金东区概况地图. 行政区划网http://www.xzqh.org/html/show/zj/7184.html（2013-12）。

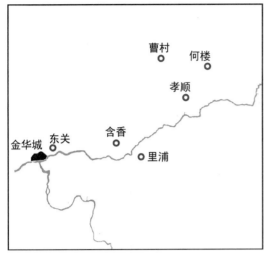
明万历六年（1578 年）《万历金华府志》

清康熙二十二年（1683 年）《康熙金华府志》

民国四年（1915 年）《光绪金华县志》

民国二十四年（1935 年）金华县经济调查

图4-1-2 义乌江下游流域市镇聚落历代分布变化图

民国期间商业发展复苏，据民国二十四年（1935年）金华县经济调查统计，金东区有商业活动的乡市共有29处，其中商铺在3家以上的村共14处，包括二仙桥、小黄村、曹宅、塘雅、傅村、鞋塘、孝顺、低田、含香、澧浦、洪村方、东盛、横店、岭下朱。其中小黄村、洪村方、东盛、横店均为民国之后形成的集市。民国后期有将曹宅、傅村、塘雅、孝顺并称为金东四大名镇的说法，是当时义乌江下游流域江北最主要的贸易集散地。（图4-1-2）

市镇聚落的发展速度和衰落速度都快于村庄聚落。市镇可能由于交通环境的改善、人口集聚等因素，在一地突然出现，并快速发展为大型聚落。金华地区义乌江与武义江发生多次改道事件，义乌佛堂是在清末开始出现临江的便利条件，而在此后不到十年的时间里迅速崛起，在民国中期已是区域重要的大型商贸聚集地。而市镇聚落的衰落也十分迅速，尤其在战争中，被视为军事要地和财富的聚集地，是首当其冲的损毁区域，因此在历代战争中多被洗劫一空。清朝初年、清末太平天国战争、抗日战争过程中，市镇聚落经历了大幅消减和损耗。太平天国之后，光绪县志所载原本二仙桥市、曹村市、寿昌市、上何市、何楼市、松溪市等六处重要聚落均为废市。孝顺、澧浦都经历了抗日战争中的狂轰滥炸，很多区域被炸为平地。

4.2　村庄聚落的选址与平面形态

4.2.1　村庄聚落的选址特点——因居择地

义乌江下游流域的村落选址以适宜居住作为首要考量条件，因此选址主要出于三方面因素考虑，包括生产资源是否充足，聚落位置是否安全，环境是否良好。在封建农耕社会的大背景下，生产资源主要包含水源和土地资源两个方面。而由于地区所在金衢盆地东部区域义乌江水患频繁，易旱又易涝的地理条件限制，既要邻近水源，又需要位于高地避免水患，是需要兼顾考虑的因素。对于土地资源而言，义乌江下游流域土壤资源丰富，聚落所选基址需要临近可耕种的土地，同时聚落居住地点尽可能避免过度侵占田地范围。义乌江下游流域乃至整个江南地区，聚落尽可能满足藏风聚气、山环水绕的风水讲究，也从聚落外界自然环境和居住者心理两方面构筑了安全感。因此义乌江下游流域村庄聚落选址的普遍特点可以概括为临近水源，规避水患；沃土可耕，不占耕地；藏风聚气，山环水绕，这三方面特点。

4.2.1.1　临近水源，规避水患

水是生活生产首要的必需品，是聚落选址首要考虑因素。而义乌江下游流域易旱易涝的地理条件限制，使得选址对于水源的要求更加复杂。

一方面，聚落必须邻近水源地，义乌江下游流域传统聚落选址多位于临近自然湖泊或溪流。能够便于引水灌溉，也能够满足日常饮水用水需求，水中鱼类可作为食物补充，同时出于防范火灾的考虑。风水上对于水源的看重，也是水源对于聚落至关重要地位的反映。"经曰：气乘风则散，界水则止，故谓之风水。风水之法，得水为上，藏风次之。"[1]又有"有山无水休寻地，有水无山亦可裁"的说法。"水融注则内气聚"[2]，"水聚处民多稠，水散处民多离"[3]。

---

① （晋）郭璞景纯. 葬书[Z]。
② 蔡元定. 发微论[Z]。
③ 徐善继. 人子须知. 水法[Z]。

义乌江下游流域对于水源的区域性建设在宋代开始大规模开展，"宋淳熙间州守洪迈言金华田土多沙，势不受水，五日不雨则旱，县丞江士龙令耕者出里田主出穀修筑官私塘堰湖陂八百三十七所，溉田二千余顷，岁赖以登，然则讲求水利其可缓哉，是在良有司先事董率尔。"[1]而自宋朝开始义乌江下游流域聚落和人口的快速增多，也仰仗于这些水塘、湖泊、水堰的建设。现存义乌江下游流域传统聚落多依附一个或多个大中型水塘或湖泊。如曹宅村东西临界两溪，中部又有协神塘水体；傅村镇北部临近祝湖；蒲塘村东部由上清塘、下清塘等大型水面；岭下朱临近洋埠塘；塘雅村整体环绕东湖而建。此外，义乌江下游流域地区有大量村落以水塘命名，如鞋塘、莲塘潘、坡塘、南塘、麻车塘、东藕塘、放生塘、王沙塘、后坊塘、下牌塘、双塘、朱大塘、春塘、梅西塘、车门塘[2]等，此外以桥命名的村落也佐证了其对于溪流的临界关系，例如二仙桥、新开桥、桥里方、石桥、桥下、桥头，此外以水为名的聚落还有溪头、大溪滩、方井头、下水碓等。水源可以作为一个聚落标志以至于直接将村与水源的关系作为聚落名称，进一步说明了本地区对于水源尤其块状水体的依赖。

同时，义乌江下游流域聚落必须对洪水隐患有所防范，即有必要位于高地位置，以避免水患的侵袭。聚落对于规避水源的考虑，早在新石器时期，以金华地区为主要区域的上山文化遗址中就有所体现。据徐怡婷等（2016）的考古研究表明，武义江及东阳江流域的上山文化遗址具有"远离干流、靠近支流"的规律，既避免了江水干流的洪水风险，又能够从支流便捷地汲取水源，而且溪流中鱼虾可能在当时也已被作为食物补充来源之一。而且义乌江（东阳江）流域两遗址位置均在海拔80米左右的位置，属于平原靠近后方山体的高地区域[3]。从民国时期的区域地形图上，也可看出聚落集中分布的规律，义乌江下游流域传统聚落主要集中分布在盆地外围，临近外沿的山地，而在义乌江两岸的河谷平原区域分布较少。民国时期传统聚落分布竟与新石器时期原始聚落有如此相似的分布规律，可见义乌江下游流域地区农耕文化长久以来的持续性，也反映出农耕时期聚落选址临近水源又需要规避水患的普遍规律。

区域得以不断发展壮大，形成大型聚落的选大多位于平原外围的高地之上，例如曹宅、塘雅、中柔、蒲塘等。地势作为义乌江下游流域聚落选址重要因素的证据还存在于当地各家族宗谱之中。位于义乌江下游流域金东区傅村镇的畈田蒋村，宗谱中记载"婺城之东六十里许有名畈田者，乃宋公潜溪发迹右百步也。前有前李、前黄，后列后东、后岭，上有上姜，下有下筑瑭，东有东周，西有西周。八卦盘桓，惟蒋姓俨然中焉。"[4]描述了畈田蒋村所在地区清代周边村落林立的盛况，并以此地曾临近明代宋濂先祖聚居之地为荣。离此不远的傅村自宋迁居至此，直至定居此地，在清末繁衍为地区巨型聚落，"始于万廿七迪功公东山卜迁世居

① （清）吴县钱等. 光绪金华县志. 十六卷清光绪二十年（1894）修. 民国二十三年（1934）重印版：卷三。

② 列举聚落名称摘自《光绪金华县志》。

③ 徐怡婷，林舟，蒋乐平. 上山文化遗址分布与地理环境的关系[J]. 南方文物，2016（3）：131-138。

④ 倪子松，裹汝嘉. 八景诗序//畈田蒋氏宗谱. 2009重修：卷之一。

迄今三百余岁矣，即勋庸罕勒于天府而聚族几数万指栋甍乌革原隰鳞比甲于郡邑。"①其聚落坐落于高地上，因此自称东山傅氏，高地环境是傅氏聚落得以历经三百年始终发展延续的原因之一。

4.2.1.2　有田可耕、不占耕地

聚落选址临近耕地资源，并且尽可能不占用耕地资源，是义乌江下游流域聚落选址的明显特征之一。金华地区广阔丰富的土地资源是农耕文明得以延续，并不断吸引北方迁居家族定居的重要因素。明代方孝孺提及"宋之迁于江南，婺去国都为甚迩，其地宽衍饶沃，有中州之风，故士之北至者多于婺家焉。"②除去地理上邻近杭州都城的区位因素以外，"其地宽衍饶沃"是最具有吸引力的地方。傅村迁居之初也有对所选东山地区土壤肥沃的相关描述"我傅氏自东溪迪功郎府君以宋德祐间由杨塘徙居东山，水秀山明，原平土沃，郁为人文③"。

"畈"（fan四声），指大片平坦的田地。"《广韵》田畈。《集韵》田也。《韵会》平畴也"④。义乌江下游流域地区拥有大量以"畈"字命名的村落，例如畈田蒋、畈田洪、浦泉畈、金华畈、七里畈、杨畈、后畈、西畈、小下畈等，纵观《光绪金华县志》，以畈字或田字命名的聚落不及"塘"数量众多，但也在义乌江下游流域各区域广泛散布。可见聚落与田地之间的联系非常紧密。畈田蒋村宗谱中对于村落"北枕双尖绿屏，东临潜溪碧水，西衔千年古樟，南迤丰盈沃野"⑤的地理环境颇感自豪，认为"此乃蒋氏族人福地也"⑥。

而临近耕地的同时，住宅基址尽可能避免占用耕地也是传统聚落普遍需要考虑的问题。在明代引入番薯、土豆、玉米等旱地作物之前，金华地区主要以水稻为主要作物，水稻需要的低湿土壤环境正好与聚落防洪趋于高地建设的特点相适合。丘陵缓坡地带通常既是不便于水稻种植的地带，又是满足聚落排水防洪需求的极佳选址。

4.2.1.3　山环水绕，藏风聚气

村庄聚落的选址除考虑水与耕地的因素之外，聚落外围山环水绕的空间构架也是定居择址的重要因素之一。山环水绕既是出于"藏风聚气"的风水需求，也是对于游赏娱乐的审美需求。

义乌江下游流域居民过去对于风水十分看重，认为"子孙蕃衍富贵绵远皆由风水所致"⑦义乌江流域讲求的风水理论中，尤其注重"山"和"水"的相依相绕。"穴者，山水相交，阴阳融凝，情之所钟处也"⑧三面环山，一面环水，是最为理想的山水构架。"枕山襟水，依山

---

① 十四世祠长傅成哲. 家规//东山傅氏宗谱[Z]. 2006重修：卷一。
② （明）方孝孺. 义乌吴氏宗谱序[Z]。
③ 傅成哲. 东山傅氏大宗祠记. 明万历三十二年岁次甲辰春王正月之吉. 载于傅氏宗谱[Z]. 2006重修。
④ 康熙字典。
⑤ 蒋鹏放. 重建畈田蒋村蒋氏宗祠记//畈田蒋氏宗谱[Z]. 2009：卷一。
⑥ 同上。
⑦ 家规//畈田蒋氏宗谱[Z]. 2009重修：卷一。
⑧ 缪希雍. 葬经翼. 察形篇。

带河，四面拱卫，方是最佳境地。"① "居中为尊，后对来龙，面对案山、朝山，左右山水环抱有情。"② "凡众山咸止，诸水咸集，山水会聚处，其玄武背来，朝山远拱，左右护卫之地，是龙之止息处"③是选址的最佳位置。

义乌江流域地区整体为两山夹一川的地形，无论居于义乌江北还是南岸，面朝义乌江，都可以看作背山面水的山水环境。而金衢盆地上丘陵起伏，每座小山又多可以视为护卫的"砂山"，因此义乌江下游流域多数传统聚落都能够附会出山环水绕的格局。

对于蒲塘村选址的描述中有详细的对于风水山环水绕格局的描述："蒲塘之地，水秀而山明；蒲塘之势，龙蟠而虎踞，左回右顾，端拱钟灵。自齐云山而发脉，由白檀山而转折；又似乎北行，渡峡穿田，而有两头塘、北砂塘、深塘里、黄轵路、驮山头、石塌顶、跌隐蹬，起之奇鳏须鱼界，而有岑下源、乌头源、山南垅，郡塘水汇合交结之明，积道山乃为西障，长庚溪是日东流。傅桥、栗桥、山河桥并为门锁，阳山、栗山、庙后山总是包阗。尖峰山是为前案，青塘山乃是后屏。称万世无疆之地，为千古不易之基，于是于记以识之"④。

如前文所言，对于丘陵起伏的义乌江下游流域地区而言，朝案是很容易寻得的，在聚落选址与发展过程中尤其看重聚落的主山来脉。东山傅氏所聚居的傅村，其来脉为北方金华山的余脉："本境发华山及山之下曰青油尖，递降隆伏回旋多从田中杂民居，数十里过祝湖，少留，而东西两阜楫中冈此吾阴阳两宅也。"⑤其中"如青油尖降为风吹旋，再降为艮溪右手一脉隐隐如缕。然而上下之咽喉也，渐起曰缸窑山，山入平地，为三墩不绝，仅如蛛丝，故堪舆家名曰马迹。粗中抽细言其最喫紧处也。"⑥明清两代，因为他人对于山中石灰岩的开凿和盗葬现象出现多次争执，以致"累呈府县，勘禁"并在清乾隆年间蒋姓挖土事件之后"痛惩往事特撮其关要及府县明禁详示宅图之下，叮咛后人披图警目焉"。对于来脉的维护不仅得到政府法律的公判，也是全族人需要仔细防范的重要事件。

畈田蒋的来脉也有近似的讲究"龙从双峰垂脉，清油拔秀，隈隈唯唯，透迤蜒蜿，东山耸翠，西周含辉，四围环绕其中，廓然铺毡展席而宅第居焉"⑦这样山水条件直接与"地灵人杰英雄贤世出俗美风醇依然"⑧联系在一起。

义乌江下游流域其他村落也均有将周边山水环境描绘为以本村为中心的环绕形态。（图4-2-1）

---

① （清）赵廷栋. 地理五诀。

② 钦天监. 周易阴阳宅[M]. 北京：中国华侨出版社，1990。

③ 钦天监. 周易阴阳宅[M]. 北京：中国华侨出版社，1990。

④《蒲塘地图说》. 载于《蒲塘凤林王氏宗谱》. 2013年增订。

⑤《来脉源流附禁案》. 清乾隆三十八年（1773）. 载于《东山傅氏宗谱》. 2006重修：卷之三文集。

⑥ 同上。

⑦《蒋氏徙居源流序》. 载于《畈田蒋氏宗谱》. 2009重修。

⑧ 同上。

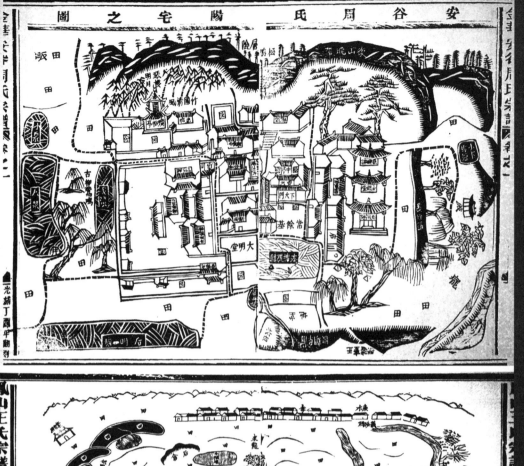

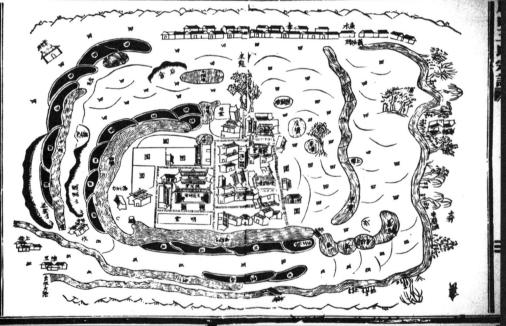

图4-2-1　义乌江下游流域古宅图上描绘的聚落周围山环水绕布局关系

（上图：曹宅镇安村宅图 来源：金华安谷周氏宗谱，光绪丁酉（1897）重刻；下图：孝顺镇王畈宅图.来源：凤山王氏宗谱，光绪乙卯1879重刻）

4.2.2　村庄聚落平面形态——团型规整

义乌江下游流域地区的村庄聚落通常以团型为主要平面形态，由于义乌江下游流域整体地势较为平坦，受地形和水体限制较小，村庄有机会在定居之初由开创者进行自由的人为规划。这也是村庄聚落通常发展为内部规整结构形态的重要原因。

4.2.2.1　义乌江下游流域村庄聚落的朝向方位

义乌江下游流域村庄聚落的朝向方位通常在建村之初就已经确定下来。具体方位朝向与地形、水体及区域主路的方向关系密切。义乌江下游流域大量村庄的朝向与地形、水体都呈现出顺应的姿态。水体与地形走向是首要考虑的因素。例如赤松镇下吴村与塘雅镇下潘村均位于义乌江北岸平原地带，聚落朝向明显受到周边水体因素限制，聚落朝向与区域大路都与水体整体走向呈现出顺应形态（图4-2-2）。

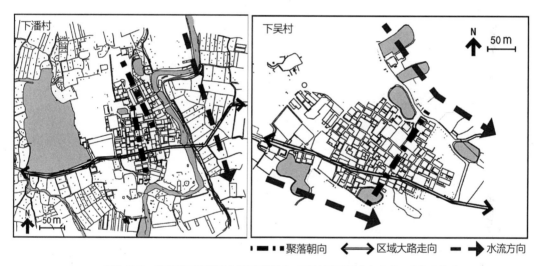

图4-2-2　义乌江下游流域金东区下潘村、下吴村聚落形态与水体、主路之关系

义乌江下游流域一些大型村庄聚落由几个相隔较近的小型聚居点扩张连接成片而形成，因而内部有着两种或以上不同的朝向布局。例如中柔村聚落朝向也明显依据柔川溪的走势而建设，值得一提的是，中柔村原本为三座小型村庄聚落演化而成，三个聚落分别位于柔川溪的不同位置，随着不断扩张最终连成一片，形成中柔村后期的格局，也因此中柔村三部分拥有各自不同的朝向布局（图4-2-3）。

琐园村所在位置地势平坦，朝向受水源局限较小，而聚落呈现出南北两部分偏折的朝向方位主要与区域性的大路走向有关，从民国时期区域环境可以明显看出锁园村聚落与大路方向的明显顺应关系（图4-2-4）。

位于丘陵地区的聚落其布局方向则更多地受到地形影响，此外聚落虽崇尚朝南，但又忌

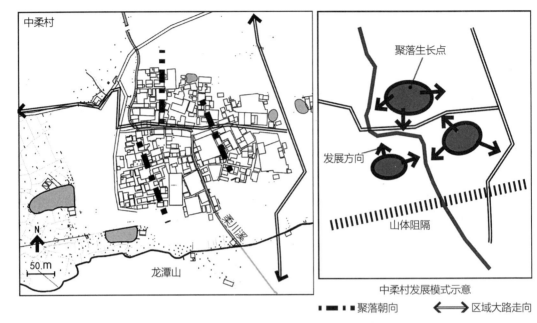

图4-2-3　中柔村聚落朝向与水体大路关系分析

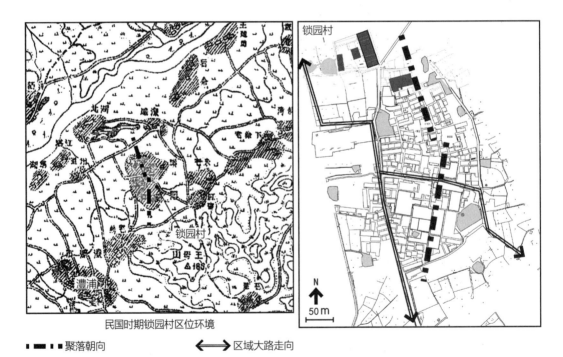

图4-2-4　锁园村聚落走向与区域大路关系分析

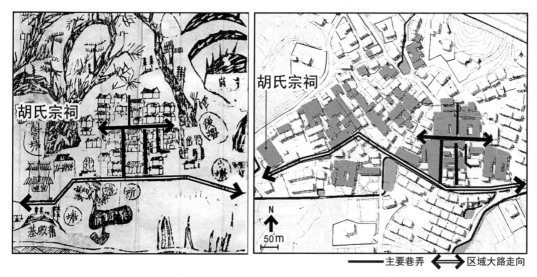

图4-2-5 雅湖村总体布局与古宅图对比
（图片来源：左图底图雅湖宅图，载于松溪胡氏宗谱，清光绪丁酉重修）

讳正南正北的朝向，认为只有帝王才有资格布局为正南正北方向，有"有福得住朝南屋"[①]
的说法，在具体布局中，即使有机会创造南北朝向也要于正南北方向稍有偏斜。例如山头下
村的整体朝向分南北与东西两方向，将东北—西南走向的小山丘完全转化为"L"形的聚落格
局，但具体朝向上仍存在北偏西15°的与正南北方向的偏斜。雅湖村东部区域与正南北方向成
北偏东18°的夹角（图4-2-5）。

4.2.2.2 义乌江下游流域村庄聚落的交通组织

义乌江下游流域村庄聚落内部以巷弄为骨架分隔居住空间。主体巷弄平面通常成"T"形
或"H"形，各路口的"丁"字形相交而尽可能避免通直的十字路口出现，是义乌江下游流域
传统聚落的一大特点。巷弄延伸至村外围与区域大路相连通。大路又可称为车马道，是可供
马匹车辆通行的区域交通路径，内部巷弄宽度只可供人步行通过。

大部分村庄内部巷弄通常都有较为规整的格局，与外围相衔接的内部主体巷弄是聚落的
主要结构框架。例如雅湖村东区规则的主体巷弄走向与胡氏宗谱上描绘的形态一致，是早在
建村初期即有明显人为规划的聚落结构形态。曹宅与傅村是后期出现集市的大型聚落，因其
本身村庄聚落的起源，两大聚落原本均由与山头下及郑店等小型村庄聚落相似的结构组成。
与其他小型村庄聚落的区别在于曹宅与傅村的最主要巷弄更宽，后期被命名为"街"，是与外
围车马道相接的主要干道。傅村因坐落于山地之上，聚落族人自称"东山傅氏"，也因为地形
的变化，巷弄出现更多折拐扭曲。（图4-2-6）

---

① 金华区教育文化体育局. 金东区古建筑及文物精粹[Z]. 2012，3：19。

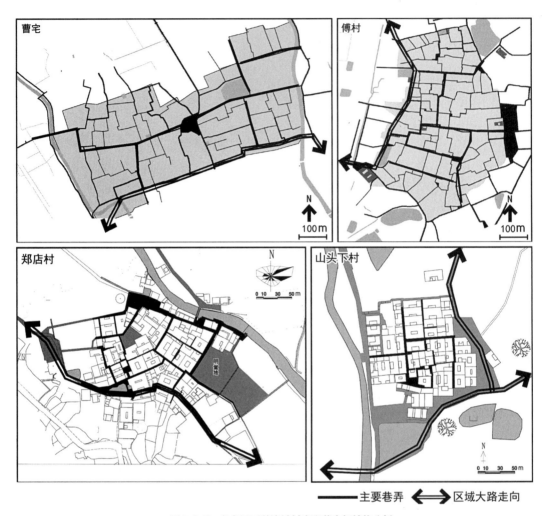

图4-2-6 义乌江下游流域村庄聚落内部结构分析

4.2.2.3 义乌江下游流域村庄聚落的水体布局

义乌江下游流域村庄聚落大规模发展得益于宋代以农耕为目的修筑的水塘等水利设施，"宋淳熙间……县丞江士龙令耕者出力田主出穀修筑官私塘堰湖陂八百三十七所，溉田二千余顷，岁赖以登"[①]这是义乌江下游流域利用块状水塘进行灌溉的开始。村庄聚落多以耕种为主业，聚落周边块状水体是农田灌溉与生活取水的主要来源。因此，义乌江下游流域村庄的布局均与块状水塘水体关系密切，通常有多个水塘分布于聚落周边位置，也存在聚落依附于大型湖面选址建设的情况，在水塘的基础上修筑水渠，构成遍及村外区域的灌溉用水网络。

水塘环绕聚落是义乌江下游流域村落水塘最普遍的布局形式，村落周边散布多个大小不

---

① （清）吴县钱等. 光绪金华县志[Z]. 十六卷. 清光绪二十年（1894）修. 民国二十三年（1934）重印版：卷三水利。

等的水塘，水塘之间通过水渠与村内排水沟和村外农田的砩渠灌溉系统相连接，整体构成环绕村庄的水系网络。村落周围的池塘多分布于低洼地带。紧邻村镇边界位置的池塘和村内池塘是居民日常取水活动的主要公共空间，水塘也作为周边农田灌溉取水使用，塘内种植荷花、菱角、饲养鱼苗。如图4-2-7所示，锁园村、蒲塘村、山头下村、畈田蒋村以及大型村落傅村、澧浦、孝顺、岭五村都属于此类水塘的分布类型。水塘与村内建筑相邻一侧，驳岸经过改造，通常有顺应建筑外轮廓的硬质驳岸，仍属于郊野部分的驳岸线则仍保持了原本天然形成的自然岸线形式。

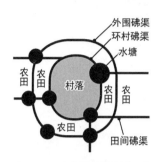

图4-2-7　义乌江下游流域聚落水系布局模式图

　　水塘环绕村落布局的形成原因主要是缘于村落建立之初，选址于地势平坦又临近水源的地点，而周边的水塘既可以保障村庄的取水也同时用于灌溉周边田地。义乌江下游流域的水塘主要分布于村落外围区域，多数水塘紧邻聚落边缘分布，构成环绕村庄的水体网络。推测水塘的选址以解决不靠近河流地段的洗漱用水和不占用主要建筑用地为选址原则。少数水塘位于村内，多是由于村落的不断扩张，将原本位于村外的水塘囊括于村落范围之内而形成的。因此村内部的水塘多存在于大型聚落之中，如蒲塘、傅村、曹宅等大型村落，而如山头下村、洪村、畈田蒋、郑店等村，仅在村庄外围设有水塘。村边界处水塘面积大，而且形态更加随意，仅邻近村庄建筑一侧有规则平直的岸线，而另一侧多为平滑自然的曲线构成水塘边界。村内部水塘面积通常较小，仅为村边界处水塘的1/2，而村内水塘形状则更加规整，为规整的矩形或圆形。

　　此外，外围环绕砩渠水网是义乌江下游流域村庄聚落显著的布局特征。义乌江下游流域聚落的砩渠主要分布在村落外围区域。有紧贴聚落居民建筑区域而构成的环村砩渠，连接村落边界处的水塘，外围另有砩渠环绕村落，与外围水塘和周边区域的田间砩渠相连通，构成区域性的水利网络。

　　蒲塘村的周边传统水塘空间保存最为完整（图4-2-8），在蒲塘村《王氏宗谱》中的"蒲塘宅图"详细描绘了蒲塘周边各水塘的位置以及水塘之间的连通关系，和现实状况中所见的水塘分布位置能构成完全对照的关系。在蒲塘村东北角有大型水面上清塘和下清塘，是村内及周边山地汇水的主要水口位置，西南角有下沙塘位于高地，与北侧后碑塘相连通，蒲塘和枫树塘位于聚落中央区域，被民居宅院所环绕。

　　锁园村同样有与古宅图对应的水塘分布（图4-2-9），并且至今水塘之间的明渠网络仍保存完整。村东南角的寒食塘、西侧的五斗塘、西南的后姆塘（原名后茂塘）是村内主要的汲水点，服务于整座锁园村的不同区块。水渠连通位于村边界处的各水塘，构成环绕锁园村的环路水网。

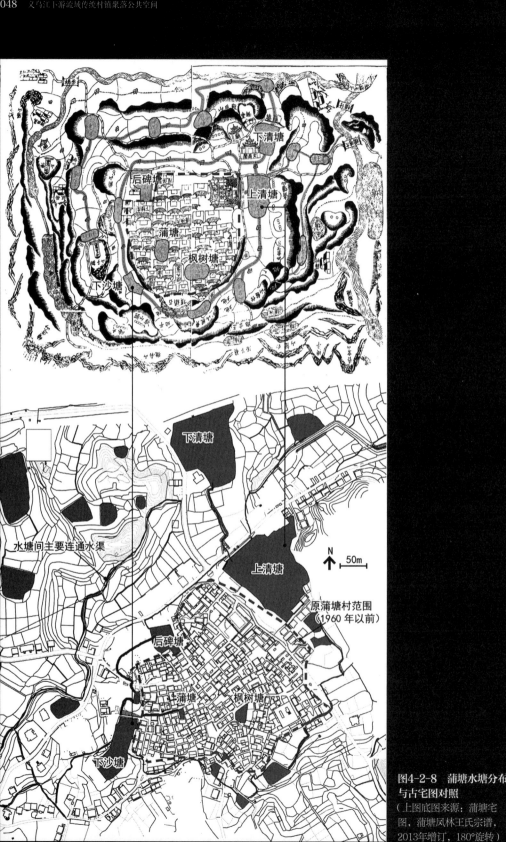

图4-2-8 蒲塘水塘分布与古宅图对照
（上图底图来源：蒲塘宅图，蒲塘凤林王氏宗谱，2013年增订，180°旋转）

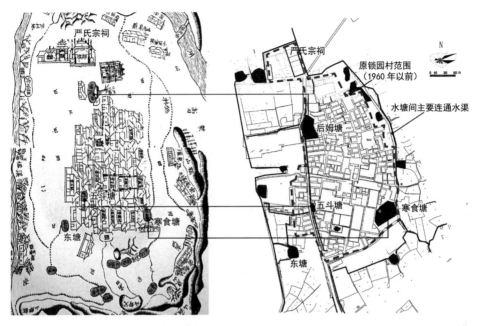

图4-2-9　锁园村水塘分布于古宅图对应关系
（左图底图：锁园宅图，锁园严氏宗谱，顺时针旋转90°）

　　义乌江下游流域还有部分村落采用聚落环绕大型水塘的布局形式。含香村、塘雅村、鞋塘村等村落便是这样的布局形式，此类村庄在建设之初便相中一块大型水体周边的空地进行村庄发展建设，认为这块水面是聚落发展的基础。聚落以水塘为中心，构成村落环绕水塘的布局。水塘空间是村内最核心的公共空间，也是令人印象深刻的中心自然景观。含香村环绕的穿心湖、塘雅村环绕的东池都是此类大型中心水塘景观。另因为所环绕的水塘面积巨大（通常面积在2000平方米以上），也出于风水理论和水土保持的考虑，所环绕水塘通常空缺一部分区域，只种植植被，不建房屋，使自然景致更渗入村落中心部分，构成优美的水塘、村落、树木交相辉映的景致。

　　例如，塘雅村位于义乌江下游流域东南部中心地带，又名塘下，整座村落就半环绕大型水塘"东池"而建立（图4-2-10）。塘雅与曹宅、傅村、孝顺在民国时期并称为金东四大名镇，虽然由于战乱期间，塘雅历史建筑损毁严重，如今传统村落的格局已然有较大改变，但原本塘雅村传统聚落范围与东池大型水塘之间的位置关系仍为值得一提的案例。塘雅村半环绕东池而设，东池水面面积约11000平方米，环绕东池的东、南、北三面均建设成片的传统建筑组团，构成蔚为壮观的大型聚落，仅西侧一面地势较低，空缺而出，并在池西侧广种林木以涵养水源。如今塘雅村现代村落在西侧盘踞，已将东池完全纳为村落内部的中心水塘。大型水塘的存在给予了塘雅极佳的核心自然水景，水面衬托周边林立的大型传统建筑，构成了景致优雅舒展的构图。

　　义乌江下游流域溪流众多，因此河溪也常是与聚落关系密切的水体形态。义乌江下游流

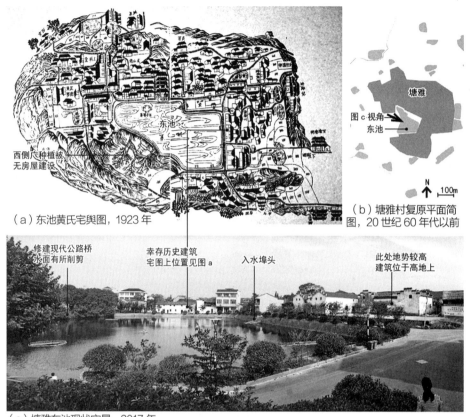

（a）东池黄氏宅舆图，1923 年

（b）塘雅村复原平面简图，20 世纪 60 年代以前

（c）塘雅东池现状实景，2017 年

图4-2-10　塘雅水塘古图、复原简图及实景

　　域聚落与河溪的位置关系随着村庄的建设和发展通常逐渐发生变化，聚落在建立之初通常都与河道保持一定距离，为保证家园不受水患侵袭，选址在距离河溪不远处的高地之上。但随着聚落的逐渐发展壮大，村内民居建筑可能一直扩张到河溪边缘。而聚落临近河岸位置修筑桥梁后，河对岸或进一步有建筑建成。仙桥村、山头下村、曹宅村、郑店村、下潘村等均属于此类演化类型，演化模式见图4-2-11演化模式A。其中，山头下、曹宅、郑店、下潘均以河为界，河对岸极少修筑建筑，而仙桥村由于邻近金华府城，交通往来人流密集，跨过二仙桥的河岸东侧也建设有临河建筑，驿道沿途有林立的街市，此区域属于桥东村范围，但与仙桥村联系紧密，往来频繁。

　　有些河溪两岸均坐落有小型村落，两村各自向外扩张，逐渐发展壮大，同时由于区域性陆路交通的建设，河上修桥梁，两村落由驿道连接成一个整体，中柔村中央的柔川溪河道就属于此种类型（图4-2-11演化模式B）。

　　河溪的另一种发展趋势是逐渐向水塘的演变。义乌江下游流域地区历代水土流失严重，随着历史发展，部分河道逐渐干涸断流。河床低洼部分仍有存水，加上村民围绕原本河床的

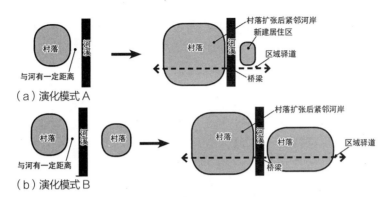

图4-2-11　义乌江下游流域村庄与河道位置关系演化模式图

建造房屋等活动，溪流河道逐渐演变为村内几个连续的水塘。孝顺、岭下、锁园、傅村等村周边均有此类河道转变形成的连续水塘。水塘在一段时期内仍具有河道的一些特点，原本水面位置仍然是狭长深远的视线廊道。

4.2.2.4　义乌江下游流域村庄聚落的广场核心

义乌江下游流域村庄聚落平面呈现出半围绕以"基"或"明堂"为名的空地兴建演化的特点。从新石器时代聚落考古遗迹中已证实史前早期原始农耕聚落就有围绕空地兴建住宅的特点（杨紫兰，1997年；高蒙河，2003年；潘艳，2011年）。中央这块空地具有仪式功能与生活功能的双重意义。

从最初原始的以空地为中心的原始聚落到基于风水理论而以"基"或"明堂"场地为核心的聚落布局可以视为北方文化与本土习俗的融合。义乌江流域普遍将这块村落中央的广场空间称为"基"或"明堂"。两字均传自我国北方中原地区，"基"字在《诗经》中共出现五次，也出现于《战国策》[①]等中原春秋至西汉的古籍中，而江浙早期史料《越绝书》[②]中完全没有用及"基"与"明堂"字样，直至东汉《吴越春秋》[③]中才提及"明堂"，"臣愿急升明堂临政"[④]意为君主上朝处理政事的所在。

就文字本身的含义而言，"基"，既有建筑墙角边缘之意，也有事物开始起点之意，与聚落最初的落成密切相关。"(基)墙始也"[⑤]。《周颂·丝衣》中有"自堂徂基，自羊徂牛"一句，其中"堂"指"明堂"，基与明堂互为递进关系，意为场地由内至外，贡品由大至小的祭祀仪式过程。《毛传》解释其中"基，门塾之基。清代诗经通义中进一步解释说"疏绎必在门故知基是门塾之基谓廟

① （战国—西汉）（清）黄丕烈. 战国策.《士礼居业书》。
② （西汉）袁康撰. 越绝书[Z]. //（清）四部业刊初编。
③ （东汉）赵晔. 吴越春秋[Z]//（清）乾隆御览四库全书荟要。
④ 载于（东汉）赵晔. 吴越春秋（清）《乾隆御览四库全书荟要》本；勾践归国外传-勾践七年。
⑤ （东汉）许慎. 说文解字[Z]. 卷十四：土部。

门外西夹之堂基也"①。《大雅·公刘》六章："止基廼
理，爰众爰有。""止基"为定居之意。元代朱公迁对
此句的解释为"止，居；基，定也。……既止基于此
矣，乃疆理其田野，则日益繁庶富足"②。

同时"基"一字具有仪式性的含义。甲骨文
的"基"字从文字象形（图4-2-12）就可以看出
具有基础与供奉的意味。《说文解字》中对于"畤"

图4-2-12 "基"甲骨文与小篆字形
（图片来源：（东汉）许慎. 说文解字. 卷十四：土部）

一字的解释为"天地五帝所基址祭地"③，段注说文中进一步提及"所基止祭地谓祭天地五帝
者，立基止于此而祭之之地也"④，"基址"与祭祀活动密切相关。

而"明堂"一词祭祀与中央的意味更强。明堂一词最早意为西周天子布政、祭天的所在
（沈聿之，1955年）："昔者周公朝诸侯于明堂之位，天子负斧依南乡而立"⑤；"昔者周公宗祀文
王于明堂以配上帝"⑥。《考工记·匠人》写出了周明堂的规模："周人明堂，度九尺之筵，东西
九筵，南北七筵，堂崇一筵。五室，凡室二筵。"此外《礼记·玉藻》《大戴礼·明堂》等早
期史料均有相关明堂记载。在唐代明堂仍为仅限于君王的配置。《通典》中载："永徽二年，
又奉太宗配祠明堂，总章三年三月，具明堂规制，下诏：其明堂院，每面三百六十步，当中
置堂。"⑦中医理论《黄帝内经》称"明堂者，鼻也"⑧将其视为五官正中的关键位置，也进一步
佐证了"明堂"所含有的"中央""要地"的含义。

明堂一词得以在江浙地区流入民间，被泛指为聚落中空地以及宅前与宅院内的空地，与
风水理论的发展紧密相关。风水堪舆学兴起发展于宋代，正是金华地区因水利技术的突破，
聚落开始大规模发展的时期。早期重要的风水理论《葬经》与《管氏地理指蒙》中都用"明堂"
指代主体建筑（或祖坟）位置"穴"前方的空地。这两部著作相传为晋代郭璞与管辂所撰，
但据考证实际成书于唐代后期[（清）纪昀；（清）丁芮朴；（英）李约瑟，1986年；何晓昕等，
1995年]。宋代至明清时期，江浙地区风水堪舆学的广泛发展是"明堂"一词得以在民间住宅
与坟墓建制相关方面被大量提及的主要原因。

义乌江流域，"基"与"明堂"通常是在传统聚落建成之初就经过规划考量而被保留下来
的。部分处于聚落形成初期的村落被载于本家宗谱宅图之中，可作为考证的依据。例如岭五
村以东南的后方村，是岭下朱氏宗族于清代析出的新建聚落，《朱氏宗谱》中描绘的后方村宅

① （清）朱鹤龄. 诗经通义[Z]. 卷十二。
② （元）朱公迁. 诗经疏义会通. 卷十七//钦定四库全书。
③ （东汉）许慎. 说文解字. 卷十四：田部。
④ （清）段玉裁. 说文解字注. 第十三卷：田部。
⑤ 礼记·明堂位。
⑥ 孝经郑注. 丛书集成初编。
⑦ （唐）杜佑. 通典. 卷四十三：礼四·大享明堂。
⑧ 黄帝内经·灵枢：五色[Z]. 钦定四库全书。

图（图4-2-13）中可明显辨别其以一整块广场空地为中心，环绕布置住宅建筑的形态，空地北方正中央是供奉"香火"的神龛。此外，另有两小块以"基"为名的广场位于中央场地的东侧和西侧，是局部住宅建设所环绕的次一级核心。金华赵村宅图（图4-2-14）描绘的是聚落落成早期的规模和布局，其中明显可见"明堂"位于图正中央位置，明堂后方供奉香火，正前方对应下湾水面。这也与聚落风水理论中明堂的论述完全符合。

从聚落后期的演化发展来看，"明堂"与"基"虽在聚落落成初期就划定出来，但随着之后聚落扩张和进一步发展，其广场空间会出现侵占与削减的情况。如在山头下村与郑店村的演化历程中（图4-2-15、图4-2-16），可以看到原本建村初期划定的"明堂"与"基"都遭到了不同程度的削减。随着聚落的不断扩张，可能出现新设立的"明堂"或"基"配合新的聚落区域而出现。

"基"与"明堂"作为聚落中的广场空地，所指含义在实际中稍有差别。"明堂"更严格符合风水理论模型，通常面朝东南方向，前方有水，后方为聚落主体建筑，主体建筑正中央供奉"香火"或直接为宗族供奉祖先的祠堂。而"基"的布置与朝向更加随意，是正中供奉"香火"，周围环绕建设民居住宅的中央空地。

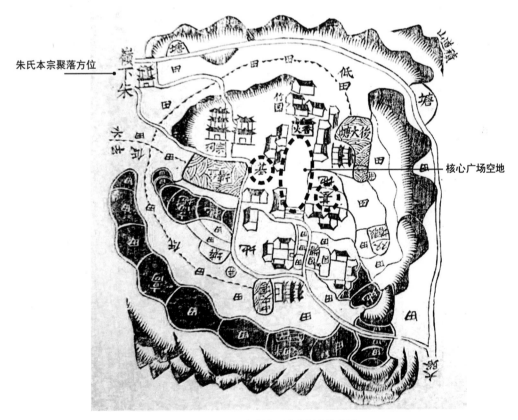

图4-2-13　后方村宅图中广场空地布局
（图片来源：梅溪朱氏宗谱，光绪壬午重修）

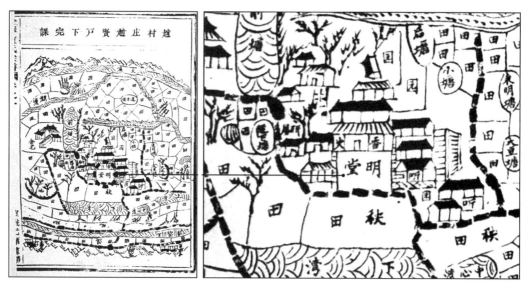

图4-2-14 赵村宅图中聚落明堂布局
（图片来源：金华赵氏宗谱，宣统己酉）

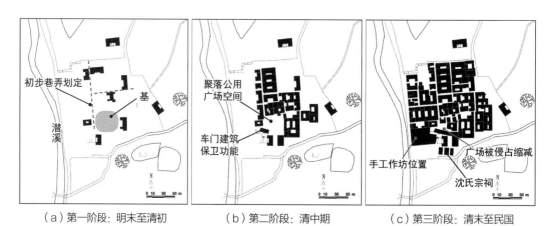

（a）第一阶段：明末至清初　　　（b）第二阶段：清中期　　　（c）第三阶段：清末至民国

图4-2-15 山头下村聚落形成演化模式图中广场空间的变化

（a）第一阶段：明代成化至清初　　（b）第二阶段：清中期　　（c）第三阶段：清末至民国

图4-2-16 郑店村聚落形成演化中广场空间的变化

　　义乌江下游流域更倾向于以"明堂"命名最首要的广场空地，明显以"明堂"命名的广
场多于以"基"命名的场地。而在村内存在两块主要的广场空地的情况中，通常是随着聚落发
展至一定程度，另开辟出一块空地作为新一部分居住区域环绕的中心。以"明堂"命名最先形
成的广场，而以"基"命名村内另外稍次要的场地。义乌江下游流域的安村、郑店村、中柔村
（图4-2-17～图4-2-19）均为此种情况，在宅图上分别以"明堂"和"基"命名广场空地。

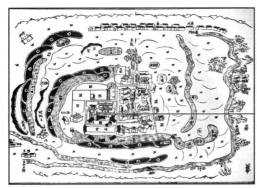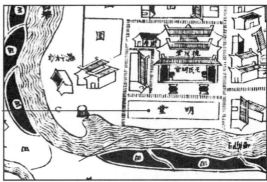

（a）王畈宅图　孝顺镇王畈村载于凤山王氏宗谱　光绪乙卯（1879年）重修

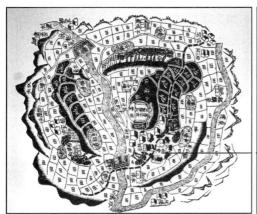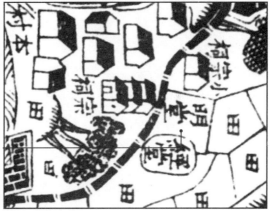

（b）山头下舆图　傅村镇山头下村载于双溪沈氏宗谱　民国甲寅年（1914年）重修，逆时针90°旋转

（c）塘雅宅图　塘雅镇塘雅村载于东池黄氏宗谱　民国十二年（1923年）重修

图4-2-17　义乌江下游流域部分村落宅舆图中描绘的明堂地（各图均为上北下南方位）

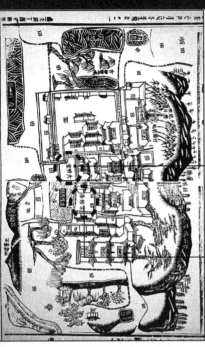

金东区安村　金华安谷周氏阳宅之图。载于金华安谷周氏宗谱·卷之一，光绪丁酉年翻刻

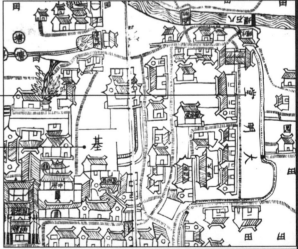

金东区澧浦镇郑店村。载于东溪郑氏宗谱·光绪丁酉统翻

图4-2-18　义乌江下游流域安村与郑店村"明堂"与"基"的布局关系

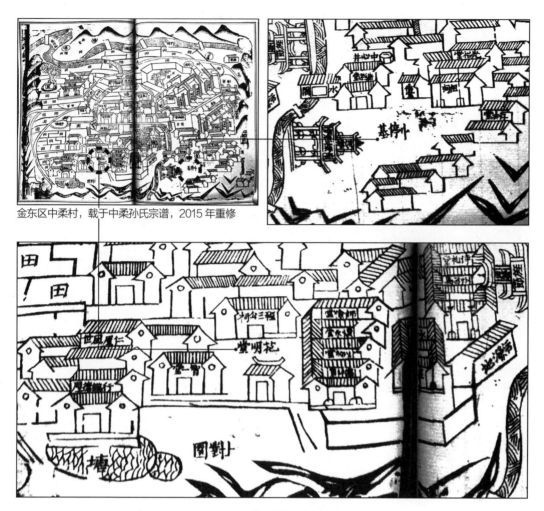

金东区中柔村，载于中柔孙氏宗谱，2015 年重修

图4-2-19　中柔村宅图上的明堂与基

环绕"明堂"与"基"的村庄聚落布局模式并不仅限于义乌江下游流域，在整个浙江金华地区范围内的兰溪市、婺城区、义乌市、东阳市、磐安县、武义县、永康市等地区的传统聚落中均有出现。

4.2.2.5　义乌江下游流域村庄聚落的仪式空间布局

义乌江下游流域村庄聚落中的仪式空间主要包括宗祠、庙宇、祖坟、风水林等，通常位于聚落居住区域的外围位置，出于不影响主要住宅用地的考虑，属于村落边界空间中的一环。民间还有"庙后贫，庙前富""宁住庙前，不住庙后"的说法。而且位于外围区域也是因为这些仪式空间有着共通的风水讲究作为选址布局的"理论基础"，因此通常集中选址于村旁某一位置，或整体上有着相呼应的布局规律，水口位置与祖坟所选位置是全村最重要的所在，周边山势水文也对具体祠庙、祖坟位置起到决定性的作用。风水树与风水林是保障整个

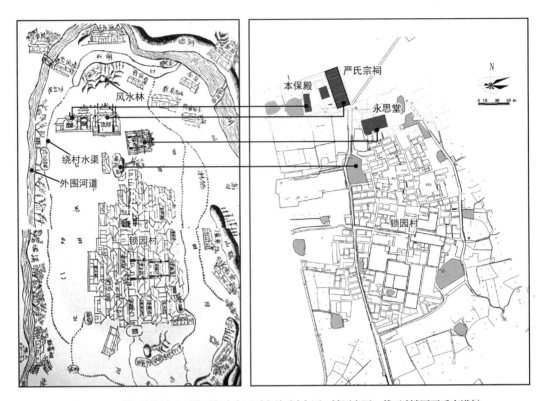

图4-2-20 锁园村祠庙布局位置与古宅图对应关系（左图：锁园宅图，载于《锁园严氏宗谱》）

村落风水格局的辅助部分，但也通常在建村初期经宗族严格划定而预先栽种或保留下来。

义乌江下游流域村庄聚落仪式空间中尤以宗祠建筑最为重要。义乌江下游流域村庄中通常都存在一座或两座宗祠建筑，作为宗族仪式活动的举行中心。当地宗祠建筑的大规模兴建发生在明代万历夏言上书以后，在此时间节点以后庶民也被允许建造祠堂，宗祠家庙不仅局限于士族阶层（何淑宜，2009年；邵建东，2011年）。由此开始，各宗族纷纷在村外围选地修建宗祠以供养祖先，改变了原本庶民宗族仅在正堂供奉"香火"的模式，宗族仪式活动进一步向村外延伸。也有部分宗族的祠堂建于宋元时期，由跟随宋室南渡的显赫氏族兴建于聚落定居初期，据考证原金华县范围内至少有11座祠堂始建于宋代，研究涉及的义乌江下游流域范围内共7座（邵建东，2011年）。（图4-2-20、图4-2-21）

宗祠选址位置非常讲究，通常都在建设之前经过认真的考察，相地，建在背山面水的风水宝地。宗祠选址通常背靠高地，面对水体，前面有足够的堂局，最宜"水清于前，山秀于后"[1]。例如，傅村镇傅三村的傅氏宗祠（图4-2-22）后方依靠丘陵山体蟾山头，宗祠前方有两道水流相环绕，近处有水渠距离宗祠20米位置环绕祠堂及前方平整空地形成堂局，远处有

---

[1] 山头下沈氏创建宗祠记. 道光五年岁次乙酉. 山头下务本堂沈氏宗谱. 民国三年（1914）重修.

义乌江下游流域历代兴建宗祠数目统计

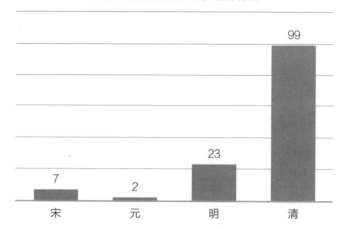

图4-2-21　义乌江下游流域历代兴建宗祠数量统计
（数据来源：邵建东. 浙中地区传统宗祠研究[M]. 浙江大学出版社，2011：53-67）

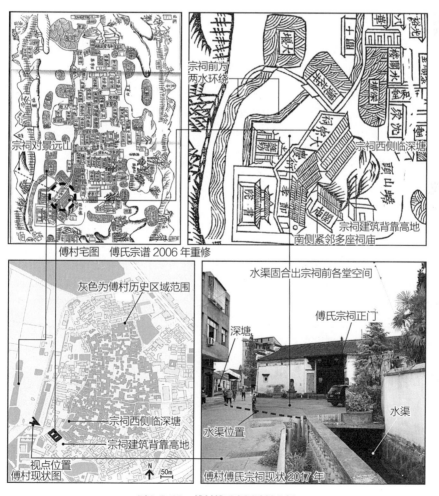

图4-2-22　傅村傅氏宗祠选址分析

大堰塘带状水体成环抱状。山头下村宗祠背靠安山丘陵，面朝潜溪。蒲塘王氏宗祠建在坐西朝东的高地上，面朝上清塘大型水体。岭五村的朱氏宗祠（现已不存）向西南方向面朝洋埠塘，背靠山冈。雅湖的胡氏宗祠同样有面朝水流，背枕山冈的选址，虽然面朝水体仅为人为修筑的碛渠。部分宗祠所选环境未能严格依照背山面水的格局，而以具体村落环境条件有所变通，例如畈田蒋的蒋氏宗祠，位于村南，并呈坐北朝南的形式，面朝水塘，但背后不是山体，而是本村的大面积宅地。传统民居宅院鳞次栉比的坡屋顶在风水意义上也可以视为连绵的山体，因而借助本村的其余建筑，畈田蒋的宗祠环境也可变通地视为背山面水。锁园村的严氏宗祠位于村西北角，虽然本身所处位置地势平坦，但其后方相距500余米的位置有小型山丘，面前有绕村水渠迎面而来，也可视为拥有背山面水的格局。而且锁园村所在位置平坦的地势还为后续祠堂的扩建提供了可能。

宗祠的朝向上没有严格的限制，傅村、岭下朱村与山头下村的宗祠面朝西方，郑店原本宗祠朝西南方向，蒲塘的王氏宗祠面朝东方，而曹宅的曹氏宗祠、畈田蒋的蒋氏宗祠、锁园的严氏宗祠面朝南方。横店的项氏宗祠则为坐南朝北。具体宗祠在村中布局位置信息见表4-2-1。可见宗祠的朝向以坐北朝南居多，但不无特定的规矩惯例，推测也是根据具体每个聚落的周边环境与风水理论而"相地"确定的。

义乌江下游流域传统聚落中祠堂信息统计   表4-2-1

村名	祠堂名	祠堂位置	祠堂朝向	与水位置	现状
曹宅	曹氏宗祠	村东北	坐北朝南	正对协神塘	文化礼堂
曹宅	郑氏宗祠	村西	坐西朝东	临西坦溪	不存
傅村	傅氏宗祠	村西南	坐东朝西	正面水渠 侧面水塘	文物保护
畈田蒋	蒋氏宗祠	村南	坐北朝南	正对水塘	文物保护
山头下	沈氏宗祠	村南	坐东朝西	正对河溪	文物保护
孝顺	严氏宗祠	村中部偏北	坐北朝南	侧面水塘	改建
中柔	孙氏宗祠	村西北	坐北朝南	正对水塘	不存
澧浦	王氏宗祠	村中部偏北	坐北朝南	不明	不存
郑店	郑氏宗祠	村西南	坐北朝南	正对水塘	改建
锁园	严氏宗祠	村北	坐北朝南	侧面水塘	文物保护
蒲塘	王氏宗祠	村东北	坐西朝东	正对水塘	文物保护
岭五	朱氏宗祠	村西北	坐东朝西	正对水塘	不存
横店	项氏宗祠	村东	坐南朝北	侧面水塘	文化礼堂
雅湖	胡氏宗祠	村西	坐西朝东	正对水渠	文物保护

续表

村名	祠堂名	祠堂位置	祠堂朝向	与水位置	现状
洪村	鲍氏宗祠	村西	坐北朝南	背对义乌江	改建
洪村	洪氏宗祠	村东	不明	不明	不存
洪村	方氏宗祠	村南	不明	不明	不存
含香	曹氏宗祠	村西	坐北朝南	正对水塘	改建
下潘	郑氏宗祠	村西	坐北朝南	侧面水塘	不存
下吴	方氏宗祠	村西	不明	侧面固塘	不存

（数据来源：作者现场调研统计，2017年）

　　除宗祠以外，庙宇、祖坟都是村庄聚落中重要的仪式空间。庙宇较宗祠而言数量更多，规模更小，散布于村口与郊外，部分庙宇坐落于宗祠建筑邻近位置构成村落的仪式性建筑群，如图4-2-20中锁园村严氏宗祠旁有本保殿，傅村镇傅氏宗祠旁有关庙。义乌江下游流域的寺庙中，名为"庵"的庙宇众多，据考证（何淑宜，2009年）其形成于元代及以前，在庶民禁止设庙祭祖的年代，民间常在家族坟墓旁设填庵以打理祭奠祖先相关，是本地化佛道教信仰文化与宗族崇拜相结合的一种形式。（图4-2-22）

　　义乌江下游流域的庙宇众多而规模不大，不像宗祠建筑通常一座村庄仅有一座或两座，寺庙在数目上则没有限制。庙宇主要选址在村子边缘、水口等处，尤其邻近水边或风水不佳的位置，被认为起到"震慑"和"关锁"等改善风水作用。水口与村口是常见的祠庙集中位置。义乌江下游流域实际情况中，仅有蒲塘和岭下两地有文昌阁坐落于水口位置，蒲塘的文昌阁坐落于村落的东北角，下清塘旁，岭下镇文昌阁原址位于坡阳老街西北端的缓坡高地之上。

　　祖坟是常被当代学者忽视的仪式空间之一，通常村庄的民居宅院与祖先坟墓并置，且两部分宅地都有相关联的风水解释。被认为祖坟的位置、方位与保存情况直接关系到民居宅院中生活的宗族子孙的命运与前途。

　　祖坟的选址原则与宗祠相似，在风水方面甚至比宗祠的选址更为严格，所在位置通常一定要位于山环水绕、背山面水的极佳位置。就与庙宇和宗祠的不同点来看，祖坟更侧重选择在远离交通主道的僻静场所，以免陵寝受到打扰。祖坟周边林木通常是植被保存最为完好的地段。下潘村的郑氏祖坟位于村落南侧，与村落隔河相望，正好坐落于溪流弯曲环抱之处（图4-2-23、图4-2-24）。山头下村的沈氏祖坟坐落于村北的安山山丘之上，背后有风水林予以围合，从山头下村的舆图上可以看出整个村落与祖坟呈现出山上与山下相望，村庄护卫祖坟而建的趋势。蒲塘村的宅舆图中更是将陵墓坐落于村中央位置，位于村庄的地势最高处，周边村庄的民居建筑、多层水系网络都呈现出环抱的趋势。

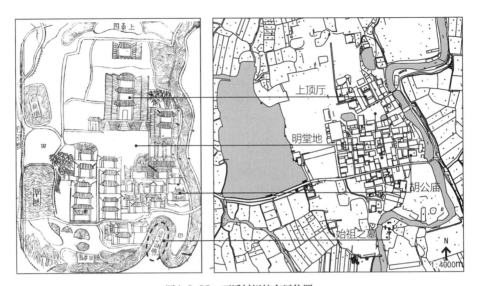

图4-2-23　下潘村祖坟布局位置

（左图："迪坦宅图"，载于《金华郑氏大宗谱》，2011年修）

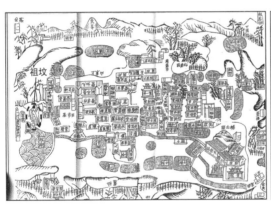

傅村宅图载于《东山傅氏宗谱》，2006年重修卷之八

茅竹园墓图载于《东山傅氏宗谱》，2006年重修卷之八

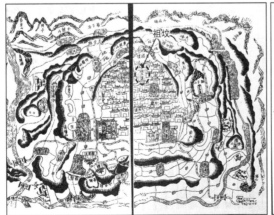

蒲塘村宅图载于《凤林王氏宗谱》，2013年重修

三角塘宅图载于《凤林王氏宗谱》，2013年重修

图4-2-24　义乌江下游流域村庄聚落古宅图中祖坟与村落位置关系

4.3 市镇聚落的选址与平面形态

4.3.1 市镇聚落的选址特点——因商建村

市镇聚落的选址主要出于商贸需求的考虑，选址特征主要为交通便达和人口集聚两点。除此之外，水源条件也是居住生活的基础，此方面与村庄聚落对于水源的需求是一致的。

4.3.1.1 交通便达

交通条件通常是市镇聚落选址的首要考虑因素。多数市镇聚落都是因为地理位置的便达，才得以从临时性的集市逐步演化为固定的市镇聚落。图4-3-1为光绪十二年（1866年）成书《光绪金华县志》中记载的当时市镇"市"与区域主要交通线路的关系。最主要的市镇聚落包括含香、塘下（又称塘雅）、澧浦等均位于区域交通干道之上。《光绪金华县志》的时间正值太平天国之后，因此很多之前的街市已经

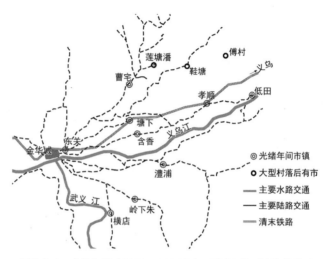

图4-3-1 光绪年间（1871～1908年）区域交通与"市"的关系

不复存在，正是市镇聚落复苏重建的时期。图中的莲塘潘、鞋塘、傅村均已是人口密集的大型聚落，均于不久之后（民国四年之前）出现商贸区域。此图仅画出了区域性的主干道，而各市镇聚落位置均有更多条支路，连通周边其他村庄聚落。

市镇内规模最大、形成最早的市镇聚落是孝顺镇，孝顺镇于宋代就已成为"镇"，又恰好位于金华城与义乌县城中央位置，向北连通腹地聚落，向南有水路与义乌江连通。区域性的关键地理交通位置，是其形成市镇的根本原因。

澧浦是义乌江南岸的重要市镇聚落。澧浦的交通位置"位居南山麓下，分两间道。一温、处至金，由新亭桥而入。一台、宁、绍至金，由伏虎岩而入。两道合并即此地。直街为咽喉要隘。"[1]也是因为这样绝佳的地理位置，贸易活动兴盛，异地商旅云集。"第以商店，远有皖、赣、湘、鄂、闽来此者，近有金、兰、东、义、永、武、浦阳及各邑来此者。市尘栉比，阛阓林立，为邻近冠[2]。"（图4-3-2）

---

① 方少白. 澧浦街市记. 民国三十五年（1946）. 原载于澧浦王氏宗谱，现宗谱已失，见于金华市金东区澧浦镇党委、政府等编. 积道山下澧浦镇[Z]. 内部发行。

② 同上。

义乌江下游流域市镇聚落
呈现出另一有趣的现象是主要
的沿江市镇与陆路交通干线上
的市镇呈现出就近相联系的关
系。武义江岸的横店村与岭五
村、义乌江北岸的张店村与含香
村与、南岸的洪村方与澧浦村，
前者为临界滨江埠头而形成的集
市，而后者是陆路交通枢纽形成
的市镇聚落，两者相互连通，共
同构成区域贸易空间的重要核
心，是义乌江下游流域水路与陆
路贸易线路相连通衔接的产物。
（图4-3-3）

图4-3-2　民国时期市镇聚落分布示意图

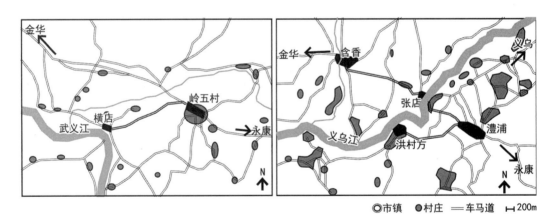

图4-3-3　义乌江下游流域滨江市镇与陆路市镇之关联关系

4.3.1.2　人口集聚

市镇聚落的产生与地区人口密集程度直接相关。区域的市镇是主要消费针对的群体。
义乌江下游流域市镇聚落的分布明显与人口聚集紧密区域相对应。就民国时期市镇的分布来
看，明显人口密集区域，如傅村、莲塘潘一带，贸易活动更加频繁，散布的具有贸易空间的
聚落构成网络。而对于人口相对较少的义乌江北岸河谷平原地带，中央主要市镇仅有塘雅一

处，而且塘雅的贸易还具有明显的临时性，有"塘雅早市，下午清净"[①]的民谚。此外，义乌江下游流域东北部市镇集聚的原因，还在于此处位于金华与义乌的中间地带，距离两县城均距离较远，因此构成了傅村—孝顺为中心的独立贸易活动区域。

4.3.2 市镇聚落平面形态——线性蜿蜒

义乌江下游流域的市镇聚落明显呈现出线性蜿蜒的平面形态，通常以稍有弯折的"一"字形居多。聚落整体以中央的主街为轴线，两侧巷弄成鱼骨状垂直排列，贸易空间由街市和市基广场两部分组成，位于聚落核心位置，传统民居所在的居住区域位于两侧。从街市向两侧居住区域延伸出多条巷弄，如民国澧浦街市记所说"街只一道，巷分左右十余条，广窄长短弯曲不齐"[②]。街市是最为主要的贸易区域，是由商铺沿街林立而形成的固定贸易空间，而市基广场主要是临时性集市的举办地点，位于聚落交通最为繁华的地段。

4.3.2.1 义乌江下游流域市镇聚落的交通主轴

市镇聚落的平面形态与交通条件关系最为密切，陆路市镇聚落直接以区域大路的部分路段作为聚落的核心轴线，而且多方向道路交错地段通常是贸易最兴盛的地点，也是市基的所在位置。对于因水路成市的滨江市镇聚落，聚落的轴线走向与埠头位置联系紧密，并与陆路交通的主要路径相衔接。洪村方与低田的聚落主轴线均与江岸走势基本平行，主要埠头周边的广场就是市基所在地（图4-3-4）。低田是较洪村形成更早，聚落发展更为成熟的滨江市镇聚落，聚落所临江岸建设有6座埠头，埠头空间与主体街市由小巷相连通，是各商户集散物质

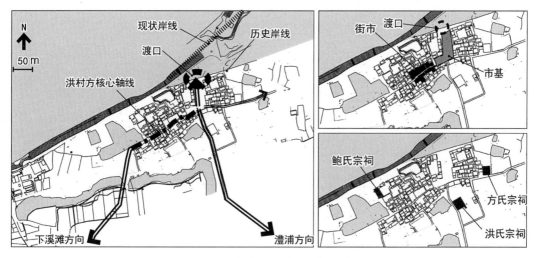

图4-3-4 洪村方区域交通与布局分析

---

① 千古仙乡赤松镇编委会. 千古仙乡赤松镇[Z]. 内部发行.
② 方少白. 澧浦街市记. 民国三十五年（1946）. 原载于澧浦王氏宗谱，现宗谱已失，见于金华市金东区澧浦镇党委、政府等编. 积道山下澧浦镇[Z]. 内部发行.

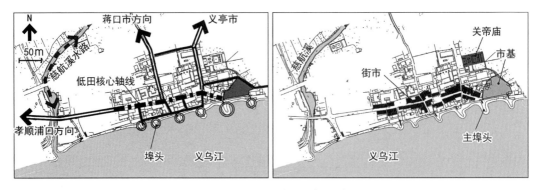

图4-3-5　低田区域交通与布局分析

的重要通道（图4-3-5）。

　　就聚落形态而言，市镇的平面顺应区域主路方向，长街呈现自然弯曲折拐。折拐舒缓，但在总体平面上可以看出曲线的形态，身处其中视线延伸，无法望见街市的尽头。这样的街市曲线形态与风水理论有关，风水上把街道与水作类比，代表着财富和运气，讲究"藏风聚气"，曲折才能使"气"汇聚。一些市镇的主街甚至多次出现折拐，以求弯折不直冲的效果。洪村街市仅有130米，但仍在东西两端运用一层建筑改变整体街道方向，使整体产生"U"形折拐。岭下朱的主街呈现圆弧状平缓弯曲，且地形东高西低，因而虽然弯曲并不明显，但身处其中仍有望不到尽头的连绵不断之感（图4-3-6）。唯一整体轴线过于平直的市镇聚落是义乌江南岸的澧浦村，整条老街十分笔直。但由于澧浦东南端出现两条岔路，于是在街市东端、面朝街市的方向修建财神庙，以起到"关锁"的作用，使气不外泄（图4-3-7）。

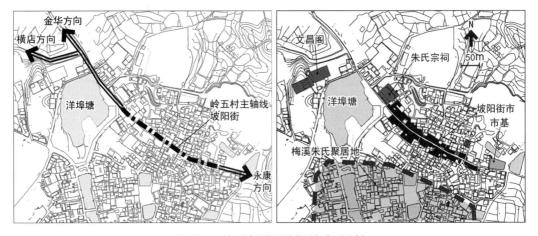

图4-3-6　岭五村聚落区域交通与布局分析

图4-3-7　澧浦村聚落区域交通与布局分析

4.3.2.2　义乌江下游流域市镇聚落的方位朝向

义乌江下游流域市镇聚落方位朝向与区域主路存在明显的顺应关系，通常为东西方向走势。其原因之一在于义乌江下游流域所处盆地整体为西南—东北走向，区域驿道也主要以此方向连通金华、义乌、武义、浦江等重要县城。原因之二是东西走向也更适合商贸经营活动，义乌江下游流域日照强烈，南北走向街道两侧商铺要长期忍受东晒和西晒，因而东西走向也方便了各集镇的贸易经营。因具体各集镇所在区域交通走向，而呈现出西南—东北，或西北—东南的朝向。具体西南—东北走向的街市包括含香、低田、洪村、曹宅、横店，西北—东南走向的包括傅村、岭下朱、澧浦等。

4.3.2.3　义乌江下游流域市镇聚落的市基广场配置

与村庄聚落拥有"基"或"明堂"作为聚落发展起始核心一样，义乌江下游流域市镇聚落也通常以一块广场空地作为聚落商业活动发展的原点。市基广场位于市镇聚落交通与商业活动最集聚之处，通常是街市区域交通路径交会的一端。如图4-3-4、图4-3-5中洪村与低田的市基广场坐落于主要的临江码头和渡口位置。澧浦村市基广场位于街市东端通往义乌与武义两条岔路的交叉口处（图4-3-7）。孝顺镇的市基广场与主要街市有一定距离，由直街相连通，主要为原本通航的水路停泊港湾而设立（图4-3-8）。市基广场主要用以从事临时性的贸易活动，以定期的集市为主要活动日期，通常每旬开市两次或三次，是周边村庄居民交易生活生产必需品的主要贸易场所。

4.3.2.4　义乌江下游流域市镇聚落的仪式空间布局

市镇聚落中，通常宗祠、庙宇等仪式空间坐落于聚落的主要出入口，或街市中段的关键节点处，是全村最为热闹也最为重要的开敞性公共空间。市镇中由于从事贸易经营活动的通常是义乌江下游流域以外的外来居民，姓氏混杂。相比宗族祠堂而言，他们更愿意集资修建和供养庙宇中保佑经营活动的神明，因而在市镇聚落中往往有庙宇等级制式高于宗祠的情况。例如，孝顺镇的城隍庙、澧浦村的财神殿、二仙桥村的黄大仙寝殿等均是区域性的重要庙宇。

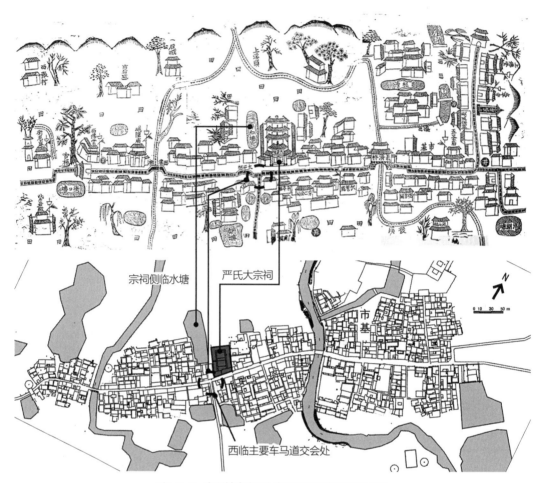

宗祠侧临水塘　　严氏大宗祠

西临主要车马道交会处

图4-3-8　孝顺镇古宅图与复原平面图位置关系对照
（上图：孝川方氏宅舆图，孝川方氏宗谱，光绪二年重修）

　　除佛教、道教的庙宇以外，宗祠依然是市镇聚落中对于各家族而言重要的仪式性场所。孝顺镇方氏宗祠就位于孝顺主街正中央位置，南北向的中街街市北侧，曾是全村最为宏大的建筑，且与主要的区域交通交叉路口关系密切（图4-3-8）。

　　市镇聚落由于多姓杂居的情况较多，通常设有多座不同姓氏的宗祠，例如含香村本有曹氏宗祠和王氏宗祠两座，曹宅村原有曹氏宗祠和郑氏宗祠两座。澧浦镇的洪村有鲍氏宗祠、洪氏宗祠和方氏宗祠三座。各宗祠分别设置于村落的不同位置。洪村的鲍氏宗祠设于村西，洪氏宗祠设于村东，方氏宗祠位于村南侧。澧浦村也有严氏宗祠位于街市中段位置（今已不存）。就其宗祠位置而言，实际属于该姓氏聚居区域的外围邻近车马道处，随着贸易的发展，村落进一步扩建，而使宗祠囊括在聚落中部位置。

4.4　村庄与市镇之关系

村庄与市镇是义乌江下游流域传统聚落的主要类型。就两类聚落的选址与平面形态而言，既存在明显差异又有着相通的共性特征，并且在一定时机和条件下会出现相互转化的现象。两类聚落共同构成了人们传统日常生活的公共空间体系。

4.4.1　两类聚落的共性与差异

4.4.1.1　两类聚落共同特征

村庄与市镇两类聚落从聚落起源、发展以及总体形态上存在明显差异，但也有着很多共同特征。

最明显的共同特征在于村庄与市镇聚落都拥有大面积的传统居住区域。居住区域是聚落的主体，村庄与市镇聚落的这部分区域的内部组织、空间格局等均趋于一致。民居建筑相似的形态给予义乌江下游流域聚落整体协调一致的景观效果。对于巷弄组织而言，村庄聚落与市镇聚落并无明显差别，而且聚落居民日常生活需求相同，使聚落均备有满足生活需要而设的水塘与晒谷场空间，例如澧浦作为市镇聚落，其水源"食水洗涤，大有和让塘、八石塘、沼湖塘，小有上下金塘、高塘、市基塘，水可汲，鱼可钓，鹅鸭可泳。大雨后，溪水引注，时常盈溢，用之不竭"[1]与村庄聚落中水源分布也基本相同。一些市镇聚落的发展扩张使原本已存在的多个村庄聚落连接为一个整体，每个姓氏的聚居区域都与村庄内部布局相同。例如，含香村是曹、王、施、张等多姓共同生活的聚落，其中王、曹、张姓氏宗族早在贸易集市形成以前开始居住，而随着含香村落的扩张，如今整体街道长度已达1500米，如今已与西部的下金村、西北的金村连接为一体，整座含香村实际上是多个小型聚落的混合体（图4-4-1）。

此外，村庄与市镇聚落中的宗祠、庙宇、墓穴等仪式性空间均设置于居住区域外围，通常聚落会呈现出明显的区划和分隔。市镇聚落中出现于聚落中央位置的祠庙建筑，也实际位于居住区域的外围。多种祠庙建筑在聚落外围的分布起到对于聚居区域仪式上的守护作用，是本地居民心理安全感的来源。

4.4.1.2　两类聚落之差异

村庄与市镇两类聚落最大的差异在于形成根源及构成聚落人员组成的差异。村庄聚落人口为迁居而来的单姓氏血缘宗族组成，在确定定居地点之后，宗族长久生活在此地。《金华县志》也提及当地有"不轻去其土"的风俗。除非发生重大危机，水灾、地震、兵乱等，宗族被迫再度举族迁徙，或者人口达到饱和之后，有一部分后代独自迁出。宗族以农耕为主业，聚落成员对于周边土地有非常重要的依赖关系。而市镇聚落的构成人员几乎全部为外来的务

---

① 方少白. 澧浦街市记. 民国三十五年（1936）. //澧浦王氏宗谱。

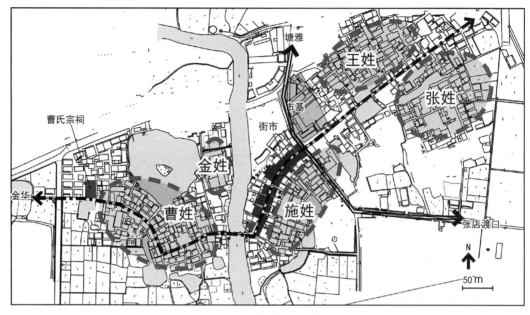

图4-4-1　含香村平面分析图

工人员，商贩多来自徽州、衢州龙游一带，工匠通常来自东阳、义乌、永康等地，聚落为杂姓混居，人口有着极大的流动性，市镇会随商业区的繁荣而逐步发展壮大，也可能随着地理交通环境的改变而迅速衰落。

聚落形成根源的本质性差异构成了截然不同的聚落形态。村庄聚落以宗祠作为全村的精神文化中心，由宗族族长及管理者统一划定基本格局。市镇聚落以街市为中央构成核心骨架，完全由外来人口建设构成的街市两侧的商铺建筑出现了与义乌江下游流域本地民居差异明显的建筑装饰风格，构成与市镇聚落风貌上的明显差异。

从公共空间的角度而言，市镇聚落本身是贸易活动的主要发生地点和节日庆典时大型娱乐活动的举办地，是整个义乌江下游流域地区面向所有人开放的大型公共活动空间，具有外向、开放的整体空间特点。相对而言，村庄聚落具有明显的私密性，聚落内部空间是封闭的、内向的，仅对于宗族内部族人开放。

两类聚落在宗祠和庙宇这类仪式性公共建筑的建造上各有侧重。对于村庄聚落而言，宗祠是对于宗族最为重要的公共建筑，体现了全族的财力与社会地位，是村落的门面和传统礼教信仰的精神支柱。宗祠配有族田和族产，以作为宗族活动的经费来源。而村庄聚落的庙宇相对宗祠则处于弱势地位，通常仅为一间或一进低矮的建筑安放神主，庙中也无常住的僧人，仅靠附近村民极少的香火供奉和自发捐资进行日常维护。与此相反，市镇聚落通常有着气派恢宏的庙宇，例如二仙桥村的黄大仙寝陵、孝顺的城隍庙、澧浦的关帝庙和本保殿岭五村的观音堂等，而宗祠建筑处于弱势地位。究其原因，市镇聚落为杂姓混居，虽也有商贩就此定居而繁衍生息，但宗族力量仍十分薄弱，而血缘地缘均不相同的工商业人员却有着相同的精神信仰，愿意共同出资营建及修缮庙宇。

4.4.2　两类聚落的相互转化

随着历史的发展，两类聚落存在彼此间相互转化的情况，村庄聚落可能因人口集聚、交通地理位置的升级转变为市镇聚落，而市镇聚落也可能因为商业的衰落而变为仅存在居住区域的村庄聚落。转化之后的聚落基本形态通常未发生大幅度的改变，仅出现商业区的增加或消失。在本书中村庄聚落和市镇聚落均按聚落起源而命名，故在此将后期出现商业区的聚落仍称为村庄聚落，将商业区衰落消失后的聚落仍称为市镇聚落。

4.4.2.1　村庄聚落向市镇聚落演化

义乌江下游流域的村庄聚落随着宗族的发展壮大，聚落人口不断增加，聚落规模不断扩大，所在地居民对于商业的需求不断增加，因此在聚落内部开始出现临时性的"期市"，后又不断有固定商家入驻，逐渐转化为固定的商业区域。

曹宅村原本为郑姓和曹姓共同生活的单纯村庄聚落，在清末聚落不断发展壮大，而曹宅村所在位置由位于金华通往浦江县的区域主干道上，为聚落的商业转化提供了前提。在清末原本村中东西向的拱坦街中段转化为街市空间，街道中央位置，原本的"二角明堂"转变为市基广场，构成了中央市基连通两段街市的空间形态。周边其他民居空间无过多改变，可以从《曹氏宗谱》中了解到，原本曹姓聚居区西南曾为朱姓聚居区域，随曹宅村的扩张，此区域被囊括在了聚落范围内，原本曹姓与郑姓分居曹宅村东、西两端，中部区域也为外来从事工商业的商贩工匠提供了建房立基的生存空间。（图4-4-2）

位于义乌江北岸平原中部的傅村为傅氏聚居地，始迁于宋代，是历史较为悠久的历史聚落。因发展年代早，而在清末已具备镇的规模。在地理位置上处于周边小型聚落的地理中心，光绪年间开始成市。从《傅氏宗谱宅图》上可以看出傅村的商业区域还经历过位置的迁移。原本的"旧市基"位于傅村北侧，而后来的市基命名为"鼎盛市"，位于村东端，就是现在的傅村菜市场所在地，至今依然延续了市基的商业职能。市基与东西向的街市相通，街市由原本的聚落中央主巷路改造而成，因此街市宽度仅在3.5米左右，明显不及其他市镇聚落的主街宽阔。（图4-4-3）

4.4.2.2　市镇聚落向村庄聚落演化

市镇聚落以商业为聚落的形成根源，因区域经济商业条件的变化，市镇可能以极快的速度发展起来，也可能迅速衰落。在商业衰落之后，虽然村落结构形态仍保持原状，但原本的商业区重新改为民居，聚落逐渐变为仅有居住区域的村庄。《光绪金华县志》记载原本多处曾经繁华的街市已荒废不存，废市包括"二仙桥市、曹村市、寿昌市、上何市、何楼市、松溪市"[1]，有六

---

[1]（清）吴县钱等. 光绪金华县志·十六卷[Z]. 清光绪二十年修. 民国四年（1915）. 民国二十三年（1934）重印版：水利。

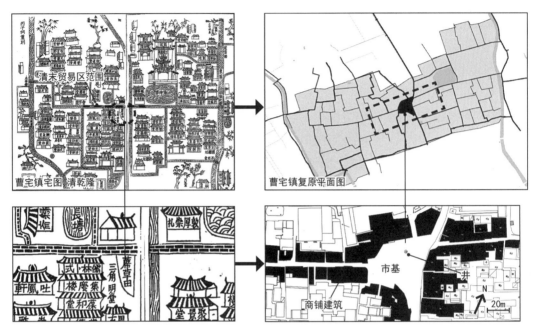

图4-4-2 曹宅村向市镇聚落转化过程
（左图来源：坦源曹氏宗谱，民国丙子重修）

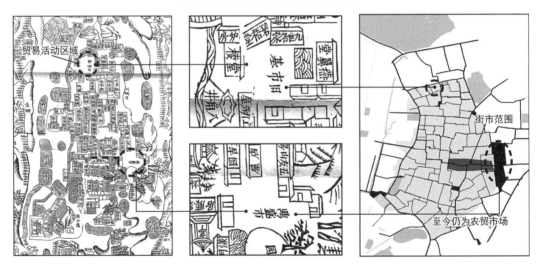

图4-4-3 傅村清代街市与市基的布局
（左中图来源：东山傅氏宗谱，2006年重修）

处之多。其中，曹村、寿昌、何楼的街市此后一蹶不振，仅作为村庄聚落继续延续。

　　义乌江与武义江岸线的改变也是此流域市镇聚落衰落的主要原因。义乌江在历史上曾洪水频发，多次改道，原本作为渡口和码头而形成的聚落，在原本临水地理位置改变之后会迅速衰落。例如，让河街市原本是义乌江南岸非常重要的江岸市镇聚落，而在民国时期义乌江改道后，让河街不再处于临水位置，而逐渐走向衰落。

民国时期义乌江下游流域很多村落仍以"店"为名，例如王店、郑店、严店等，这些村落都曾在历史初期存在商业区域，而之后其中很多聚落都转化为单纯的村庄聚落。孝顺南侧沿水一带有多座以"店"命名的聚落，包括王店、言店、徐店，这些聚落均位于孝顺溪下游的河岸位置，推测在孝顺村水流充沛的年代，这三座聚落均是临近航路的小型贸易集散地，但由于后期孝顺地区水土流失严重，河道通航能力减弱，而孝顺本身陆路交通的地理优势更加明显，河岸边的王店、言店、徐店全都退化为普通没有贸易经营的村庄。（图4-4-4）

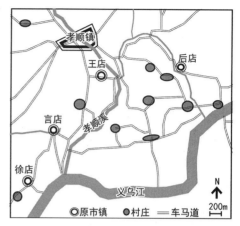

**图4-4-4　孝顺镇周边曾经的小型市镇聚落
（各"店"）分布图**

如今此类转化仍在继续，在我国20世纪80年代以后陆续展开的大规模的公路、铁路建设也对原本市镇聚落产生了根本性的变革，随着区域交通条件的改变，很多原本的集市位置已不再是区域性地区交通要地，原本连绵的街市，被破坏性地改造为住宅，或人为地将原本的商业建筑一并推为平地，实为令人遗憾之举。

4.4.3　区域公共空间体系的共同构建

村庄和市镇聚落由不同的形成源头和截然不同的人员组成，因此呈现出截然不同的构成形态。但对于整个义乌江流域以及当代金华市、义乌市所属市域范围之内的广大土地上生活的人民而言，两类聚落共同构成了人们日常生活的公共空间体系。对于村庄聚落而言，市镇的存在是必要的物资交换场所，除粮食、布匹自给自足之外的其他生活必需品，如针线、灯具、五金器具、药材等都来自于市镇聚落中的集市。市镇聚落提供的临时性市集也为将自家产品向外销售提供了平台。市镇所在位置也是区域主要节日庆典所在地，每逢节日，街市热闹非凡，多个戏班同时开演，对于以农耕为主业的聚居宗族而言，是难得的大型娱乐消遣活动，极大地丰富了平淡的日常生活。而对于市镇聚落的常住民而言，周边村落是主要的服务对象，周边村落密集，街市生意才会客源不断。因此，居住与商业之间存在强烈的相互依存关系，义乌江下游流域民众生活的安居乐业得益于两类聚落的相互依存和组合关系。

4.5　义乌江下游流域传统聚落总体意象特征

义乌江下游流域传统聚落主要由村庄聚落和市镇聚落两类组成，而两类聚落共同构成了义乌江下游流域传统聚落的总体意向特征。下文依据凯文·林奇对于城市意象的分类，在此也按照路径、边界、节点、标志物、区域的分类将义乌江下游流域传统聚落总体意象进行分类解读。

4.5.1　路径特征——街巷组合连接

义乌江下游流域传统聚落路径系统由街、巷两级路径构成。车马道连通整个区域的大部分人口密集区域，连通金华府城与周边义乌、浦江、武义等县。部分路段通过聚落内部，被称为街，除此以外的其他小型路径均称为巷或弄。

聚落沿街位置，因交通便达、人口往来频繁等原因，可能逐渐形成固定的商业区，此区域被称为街市。尤其市镇聚落，以街市为核心骨架，巷弄向两侧延伸构成居住区。而对于不具有商业区的小型村庄聚落而言，车马道具有边界性质，是聚落外围空间的限定，与村内巷弄连通，并将聚落与周边区域相联系。巷弄是居住区域内部的通行交通网络，在聚落内部自成规整的系统。

义乌江下游流域街、巷两级交通路径宽窄构成明显对比关系，车马道及街道宽度在4～7米之间，而巷弄宽度通常在1.2～2.5米范围之内，构成交通系统明确的可识别性。一方面，宽阔的街道视觉上给人以信任感，强化其区域上的可通达性；另一方面，狭窄的巷弄构成与街道尺度截然不同的致密空间，构建出聚落内部家园的私密感和安全感。

受义乌江下游流域明显的东北—西南方向走廊式盆地地形的限制，义乌江下游流域车马道具有明确的东西走向和明确的连通目的地。方向上，义乌江两岸区域均为东北—西南走向，积道山以西临界武义江区域为西北—东南方向；就目的地而言，路径就近连通邻近的街市，如义乌江南岸连接澧浦、让河，江北岸连通曹宅、傅村、孝顺、低田等，区域上连接金华、义乌等县，再向东北方向可通往绍兴等地。整体区域路径明显的方向感强化了聚落居民的地缘观念，各村年迈居民能自豪地告诉来访者，向何方向，在每月何日有集市，原本这条大路往西通往金华城，往东可到义乌、浦江、武义等地等信息。

巷弄空间与街道的明显不同在于无论是村庄聚落还是市镇聚落，巷弄都是在区域干道之外自行规划而出的居住区内部路径，巷弄的形态组织具有独立于区域交通之外的独立规划和组织。义乌江下游流域地区平原地形以缓坡丘陵为主，为聚落规整的巷弄规划提供了优越的地理条件。无论村庄还是市镇的内部巷弄，均有着规则的平行方正形态。

巷弄"丁"字形相交构成的内部拐点、林立的过街楼和街门，源于义乌江下游流域根深蒂固的风水观念和宗族观念，这些巷弄路径中的要素共同构成义乌江下游流域传统聚落巷弄内部四通八达而又错综复杂的迷宫式印象。

街和巷的明显空间差异也普遍存在于浙江、安徽等地的传统聚落之中。义乌江下游流域街巷空间与其他地区的不同之处在于两点：其一，义乌江下游流域聚落中沟渠远少于其他地区。其他地区如浙东、浙南等地聚落内沿巷布置的大量碲渠的存在使巷弄空间明显拓宽，以至于很多巷弄空间宽度与主街相仿。浙北及江苏地区更有大量沿河道而布置的水街水巷。而义乌江下游流域由于水渠相对稀少，且主要分布在聚落外围和主街沿途，而聚落内部主干巷弄较其他地区更窄，街巷两者之间的差异更加鲜明。义乌江下游流域因地势更平坦、土地资源充裕，巷弄空间对比周边山区聚落而已，空间更通直。（图4-5-1）

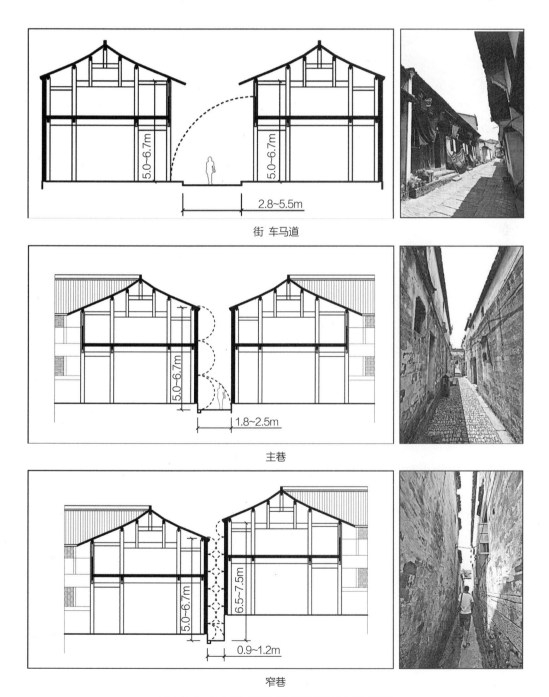

图4-5-1　义乌江下游流域传统聚落路径空间对比图

街巷是聚落形态的基本骨架，作为交通空间是聚落公共空间的重要组成部分，其中商业区域的街市除通行之外，也是贸易空间的重要组成部分，因此在第5章公共空间的详细阐述中，特别将街市从交通空间中析出，单列于商贸空间中进行阐述。

4.5.2　边界特征——依托自然山水

边界是义乌江下游流域聚落最外围的公共空间，也是村外山林郊野与村内巷弄宅邸之间的过渡缓冲空间。义乌江下游流域聚落的边界空间具有明显的公共属性，同时对于聚落内部也是具有防御性的护卫空间。如畈田蒋村"北枕双尖绿屏，东临潜溪碧水，西衔千年古樟，南迤丰盈沃野"[①]，含香村"以芗溪之水环村居而左右映带"[②]都是宗谱中对本族村落四周自然屏障的赞美。

义乌江下游流域聚落的边界空间可分为广义边界和狭义边界两类。广义边界指村外围的广大郊野区域，包括村周围的山体、水文、农田、果园、林带等。狭义边界指村落建成区紧邻的边界地带，包括村落外缘的宅邸围墙、外围的水塘、碓渠、晒谷场、主要巷弄出入口等。层层环绕的外围边界空间在各村的宅图上都有明确的展现，宅图或舆图的最外围是村落周边山体水文环绕情况，中部一层有村周边临近处小山、田产、林地、驿道等的分布，临近村内建筑的是广场空间（图上常标为"明堂"或"基"或直接留出空白）、果园、水塘、沟渠等，宅图描绘详细的还可以看出村落建筑外围的高墙以及村内主要的街门出入口。不管是狭义的边界空间还是广义的边界空间对于义乌江下游流域聚落而言都是公共属性最强的公共活动空间。

义乌江下游流域聚落建成区范围都有着领域性的特征，宅地属于一户人家的领地，村子范围属于整个宗族的领域范围。宗族聚居村落的私有性更加明显，而商贸起源的市镇聚落也属于常住居民和商户所专属的空间范围，因此外围边界位置介于村庄领地与外围郊野之间，属于全村以及周边村落居民共同享有的公共空间。

义乌江下游流域聚落的边界空间具有一定的防御性，内侧村落建成区与外围田地之间，通常由建筑高墙连续围合而成，街巷出入口位置设有街门，是村内主要通行位置。高墙外围有绕村的水渠连通各水塘，再外围是果园、农田以及天然的丘陵山地地形或水体作为屏障。除宅院外墙相连构成的高墙以外，义乌江下游流域整座聚落的边界通常没有其他特殊的防御性措施，未见楠溪江流域类似的环村寨墙壕沟设置。即使是孝顺村，曾作为明代以前的县城，也从未专门设置过城墙，只在最主要的入村通道村西和村北端筑有城门。

此外，村庄和市镇的防御性又有明显的区别。宗族聚居村庄的防御性明显更强，整体村庄平面呈现的团状形态也强化了院墙之间的连接，只有通过各街门才能够进入村内巷弄，体

---

① 重建畈田蒋村蒋氏宗祠记[Z]//畈田蒋氏宗谱，2009：卷一。
② 金华含香王氏宗谱. 1931年续修：卷之一。

现了强烈的领地感。而市镇聚落仅在主街市的端点处设防，街市两侧的宅地外围或有水塘等
天然水体作为屏障（例如含香村、澧浦村、孝顺村两侧均有大量天然水体）。但聚落与村外土
地之间通常没有明确的边界限制，最外围直接与外围荒野或田地相接壤，仍保留了宅地继续
向外扩张的空间。

义乌江下游流域传统聚落历史上的边界空间可以分为道路边界、自然地形边界、自然水
体边界、砩渠农田边界四种类型。

（1）道路边界是指聚落民居宅院外围紧邻区域性的驿道。驿道通常为区域性重要的车马
交通，临近驿道位置的宅院可能属于本村的官员或大户人家，此类大型宅院面向车马道开设大
门，不必通过村内巷弄便可直接抵达区域主路，官位显赫的大宅门前通常还留出一定的台基地
或明堂空间作为缓冲。驿道另一侧之外是村落外围的农田或郊野，沿驿道通常修筑有砩渠水道
汇集村内雨水流出村外。道路实际上是村落建成区与外围自然环境之间的间隔。山头下村东南
侧边界、蒲塘村东北侧、中柔村北侧和西侧、傅村西侧、雅湖村南侧都属于此类边界类型。

（2）自然地形边界是另一类常见的边界类型，义乌江下游流域大部分区域地势平坦，但
局部区域存在小型的丘陵高地，部分聚落以此地形为屏障进行村庄建设，此高地区域便构成
了村落的天然屏障，随聚落的扩张发展，由宅地和果园在高地上开辟，但受区域交通及地形
限制，聚落在此方向上的扩张极为有限。岭五村北部、蒲塘村南部、郑店村南部、雅湖村北
部、山头下村北部都属于此类边界空间类型。此类边界公共属性较弱，因山体本身具有明显
的屏障和防御作用，通常临山所建的建筑外围无另设的防御性高墙，山坡上繁茂的植被反而
构成了临界山体边界位置宅院的私有风景。

（3）自然水体边界

自然水体边界包括村落依靠的河溪、江岸、湖泊以及大型的天然水塘。水体构成了村庄
不可逾越的明确限制性边界，同时具有强烈的防御性特点，只有桥梁位置可供通行。另外，
水体边界空间也是村内取水用水的滨水公共空间带。远离主路的边界水体通常有建筑临水建
设，甚至出挑于水面之上构成水阁楼的建筑形式，使此部分水面具有私有属性。也由于水体
边界的限制性特点，村落在此方向上很难继续向外发展，架设桥梁后，在水面对岸另建设的
聚落通常属于和本村相对独立的另外区域。临界块状水体的义乌江下游流域传统村落包括含
香、澧浦、傅村、畈田蒋、仙桥、岭五、锁园、下吴村等，另有郑店、曹宅、仙桥、下潘、
山头下、洪村、低田等村临界带状水体。

例如，曹宅村东西两侧以东坦溪和西坦溪为界。河道严格界定了曹宅村的东、西两个
方向的发展范围，而村南、北两侧限定较少，因此村落的继续扩展主要向南、北两侧发展，
1949年以后规划的曹宅新区便主要集中于村南侧。就原本东坦溪边界位置来看，河道构成了
天然的村落屏障和共用的滨水空间，协和桥、白果桥等桥梁成为自东侧进入曹宅的仅有出入
口，河道东岸南部有东方六庙设于驿道沿途。河岸上主要有两处大型晒谷场，至今仍保持完

图4-5-2 曹宅村水体边界界面实景——东坦溪西岸

好，服务于村民的日常生活。(图4-5-2)

下潘村东南侧边界同样由河溪构成，河岸以外为大面积的农田，下潘村西侧也有大面积的水塘、草塘作为西侧边界。因此，下潘村继续发展范围限制在北侧一个方向，也因为北侧更现代的区域主干道，因此逐渐发展为现代化的下潘新区。"一"字形的市镇聚落，由于两端村落出入口位置有所限制，因此此类村落多以垂直于街市的方向向两侧发展，澧浦、孝顺、含香等村均属于此类。

（4）砩渠农田边界

村落周边的河溪、水塘通过砩渠水网构成了绕村的水系网络，这样的水系也是村庄外围边界空间的重要组成部分。砩渠农田边界通常位于村落平坦的郊野农田一侧，村落外围间隔有小型水塘出现，但不构成大面积的阻隔。村内巷弄向外直通田地内部。村落建筑与农田之间可能设有村内族人共同修筑的砩渠作为灌溉农田的水利设施，具有对于村落外围边界的限定作用。此类边界也属于最容易进行村落扩建的发展型边界。村落向外扩展过程中，部分砩渠可能直接转变为村内的用水及排水沟渠。部分宗族聚落临界村庄处为宗族共有田产，宗谱中族规明确规定了族田严禁侵占，才对于此类边界起到了一定的限定作用。由于20世纪70年代的"文化大革命"、90年代以后大规模的乡村建设，族规的约束力已然消失殆尽，砩渠农田类型的边界多已被现代农村社区所取代，形成了传统街区与现代住宅区之间的模糊边界。曹宅村南部、山头下村东北部、澧浦镇北区、横店村南部和北部等部分均属于原本的农田边界类型。

随着现代城镇化建设，义乌江下游流域传统村镇的边界已经发生了重大变化，传统村落

的大部分边界主要由新建公路和新建民宅区域构成。现代化的交通设施和居住用地是义乌江下游流域聚落继续发展的基础，但这些现代化城镇景观对于传统村落的整体景观效果以及边界公共空间确实产生了较为严重的影响。边界位置的很多大型水塘干涸或面积缩减，晒谷场沦为停车场，历史建筑与现代住宅紧邻，甚至历史建筑大部分区域经历了破坏性的改建，这些都是边界空间存在的严重问题。笔者认为边界空间对于村民的日常生活与历史街区整体的保护都具有重要意义，明确划定历史保护区范围，维护修复边界公共空间环境，在不影响传统村落历史街区景观的位置开辟停车场地，或许可以对历史边界公共空间保护起到一定的积极意义。

4.5.3　节点特征——向心性强烈

义乌江下游流域传统聚落的节点空间主要由水塘、水井、广场、水口空间构成。水塘是义乌江下游流域聚落常见的生活取水空间，位于村落外围区域，起到日常洗涤且兼有农田灌溉、养鱼的作用。广场分生活广场和贸易广场两类，生活广场以明堂、基、晒谷场为名，晾晒谷物为主要用途。贸易广场名为市基，是临时性集市的举行地点。而水口通常与村口位于同一位置，是聚落最关键的位置，集中建有宗祠、庙宇、桥梁、牌楼等构筑物，是聚落入口序列的起点。

义乌江下游流域传统聚落中的节点空间有明显的向心性特征。水塘或广场都连通多条路径，是区域内各户公用的生活空间。作为公共空间节点，有多条通路抵达节点，构成平面上明显的向心性和可达性（图4-5-3）。节点多由传统建筑外墙围合而成，构成稳定的围合空

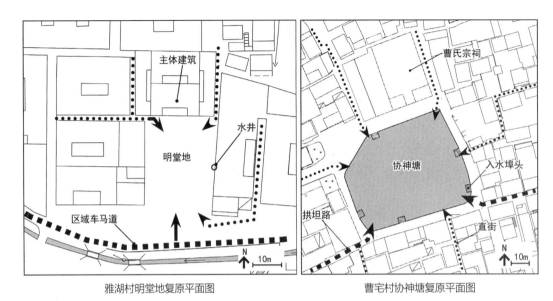

雅湖村明堂地复原平面图　　　　　　　曹宅村协神塘复原平面图

图4-5-3　节点可达性、向心性分析——雅湖村明堂地广场与曹宅村协神塘节点平面图

间，在有水体存在的空间中，水的倒影更强化了其视觉上的聚焦感。即便是最小型的巷弄交叉点，因为建筑的围合和村内的通达，也可以形成稳定的休憩空间。

　　传统聚落中的节点具有内向与外向类型上的差别。水塘和生活广场通常为内向空间，周边由民居建筑外围坚实的围墙围合而成。水井和小型水塘空间通常位于聚落内部，是聚落中部的小型节点。中型及大型水塘、广场、水口空间通常位于聚落外围边界，构成半围合的空间形态，一侧依靠聚落传统建筑而构成围合感，另一侧直接与外围郊野相接，拥有广阔深远的空间感。作为临时性贸易空间的市基属于外向型的广场空间，周边由面向广场开设的商铺建筑围合而成，广场对于周边商铺和路径都具有吸引敞开的姿态。水口空间也属于外向型空间，是由宗祠、庙宇以及亭、桥、牌楼等构筑物共同构成的开放性游赏空间，设于村口位置，与聚落内部的封闭空间形成鲜明对比。水口公共建筑林立，所建宗祠、庙宇都面向村外路人敞开，可以自由出入，在节日庆典时作为全村的临时性聚会场所使用，具有明显的外向属性。

4.5.4　标志物特征——家园的辨识性

　　义乌江下游流域传统聚落通常以大樟树和祠庙建筑为标志物。尤其每座聚落村口位置的高大古樟树，是最显著的聚落标志。樟树被赋予优秀忠贞的品格，并被视为家园的守护神。在樟树上凝聚了当地居民对于家园观念的重视。据当地人讲述，各村大樟树在抗日战争期间，曾被当作日军轰炸的坐标，也从侧面证实了大樟树对于聚落的标志性作用。（图4-5-4）

　　除村口大树之外，祠庙建筑也是聚落的标志物。宗祠建筑作为宗族的政治、文化、精神中心，是村中最为重要的标志性建筑。建筑体量、规模以及装饰都采用宗族内所能达到的最

图4-5-4　义乌江下游流域常见传统聚落标志物——浦塘村村口大樟树

高规格。聚落内部及周边区域的庙宇通常体量较小，有的仅为一间低矮的房屋，但作为庙宇的建筑均被漆为靓丽的红色或黄色，以凸显其神权属性，构成色彩上的特立独行，在粉墙黛瓦的聚落背景下显得非常明显。虽与聚落内其他建筑有所差异，但受建筑自身结构体量的限制，标志性程度不及高大的古树。

4.5.5　区域特征——商住差异显著

凯文·林奇称："决定区域的物质特征是其主题的连续性……对于建筑密集区域，相似的立面，包括相似的材料、样式、装饰、色彩、轮廓线，尤其是相似的开窗都是鉴别区域的基本线索"[1]。就感观上的明显差异来划分，义乌江下游流域的传统聚落可明显划分为居住区域与商业区域，两区域各有明显不同的特征。居住区域以民居建筑为主体，建筑外围四面均为石

---

[1] 凯文·林奇. 城市意象[M]. 北京：华夏出版社，2001：51。

墙围合，纵墙面上开设宅门和小窗作为民居宅院与外界连通的通道。而商业区域面向街市一侧以木板为墙面装饰，整体构成木门面绵延连续的整体形象。商业区域由市基和街市组成，两类空间因为商业活动的需要，均有较大的空间尺度，在空间感官上也与居住区域形成鲜明的对比。（图4-5-5、图4-5-6）

居住与商业的明显分区同样存在于浙江省其他区域及周边地区。对于贸易空间而言，各地传统聚落呈现出相似的样貌。其原因在于各地区的贸易活动都由外来人员从事，如义乌江下游流域的贸易活动主要由徽州、龙游、义乌、永康等地的商人从事，并无本地人参与。因此，义乌江下游流域与浙江省以及安徽、江西，甚至湖南、湖北等地的商铺建筑都具有相近的风格样式。而居住区域的样貌，源自地方聚居宗族长时间的建造经验积累，带有更鲜明的地域风格。

图4-5-5　义乌江下游流域传统聚落居住区域常见形象

图4-5-6　义乌江下游流域传统聚落贸易区域常见形象

4.6　本章小结

义乌江下游流域传统聚落主要分为村庄聚落与市镇聚落两类。两类聚落的选址和总体平面形态特征既有差异也有共性特征。两类聚落共同组成了义乌江下游流域传统聚落公共空间体系。义乌江下游传统聚落中的村庄聚落和市镇聚落由于形成根源的差异,在选址的侧重上有所不同,但聚落形成必然都存在定居人群,两类聚落有着相同的基本生活需求,尤其在临近水源这一点上具有明显的一致性。除对水源的需求以外,村庄主要考虑耕地资源与风水条件,而市镇则主要侧重于对交通和区域人口密集程度的要求。就聚落的平面形态布局而言,村庄和市镇聚落存在整体形态、结构组织等方面的明显差别。从聚落总体形态布局来看,团状规整的村庄与带状蜿蜒的市镇形态明显不同。村庄与市镇聚落都以居住区域为主要组成部分,居住区域有着共同的规律和相似的公共空间营建规则以及布局特点。村庄和市镇因为人口组成和形成源流的截然不同而在聚落公共空间性质和对宗祠庙宇的营建特点上具有差异。两种聚落类型因区域环境的变化可能发生相互之间的转化。

总体看来,义乌江下游流域村庄与市镇两类传统聚落在路径、边界、节点、标志物、区域五大意象要素上存在明显的一致规律。从整体义乌江下游流域传统聚落意向来看:路径具有街、巷结构差异明显,两者作为区域交通骨架和聚落交通骨架彼此衔接连通的特点;边界空间主要依托自然山水构建而成;节点空间具有明显的向心性;标志物提供了强烈的家园辨识感;区域分布上具有商住差异显著的特点。

义乌江下游流域传统聚落的选址与总体布局是公共空间体系形成的基础。传统聚落的选址与总体布局对于公共空间的具体形态具有总体性的统筹控制作用。公共空间是传统聚落形成发展过程中与私有居住空间相辅相生,共同构建出的完整的聚落空间体系。

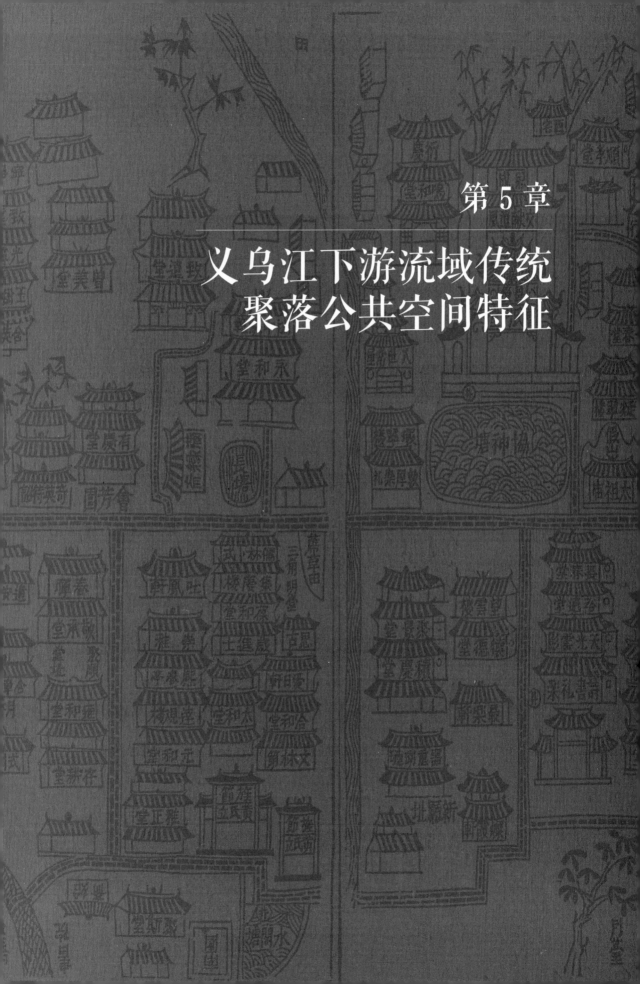

第 5 章

义乌江下游流域传统
聚落公共空间特征

传统聚落公共空间是义乌江下游流域聚落布局中的主要组成部分，公共空间不仅存在于聚落内部，还遍及聚落外围整个流域的乡野山林之中。为便于分类分析不同功能的公共空间特征，可将义乌江下游流域传统村镇公共空间按照活动性质的不同分为交通空间、生活空间、贸易空间、仪式空间、娱乐空间五类。纵观义乌江下游流域传统聚落的整体公共空间体系，可以以私宅为中心划分出四个公共空间层级，四个层级民众活动参与的频次逐渐递减。而公共空间体系的演化形成与聚落营建的过程相对应，经历了逐渐建成、扩展、更替、转变的衍化进程。从义乌江下游流域这一地域范围来看，此区域与周边临近其他地区的传统聚落公共空间既有共性，又有明显的自身特色。

5.1　义乌江下游流域传统聚落公共空间体系的构成

依据公共空间的主要使用功能划分，义乌江下游流域传统聚落公共空间体系由交通空间、生活空间、贸易空间、仪式空间、娱乐空间五部分构成。交通空间包括巷弄、车马道、聚落出入口三部分；生活空间由滨水空间和生活广场空间两部分构成；仪式空间由宗祠、庙宇、祖坟、风水树和风水林、水口五部分构成；娱乐空间包括郊野山林、斗牛场和戏台。（图5-1-1）

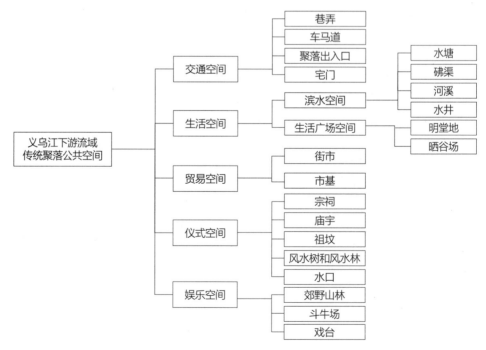

图5-1-1　义乌江下游流域传统聚落公共空间构成

　　五类公共空间共同承载了义乌江下游流域地区人民公共生活的全部内容。其中，聚落的部分公共空间具有多重的公共使用功能，比如市镇中的街市空间既是交通要道，又服务于日常生活，还是某些时段的贸易场所，同时可能具有重要的仪式性意义。本书中，此类空间的划分以其最主要的使用功能为依据进行归类。例如聚落内重要的生活广场空间——明堂地，因为风水相地理论而存在，节日、祭日时是村内重要的活动场所，明堂地也可能举办临时性的小型集市活动，但明堂地最主要的使用功能仍是作为村内居民的生活广场，在此处晾晒谷物、衣物，日常活动交流等使用。因此，本书将明堂地划归于生活公共空间一类，将车马道中的街市部分归为贸易空间一类。村旁的风水树和风水林也服务于村民的生产生活，起到水土保持、遮阴挡雨的作用，但更重要的意义在于家园感的构建，尤其金华地区每座村落村口处的大樟树，被视为全村的守护者，因此将风水树与风水林归于仪式公共空间。

　　除郊野以外，聚落内部公共空间的构成中，村庄和市镇聚落在公共空间的整体组织结构上有所区别。其中，贸易空间通常仅存在于义乌江下游流域部分具有贸易职能的村落中，而生活公共空间和仪式公共空间则广泛存在于义乌江下游流域各个村落。

　　就义乌江下游村庄聚落的公共空间体系而言，生活公共空间在整座村庄中占据主体地位，也是居民日常生活的核心。仪式公共空间散布于村落外围位置。村庄聚落中有着完善的仪式公共空间体系，尤其宗祠建筑是仪式公共空间的重点，是全村最为宏伟壮观的建筑。村庄聚落贸易空间所占比例极少，多数村庄无贸易用途的公共空间，少部分村落有很小型的贸易空间存在于临近交通主路的村口位置。村民的日常交易活动都会在集日到邻近的市镇聚落的集市中进行。所以，村庄聚落的公共空间体系分布具有相近的特征，包括巷弄、水系、广场、边界和出入口、宅院组成的生活公共空间，几乎构成了村庄聚落公共空间的绝大部分内容，其中巷弄是整个村落内公共空间的骨架，具有重要的交通组织功能，水系环绕村落构成集灌溉、泄洪、蓄水、饮用、洗涤、防火等功能于一体的滨水空间体系。广场散布于村落外围及个别内部区域，满足居民晾晒等活动需要。外围边界空间由水体、山林、农田、驿道共同构成。宗祠、庙宇、祖坟、风水树和风水林构成的仪式空间散布在村落外围作为点缀状。

　　市镇聚落的公共空间明显以贸易公共空间为主体。街市贯穿整座村落，市基广场位于村口或村内交通便达位置。居住公共空间围绕贸易空间位于街市两侧，并呈现出伴随街市发展扩张的趋势。仪式公共空间布局在主体贸易公共空间，即街市的两端和中央节点位置，主要由宗祠、庙宇、风水树、水口几部分组成，祖坟通常远离繁华的集市，建于郊野中，与市镇聚落本身保持一定距离。除村口有大樟树外，少有风水林带。

　　各类聚落公共空间所具体包括的空间内容如下（图5-1-2）：

5.1.1　交通空间

　　义乌江下游流域聚落的交通空间由巷弄、车马道、聚落出入口三部分构成。巷弄是村

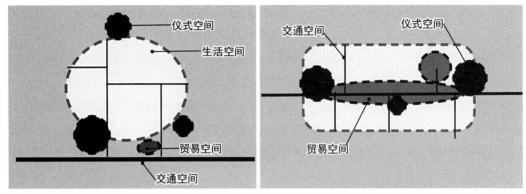

图5-1-2　义乌江下游流域传统聚落公共空间布局模式图

庄聚落以及市镇聚落居住区部分主要的交通骨架网络。街巷是村民生活场所的延伸，它本身存在交通职能，但它又为村民交往提供了必要和有益的场所，并且通常与其他公共空间紧密相连，起到组织公共空间次序的作用。宅巷之间，常有条石坐凳的放置，也是日常休息、乘凉、交流的所在。车马道联系着义乌江下游流域整个区域范围内的陆路交通，是村落向外通行的重要联系。巷弄和车马道共同构建出了义乌江下游流域聚落的交通网络体系。聚落出入口是义乌江下游流域聚落内外交通的重要衔接点，主要以街门的形式出现，是巷弄与外围车马道之间的过渡与渗透。

5.1.2　生活空间

生活空间具体包括巷弄、滨水空间、生活广场、边界与出入口、民居宅院五项内容。日常生活是公共空间的一项基本用途，具体而言生活包括了汲水用水、晾晒、休息、聊天、集会、居住、耕作劳动等多项内容。每一种或多种日常活动都能够与这五类生活公共空间找到对应的关系。

滨水空间是村内居民取水用水、排污泄洪、防火防灾、日常蓄水以及聊天交流信息等活动的重要空间。水是生活的必需品，因此由水塘、碑渠、河溪、水井共同组成的一系列滨水空间在义乌江下游流域村民的生活中显得尤为重要。大型水体同时具有防御型边界的重要作用。

生活广场包括明堂地和晒谷场两类。广场平日是人们晾晒食物、衣物，以及日常运动等使用的场所，兼具庆典等活动的集会功能。其中，明堂地必有水体环绕，背靠村内的主体建筑。明堂地通常在村落建成之初就已经预先规划出来，而晒谷场的位置更加随意，可能是不适宜耕种和建屋的荒地，也可能是之前损毁建筑留下的基址。

边界和出入口空间是义乌江下游流域聚落生活公共空间的重要一环，对于村内的安全具有一定的防御作用，而在使用功能上是一系列公共空间的组合，包括天然水体、晒谷场、宗族共享的农田和果园等。村落出入口是承接村内外交通的过渡空间，而宗族聚居村落的边界区域同时也包括了环绕村庄的区域驿道交通。

民居宅院是私密性最强的公共空间，仅供一户人家内部使用。院中的天井、厅堂、走廊空间是全家人共享的公共空间，承载了日常起居的各项活动，义乌江下游流域民居特色的天井空间也是连通建筑室内与户外自然的重要交界空间。

5.1.3　贸易空间

义乌江下游流域聚落的贸易公共空间主要由街市、市基广场、商铺建筑三部分组成。贸易公共空间仅存在于义乌江下游流域具有贸易职能的市镇聚落中。义乌江下游流域聚落中的贸易活动是逐渐发展变化的，截至民国年间共有14处，包括仙桥、曹宅、小黄村、塘雅、鞋塘、孝顺、傅村、低田、东盛、含香、洪村、澧浦、横店、岭下朱。

三类贸易公共空间中，街市是最主要的贸易活动场所，是贸易活动最为集中的所在。街市另一方面具有交通功能，是整个聚落甚至整个区域驿道的一环。市基广场具有临时性的贸易作用，部分市基广场由原本的生活化广场明堂地或者晒谷场演化而来。商铺建筑构成了街市和市基的侧立面，同时是贸易活动的进一步延伸。贸易空间是三类公共空间中公共性最强的空间类型。生活空间和仪式空间都属于仅限于本村居民使用的公共空间，而贸易空间服务于整个地区的多个村庄，周边村落的居民在集日都可来街市或市基进行交易活动。

5.1.4　仪式空间

仪式公共空间是义乌江下游流域各聚落精神文化的集中体现，主要由宗祠、庙宇、祖坟、风水树和风水林、水口空间共同构成。

宗祠是所有仪式空间中最为重要的公共活动场所，肩负宗族集会、祭拜祖先、节日庆典、族内议事、修订宗谱等重要宗族活动的重任。义乌江下游流域各聚落主要以血缘、亲缘、地缘关系为纽带聚居。在封建制度和宗族观念的影响下，为了团结起来共同发展和抵御外来侵略，宗祠是宗法制度的象征以及实施宗族管理的地点。族里的红白喜事、祭祀庆典以及宗族事宜都会在祠堂中进行，是义乌江下游流域传统聚落最主要的公共礼仪场所。在节日庆典时节，由宗族首长主持举办大型的集会活动。在遇到村内重大事件时，如邻村纠纷、兴建大型建筑、裁定归属等问题时，也将在宗祠内召集族众共同议事。

庙宇是义乌江下游流域多神文化的体现。除了对于宗族祖先的崇拜之外，当地民众还信奉多种神明。祠庙相对宗祠而言规模较小，但受泛神的传统文化影响，数量更多，遍布于各村镇和乡野之间。祭拜的神明也多种多样，主要包括本保殿、观音堂、财神殿、佛寺。

祖坟主要是聚落定居始祖的墓地，通常紧邻聚落的边缘地带，祖坟位于村内风水的最佳地带，是每年清明、冬至的祭拜地点，也在精神层面上作为村内子孙们的守护者。

风水树与风水林位于村落外围，是义乌江下游流域聚落家园感的主要体现，几乎每座村庄必有一棵大樟树栽植于村口，是整座聚落最鲜明的标志物。风水林的存在不仅起到了河岸和山坡的护土固坡作用，也对保持水土起到了一定的帮助，作为公共空间的风水树或风水林，还是义乌江下游流域村民乘凉、聊天、活动的重要场所。

水口是一系列公共空间的组合，构成了村外延伸至村庄出入口的一系列标志性景观，具有风水环境改善和仪式性场所的双重意义。水口通常与村落主要出入口位置重合，由村下游水流出口位置的河溪转弯处或汇入的大型自然水面以及滨水临近处的祠庙建筑、牌坊、桥梁、亭台、风水树或风水林、罗睺等部分共同构成，是序列空间的组合。

5.1.5　娱乐空间

义乌江下游流域地区娱乐活动丰富，以广阔的郊野为背景是娱乐空间的主要范围。具体而言，主要的娱乐空间由郊野山林、斗牛场、戏台场地三类构成。娱乐空间具有明显的临时性和随机性，并与仪式空间与贸易空间关系密切。娱乐活动的发生具有明显的日期时限，如清明出游踏青、元宵节赏灯、各类庙会期会等。在特定日期人流涌动，热闹非凡。在活动举行之时，戏台可临时搭建、斗牛场临时开辟，而娱乐活动地点通常是周边市镇聚落地点或周边山中的著名寺庙，村庄聚落的宗族也有组织春秋两祭和元宵赏灯等活动，皆具有娱乐性质。因此，娱乐空间与贸易空间、仪式空间重合非常明显。在具体空间研究中依据各类空间的主要公共活动用途分类，因此依旧将宗祠寺庙列为仪式空间，街市和市基归为贸易空间。

每类公共空间依据空间形态，也可分为线形空间、点状空间、面状空间。本书首先以公共空间职能对公共空间体系进行划分，随主要使用功能的差异，每类空间范围内的各形态空间具有截然不同的空间特征和感受。例如，街市与巷弄同样是具有交通功能的线形空间，但街市属于贸易公共空间，与属于生活公共空间的巷弄空间感受差异极大，路面宽阔，可容纳车马通行，侧界面由商铺木门面构成，人流聚集，热闹非凡。而巷弄狭窄通直，具有半私密空间性质，仅供村内居民通行、休息使用，侧界面为民居外围的石墙面构成，空间氛围上宁静朴素，与街市空间完全不同。

5.2　义乌江下游流域传统聚落公共空间体系层级

义乌江下游流域传统公共空间体系呈现出明显的层级划分。住宅属于各户人家居住生活的私密空间，以此向外由近至远，有邻里、宗族、近郊、远郊四个层级，其公共性依次递增，四个层级共同承载了历史上义乌江下游流域民众的全部传统生活内容。日常必要的劳动工作中，男子的活动范围集中于近郊，以耕、樵、牧、渔之一为主业；而女子则在家中，从

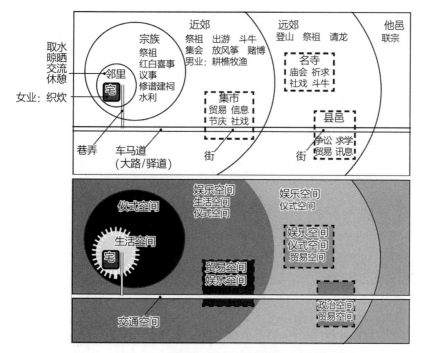

图5-2-1 义乌江下游流域传统聚落公共空间层级与功能划分示意图

事纺织，并负责全家的炊事。（图5-2-1）

就公共活动而言，在邻里层级，进行日常生活所需的各项活动，主要包括取水洗涤和晾晒两项活动，兼有邻里之间的交流和休息停留，各类活动均为处于本身需要而形成的自发性活动。

在宗族层级，各种集体性的宗族活动在宗族祠长及理事统一组织之下进行，最主要的活动包括春秋两次在宗祠内进行的大型祭祖活动、村内族人的红白喜事，此外还有宗族常规的议事、修谱以及全族需要出力的修建祠堂或水利设施的工程活动。

近郊层级，对村庄而言，邻近的市镇是最主要的贸易活动和信息交流场所，节庆时的大型活动通常也在此展开。除市镇之外，广阔的郊野空间是多样公共活动的载体。各宗族的祖坟所在地通常位于村落邻近地带，而外出祭祖活动在义乌江下游流域地区具有明显的郊游活动特征。在地势平坦的荒野上放风筝是义乌江下游流域春季的特色活动。义乌江流域的郊野地区还通常举办小型的斗牛和赌博活动，因此近郊是村民娱乐活动的主要平台。（图5-2-2）

远郊层级，山林地是士族专程登山游玩的场所。义乌江下游流域地区易发生旱灾，在旱时去深山龙潭，"请龙求雨"是当地的特色风俗。此外，义乌江下游流域很多村庄聚落的形成经历了不断地扩张与定居，每年都会有在族长率领下返回本族宗族发源地的祭祖活动。远郊山中还有区域著名的大型寺庙，如赤松镇的邢公庙、黄大仙庙、曹宅的大佛寺，孝顺镇的龙

图5-2-2　义乌江下游流域各层级主要公共活动图示

潭寺、胡公殿等。这些寺观在固定日期举办庙会，届时有多台社戏、商贩云集，并举办区域大型的斗牛活动。这些名寺所在地是仪式性与娱乐性兼备的重要集会场所。义乌江下游流域的县邑是金华城，位于义乌江下游流域边缘位置，属于远郊一带，主要是居民出现纷争时的争讼地点，属于政治活动的中心。因为金华城被划在现义乌江下游流域范围之外，也因为本书主要针对城市以外的村镇传统聚落进行研究，因此金华城区所承载的政治活动空间并未列于本章公共空间的内容之列。

各层级的公共空间所对应的主要公共活动内容十分明确，邻里层级为生活空间，宗族层级为仪式空间，近郊层级对应娱乐空间与贸易空间，远郊层级主要对应娱乐空间与仪式空间，各层级之间有交通空间连通。邻里至近郊层级范围是义乌江下游流域人们传统日常活动的主要场所。在此范围内，日常生活、精神归属、情感宣泄、外来信息与商品交流全部都已得到妥善解决。远郊层级公共空间以区域性大型活动为主要内容，提供了更多和更大范围的交流机会，对维护区域的和睦和稳定起到了至关重要的作用。

无论是对于村庄还是市镇聚落，公共空间皆有此类层级划分的特征。只是村庄和市镇聚落对于集市地点的远近上有所差别，市镇聚落的集市位于本村内部，不必出村即可进行多种贸易活动。

5.3　义乌江下游流域传统聚落公共空间的历史演进

公共空间随着聚落的演化发展不断变化，是动态的演化进程。义乌江下游流域传统聚落公共空间的演进过程大致可划分为四个阶段，即定居阶段、发展阶段、鼎盛阶段、再发展阶段。

5.3.1　定居阶段

义乌江下游流域传统村镇通常以宗族的定居作为历史的开端，宗族定居时期首先便确定了聚落的落址地点。各宗族的族谱或地方志中详细描述了氏族始祖迁居时的时间、历史背景、迁居缘由，以及对于所选基址风水方面的考量。

宗族定居时期决定了村落的落址地点，基本确定了传统聚落公共空间的外围山水构架。聚落的选址是宗族的世祖对于聚落的外围山水构架、自然条件、交通条件的综合考察基础上决定下来的。宗谱中通常记载了家族迁居始祖看重该地山水环境优越，视为"宝地"，于是迁居此地的过程，并简单描述了所选地点的环境情况。例如傅村，看重山水秀丽，"金华县东七十里许有地曰东山，山水奇秀为一邑之胜，傅氏迪功郎东溪先生始徙居之"[1]。畈田蒋村也描述了村址的山势来脉，"而祖名成一成三公者伯仲相辉于洪武二十七年乃迁金之畈田居焉，即潜溪里也，原李姓之故墟也。龙从双峰垂脉，清油拔秀，隈隈唯唯，逶迤蜿蜒，东山耸翠，西周含辉，四围环绕其中，廓然铺毡展席而宅第居焉。"[2]

---

[1]《东山八景诗序》. 载于《东山傅氏宗谱》. 2006重修.
[2]《蒋氏徙居源流序》.《畈田蒋氏宗谱》. 2009重修.

5.3.2 发展阶段

公共空间体系随着村落的发展壮大而逐渐发展起来。这一时期，宗族共同的规划修建与自发的民居建筑建设的同步进行，是缓慢而稳步的发展阶段。

宗族的共同规划修建过程以宗族族长为领导，以村落内部以及周边的水利设施、道路系统、宗祠建筑等公共基础设施为主要建设项目，由族众合力完成。整体公共设施修建成果与时任族长的决策领导和宗族的团结程度息息相关。义乌江下游流域各族宗谱中还对公共空间建设过程中给予重大财力物力资助的人士予以表彰和补偿。蒲塘水口于崇祯年间合力整改，并对出资提供重大帮助的王永祀户，出让了属于宗族水塘中鱼苗的所有权。"情因族内地形高踞，水口直倾，所以屡遭回禄，财产两耗，欲行堆土植木，荫庇水口，奈财地两乏，总祠长王贤二百廿八官等设席会众处恳得王永祀户捐出作常又费穀百余担，动众搬运堆土植木牢笼一族水口吾族无以为报，愿将下青塘鱼尾归于伊房蓄养"[1]傅村对于宗祠前明堂的修复，借用了原本想打造井台和水塘的石材。"所备青石长短共十三块以为砌井之需，事工未起，而身故，祠理权借以砌祠前明堂"[2]；"康熙二十八年因祠前明堂北面尚未方正，伯五府君派下沛九二府君子孙助出荷花塘角，并原墩石而森一四三官独巳顾工填平砌石加塀所费四金。"[3]

在宗族发展过程中，对于周边空间，尤其是风水相关的重要地点，宗族通常合力进行维护。蒲塘村"族内有祖墓数处，土名栗山狮子岩—峰山驮山头大碗蓄养树木荫蔽风水，至今数百余年，墓木已拱郁然成林，子姓当保养之以垂永远。"[4]对于当时"有不肖之徒锯截斧砍，掘拙生根以及刀砟钩拔剥削树皮"的情况，予以明令禁止，并公布罚款等惩戒措施"尚复有犯规者分别轻重坐罚，罚例开列于后，或有持强不遵者，定行革祠，如再肆行无忌，会众赴公究治，决不轻宥"。

傅村祝湖周边杂树和堆土被认为破坏了原本风水"今者东筑西堆参差错乱，兼之林木荫郁，种植蔓延"。[5]对于祝湖周边的修复工作得到当时金华县官府的支持"蒙县主彭公饰差示勘……罗公遂于本年八月初七日驾临亲验，确查底里，遂令树木尽行砍伐，日后不许栽种，任凭服田者开掘井台，通水灌注，各取，遵依在案，嗟比是役也，协力同心行将复旧。"[6]在复原修复后还修筑石碑希望后世子孙继续将其维护保持"勒碑严禁世子孙永守勿坠"。[7]

在宗族共同修建和维护公共基础设施的同时，以小家庭为单位的家族自发在规划的范围之内建设居住用的房屋。民居院落以家族为单位，相邻两座院落之间的通道即小巷。如此一

---

① 《议约》崇祯九年十月. 载于《蒲塘王氏宗谱》. 2013修订. 卷首.
② 《创修计事》. 载于《东山傅氏宗谱》. 2006重修. 卷三文集二百一十七.
③ 同上.
④ 《立议禁约》. 乾隆三十年十一月. 载于《蒲塘王氏宗谱》. 2013修订. 卷首.
⑤ 傅光华. 祝湖记[Z]. 乾隆五十四年八月. //东山傅氏宗谱，2006重修. 卷三文集.
⑥ 同上.
⑦ 同上.

来，自发的院落建设也成就了扭曲复杂的聚落内部路网的形态。在宗族进行的总体规划框架之下，自发的民居建设使聚落得以逐渐发展壮大，也是聚落中统一的模数尺度之下富有个性和变化的原因。当小家庭添人进口，逐渐发展为大家族之后，原本的宅院满足不了多人的共同居住，子代会在房系所在的土地范围之内另建新屋。宅院建设通常在各房系的范围之内，之间留有一定距离，直至填充满聚落原本规划的范围之后会继续向外围适宜建设的土地上继续扩张。义乌江下游流域的很多聚落都在不断地发展壮大之后，形成大型聚落。如自宋代迁居而成的傅村在明中期已具有相当大的规模"由宋逮元迄明历年既多族益蕃，家益饶，儒绅益盛"[①]山头下村"自成二府君兄弟三人始迁居此"[②]，"至于今，益见子姓之蕃衍，而且屋连云田，负郭饶裕百倍于前"[③]。

5.3.3　鼎盛阶段

在村落的鼎盛阶段，公共空间的总体格局已经基本固定下来，和如今所见的历史街区样貌基本一致。此阶段中，宗族聚落的居住区域已建设完善，是整体性的功能完善的传统生活街区。村落关键出入口位置设有街门，以保证宗族聚落内部的安全性。

此时期，市镇聚落开始大量涌现出来。部分村落由于所在地理位置的便达，以及区域经济条件的变化发展，而开始自发形成临时的集市。临时的集市通常每月有固定的开市日期，如曹宅每旬一、七日为市，傅村为逢三、八日开市。临时的集市周边开始有固定的商铺出现，逐渐形成了长久存在的区域重要市场。村落所落址的地理位置恰好处于区域交通便捷的枢纽地带，是村落之所以能够转化为市镇聚落的原因。

贸易的出现使部分村庄聚落的格局发生转变，原本的明堂地转化为市基广场，原本的边界车马道转变为街市，街市两侧建筑逐渐由原本的民居宅院改建为商业建筑。在鼎盛阶段的商业区已经形成一定规模，商业主街上店铺林立。在贸易空间的外围，另建设有杂姓聚居的居住组团。聚落已超出聚落发展初期的规划范围，并继续向外围平地区域扩张发展。

5.3.4　再发展阶段

义乌江下游流域村镇公共空间的发展过程并不是一帆风顺的，而是充满了坎坷和波澜，经历过天灾人祸的多次洗礼。战争掠夺、政治纷争以及严重的洪水和干旱等自然灾害都会对整座聚落的发展造成严重的打击。因此，聚落的整体样貌也在历史上经历了多次的毁坏和重建。例如，塘雅在太平天国时期遭到战火之灾，许多厅堂被烧毁，整个义乌江下游流域地区

---

① 傅成哲. 东山傅氏大宗祠记[Z]. 万历三十二年岁次甲辰春王正月之吉. //东山傅氏宗谱，2006重修。
② 傅文荣. 山头下沈氏创建宗祠记[M]. 道光五年岁次乙酉. //山头下务本堂沈氏宗谱编纂. 金华傅村山头下务本堂沈氏宗谱[M]. 长春：吉林文史出版社，2013：卷一。
③ 同上。

的社会经济受到较大的破坏,太平军走后,才慢慢迁回。如今所见商业主街的沿街房屋多建于太平天国起义军撤离之后。

可以说,灾祸的出现,对于整个村落是灾难也是机遇,整个村落的公共空间格局发生了重大改变,由于原本建筑的损毁,出现大量新的晒谷场广场空间。由于河道的干涸或改道,河道位置可能被断断续续的水塘空间所取代。义乌江下游流域人民在灾祸之后以顽强的精神继续建造着自己的家园。

现代化背景下,义乌江下游流域的传统聚落经历了一系列新农村美化工程、美丽乡村建设、区域交通工程等大规模的基础设施建设。这些现代化设施极大地改善了居民的日常生活水平,但和原本的历史街区之间出现明显的冲突和矛盾。现代生活还产生了机动车停车需求、村民健身活动需求等更多新兴的公共活动需求。如何平衡历史街区与现代生活,协调历史公共空间与现代公共生活,是义乌江下游流域传统聚落面临的重要课题。

5.4 与周边区域传统聚落公共空间的异同

义乌江流域的传统聚落公共空间所呈现的特征有些与周边地区十分相似,是江南聚落公共空间的共同特征,而源于此地理环境的明显差异。

5.4.1 与义乌江下游流域密切相关的地域渊源

义乌江下游流域地处浙江腹地,与浙江及周边区域均有密切的往来。与此区域密切相关的地域依据方位和所处地理环境差异,主要可分为四个区域,包括浙西徽赣地区、浙北杭绍地区、浙东宁台地区、浙南温闽地区。

浙西徽赣地区是义乌江下游流域关系最为密切的区域。义乌江下游以东的现婺城区、汤溪、兰溪以及再往西南的衢州龙游、徽州、赣州一带,这些地区与义乌江下游流域同在金衢盆地地理空间之内,又有临近主要水路航道的优势,与义乌江下游流域有极深的交流往来。而义乌江下游流域经营百货类的商户多来自徽州、龙游地区。(表5-4-1)

义乌江下游流域地区与周边区域聚落形成环境比较　　　　　　表5-4-1

	与义乌江下游流域联系	区域自然环境异同	社会人文背景异同
义乌江下游流域地区特征	浙中腹地,水路陆路通达四方,山脉阻隔自成一体	地势平坦,土壤肥沃,浙江省最干旱地区,陆路为主	史前上山文化发源地,秦始皇时期开始受汉族统治"汉越杂处",北方移民络绎不绝,战争后方,社会稳定,文献之邦,文化交融
浙西徽赣地区	同在金衢盆地,航路相通,商业往来密切	山地为主,地少人多	衢州军事要地,宋代起商贾文化发达,"十户九商",民乱频繁,形势派风水流派

续表

	与义乌江下游流域联系	区域自然环境异同	社会人文背景异同
浙北杭绍地区	唐代以前政治隶属都城与后方之关系	雨水充沛，水网密集，以舟为车	军事要地，江南都城所在，人口稠密富庶，商业手工业发达
浙东宁台地区	陆路孔道相连，与沿海贸易文化往来	临近东海，水源充沛，水路为主	与海外贸易往来密切，各代受海盗寇患侵扰
浙南温闽地区	百越血脉同源，视蛇为家宅之神，汉化晚于义乌江下游流域	气候炎热，山林繁茂	史前已与金华等地区出现文化分化，汉化较晚，民"喜讼好斗"，理气派风水流派

浙北杭绍地区也与金华地区有着深远的历史联系。义乌江下游流域在唐代以前一直归属会稽郡管辖，与绍兴地区关系密切，至今仍保持着相仿的建筑风格。而杭州曾作为东晋等朝代的都城，金华是当时首都重要的战事后方地区，很多重要的典籍文献在金华地区保管，也促使义乌江流域成为文献兴盛的地区。

浙东宁台地区位于义乌江下游流域东侧，义乌江下游流域向东北过义乌、东阳可与嵊州地区相连，抵达宁波，自武义永康方向，可通过仙居县地区抵达台州区域，与此方向主要以陆路孔道交通相连，有一定的贸易和文化往来。

就浙南温闽地区而言，义乌江下游流域与其交通联系上不及上述三个方向密切，但与福建等地有着原始的血脉原因。义乌江流域与福建地区在新石器时期均是古越人的居住地。义乌江流域的本土民族与温州、福建地区的山越本是同族。文化上渊源的佐证之一是对于"蛇"的崇拜，"闽"字的含义就是认为蛇应当居于家中，是家宅主人的当地生活传统的体现。

义乌江下游流域地区平原广阔，整体地势平坦，土壤肥沃，是仅次于浙北平原的浙江省第二大粮仓，具有得天独厚的地理优势，同时义乌江下游流域所在的金衢盆地东部地区是浙江省最为干旱的地区。这样的地理环境条件与浙江东南内陆平原、浙西松阳盆地、江西地区具有相似之处。而与地少人多的山地为主区域，包括浙西徽州地区，义乌江下游流域以东的义乌东阳地区和以南的武义、永康地区存在明显区别。浙北平原水网密集，以水路为主要交通线路，而且雨水充沛，义乌江下游流域地区因气候干旱，以陆路交通为主，而与宁绍地区为主的浙北水乡平原以及嘉杭湖地区存在明显差别。

社会人文背景方面，义乌江下游流域是史前文明上山文化的发源地，古越人祖先在此繁衍生息。与浙江温州及福建地区的越人有着相同的血脉渊源。而两地越人在史前就已经出现社会文化上的明显分化，衢州地区发现的石室墓与温州地区发现的木构墓的差异是其文化分歧的佐证。[①]另外的差异在于义乌江下游流域地区受汉族同化的年代要早于浙东南及福建地

---

① 陈桥驿. 越族的发展与流散[J]. 东南文化，1989（06）：89-96，130。

域。义乌江下游流域早在秦始皇时期就开始接受汉族统治，并出现北方汉族移民，呈现出汉人与越人杂居的状态。而浙东南的山越分支直到汉武帝时期才开始被汉民族完全征服。浙南及福建地区因与汉民族同化时期较晚，以及区域环境更为封闭等原因，建筑形态上出现自身的特色和风格。

义乌江下游流域地区在历史的大部分时间里一直处于战争的后方位置，使其区域环境和历史发展更加稳定。因此文化发展极为兴盛，自魏晋开始，江南建都的各代南朝将金华地区视为文史资料的保管之地，进一步促使义乌江流域文学、史学的兴旺发达。如明代宋濂所称，"吾婺素号文献之邦，振黄锺之铿锵，剪毛羽之纷蕤者，比比有之。"①金华地区的战争后方优势，使得金华地区与位于军事要地的衢州地区、杭绍地区以及受到寇患侵扰严重的浙东地区均有所差异。

处于浙江腹心位置的地理条件，使义乌江下游流域与周边受山脉阻隔的闭塞地区产生明显差异。义乌江流域的思想文化明显受到杭州、绍兴、徽州、福建等多地共同影响。以吕祖谦等为代表的金华地区哲学思想与徽州地区、浙东地区的各学派有诸多融通之处。义乌江下游流域作为政治稳定、文化交融的浙中区域，与自成一体的楠溪江流域、武义永康山区等地，以及文化具有明显地域特征的太湖流域等地存在明显差异。

义乌江下游流域地区发展滞后的商业也具有独特性，义乌江下游流域的大部分定居宗族以农耕为主业，商业完全由外来人口从事，而且未出现明确的专有市场分化，主要贸易形式以临时性集市为主。明显与宋代开始商业发达的兰溪地区、杭州、绍兴、宁波地区差异明显。同时也与主要以外出从事工商行业的徽州、龙游、义乌、东阳等地聚落在从业背景上有明显差别。

5.4.2　区域传统聚落公共空间的共性

5.4.2.1　农业为本的社会背景

义乌江下游流域地区和整个浙江省以及周边的安徽、江西、福建等省份均在漫长的历史进程里处于以农耕为传统的封建社会背景之下，以水稻为主要食物和经济来源。聚落周边有田可耕，有水可灌，是聚落选址的首要考虑因素。在这样的农耕背景之下，聚落建设与周边农田开垦紧密联系在一起，聚落内部与周边农田以沟渠相通，周边农田的灌溉设施与聚落内部排水、用水合并，统一进行规划与建造。村内主要场地以考虑取水及晾晒为主要用途。

社会文化风尚以农耕和仕途为最优选择。各宗族均有耕读相关的训诫。唯有在人口急剧增加、耕地条件不足的情况下，当地居民才可能被迫选择以工商为业。人多地少的广大徽州地区、衢州龙游地区、义乌地区以商贾为业，金华以东的东阳地区人民普遍从事木雕工艺，

---

① 宋濂. 朱氏家庆图记宋濂全集. 第二册. 杭州：浙江古籍出版社，1999：1248。

金华东南的永康地区以五金铸造为主，都是迫于土地资源的局限性。即使是兰溪这样具有明显优势水路资源的经济发达地区，在明代末期以前也过着"男勤生业，女事妇工，不出闺门，鲜钻穴逾墙之行，务营田宅无声色狗马之好"①的传统生活。

在"以农为本"的大背景下，聚落公共空间的生活空间部分具有明显的农业用途。尤其聚落周边水塘、河溪、沟渠、水堰的建设都以农业灌溉需求为首要考量，在此基础上兼顾聚落内部居民的饮水、洗涤、防火等用途。聚落周边的广场空间以晾晒谷物为主要用途。在聚落落址时期，周边有田可耕，且聚落尽可能不占耕地，是江南村庄聚落普遍考虑的选址因素。

5.4.2.2 宗族聚居的聚落结构

"范文正公之言曰吴中宗族甚众"②宗族聚居是江南区域普遍的聚落结构形式，是基于农业社会背景下的产物。区域大部分聚落主要形成于历史上自北向南的人口迁徙。在江南定居的大多数聚落都以单姓聚居为主，并且宗族传统相近，有修建祠堂、编纂宗谱、每年春秋两次祭祖等重要传统。宗族内有宗族明确的房系分支结构，强调宗族内部同族的和睦关系，重视血缘的凝聚力。"兄弟者吾父母一气之分，族党者吾宗祖一气之分也，则其相依相亲相睦相邮宜有自然之思，固非他人之可比"③。聚落整体公共空间的营建由宗族统一倡导、组织和管理维护。

宗族聚落在发展到一定程度，会有子孙迁居他处，义乌江下游流域很多宗族的祖上均在自北方迁居之后，后世经历了多次迁居而后才抵达义乌江下游流域地区。如金东区山头下村的沈氏宗族"至宋庆元初徙居苏州之阊门，由苏州阊门迁金华孝善里后沈之阳，……咸淳初吕仙指以胜地，转徙义乌双溪之上"④。郑店始祖来自郑州，"自严公卜居于括苍之里三十一世孙有迁金华之长山，有迁浦阳深塘麟溪，虽分迁不一"⑤义乌江下游流域地区很多宗族都与浙江、安徽、江西等地的村落有血缘上的联系。宗族"迁居—定居—发展—析出"的发展模式使浙江等地聚落之间存在千丝万缕的联系和相似的家园文化传承。

5.4.2.3 聚落形态的差异分化

团形村庄聚落与"一"字形的市镇聚落明显的形态差异是江南平原聚落普遍存在的现象。村庄聚落以宗族迁徙定居为发展源头，通常构成紧致聚合的团状形态。而市镇聚落以便捷的贸易集散地为发展源头，通常沿主要交易路径而建设，最终构成"一"字形或放射形的聚落形态。聚落起源的差异是造成聚落形态不同的直接原因，即使在聚落发展后期村庄向市镇的转化或市镇向村庄的转化，其整体聚落形态都依然保持原本的团形或线形形态不变。例如，

① 章懋. 县志序[Z]//成化兰溪县志。
② 王柏. 原谱序[Z]. 宋滘祐甲寅年. 载于《金华含香王氏宗谱》. 民国辛未年续修：卷一。
③ 王柏. 原谱序[Z]. 宋滘祐甲寅年. 载于《金华含香王氏宗谱》. 民国辛未年（1931）续修：卷一。
④ 傅文荣.《山头下沈氏宗谱序》. 清道光五年岁次乙酉桂月中浣之吉//山头下务本堂沈氏宗谱编纂. 金华傅村山头下务本堂沈氏宗谱[M]. 长春：吉林文史出版社. 2013：卷一。
⑤ 郑崇义.《括苍郑氏宗谱旧序》. 龙飞至正元年岁次辛巳. 载于《东溪郑氏宗谱》光绪丁酉统翻。

仙居地区的皤滩村就是典型的市镇聚落，整体为带状，以龙形老街为核心，而浙东的前童村是典型的村庄聚落，由童氏宗族聚居而成，整体呈现出团形。这样的村庄与市镇的差异普遍存在于广大江南地区。

5.4.2.4　集会演戏的娱乐消遣

演戏是义乌江下游流域地区普遍的民众娱乐活动，以调节日复一日单调的日常农耕生活。

演戏耗资巨大，需要动用宗族共同资产或由富族大户出资赞助，因此演戏难得一见，主要集中在节日及庙会等庆典时举行，构成集体相拥观看的热闹景象。也有地区将出资演戏作为一种惩罚措施，用以惩戒犯下过错的族人，以此方式取得众人原谅。义乌江下游流域的金东区蒲塘村也有因禁止伐木填场而演戏的记录"前经撞获业已演戏立禁"[1]"此设席演戏再行加禁"[2]。演戏惩罚在杭州、绍兴一带的宗族中均常见。

因为存在这样的娱乐习俗，演戏地点通常是聚落乃至区域重要的娱乐场所。演戏通常与庙会、宗族祭奠联系在一起，因此具体的戏台建筑在大型聚落中常与宗祠或庙宇结合，位于祠庙建筑的首进院落内，院落的正殿和两厢均为观戏地点。除建在庙宇或祠堂中的戏台以外，还有单独在广场空间上修建戏台或临时搭建戏台的情况。

5.4.2.5　木石为材的建筑传统

中国南部地区，民居建筑普遍为木构架承重结构，外围砖石围合，这是浙江、安徽、江西等地汉族聚落的普遍特征。在工艺传承上，建筑举折相近，结构相仿，外墙装饰风格也趋近一致，给予区域聚落普遍一致的环境印象。马头墙的山墙形式、白色外墙涂料和灰黑色瓦片的应用，以石材工艺为装饰的宅门门框都是区域性相近建筑的传统工艺，使江南各传统聚落产生近似的整体形象。

5.4.3　义乌江下游流域公共空间的特点

5.4.3.1　水源空间的特殊性

义乌江下游流域地区聚落相对周边浙江、安徽、江西等大部分地区的聚落而言，因水环境的差异而产生的空间特质最为明显。义乌江下游流域所在的金衢盆地东段是浙江省最为干旱的盆地区域，地表水文以溪流和块状水体为主，仅有义乌江以及慈航溪、东溪等极少溪流可通船只和木筏，水路航道极为有限，且溪流密集程度也远不及兰溪、汤溪等紧邻的周边地区。

因此，义乌江下游流域地区的传统聚落相对于其北部的嘉杭湖地区以及宁绍地区的聚落而言，在传统交通方式上就存在明显的差异。嘉杭湖及宁绍地区，运河河道纵横交错，为区

---

① 立议禁约[Z]//蒲塘凤林王氏宗谱，2013年增订。
② 同上。

域主要交通方式，村镇建筑临水而建，通达的运河构成聚落的主要骨架。在村内居中的街河或市河两侧，又有人为开凿的多条河浚，构成家家枕水而居的水乡景致。村内拱桥林立，构成水陆交通的交错枢纽和聚落内的关键节点。沿河路径上埠头频见，是多处停船登岸以及取水浣洗使用的功能性构筑物。而义乌江下游流域地区整体以陆路交通为主。聚落选址于高地之上，河道或溪流并不是聚落组成的必要内容。而居住区域内涉及溪流的部分聚落中，河溪也仅作为聚落的边界或分界性景观而存在。在洪村、低田村、让河村、横店村等作为义乌江岸上商埠性质的聚落中，聚落形态也仅与水道保持平行的关系，有一处或几处埠头与村内主路垂直相连通。义乌江下游流域的聚落内部小巷空间均狭长紧致，与以水为中心轴线景观的浙北苏南区域的水乡聚落具有视觉上的明显分别。

对比周边同在内陆平原地区的浙东台州、宁海，浙南永嘉、浙西兰溪汤溪、衢州地区以及江西、安徽等地的传统聚落，因义乌江下游流域地区水流稀少而在巷弄空间形态上存在差异。义乌江下游流域聚落内部的水渠极少，多为周边环绕形式，部分聚落内部仅有一条或两条水渠贯穿整座聚落，例如郑店村、曹宅村。而其他地区传统聚落，因为水环境的差别，有着生活必需的排洪灌溉考量，都建有更为复杂的村内碶渠系统。大量碶渠的存在拓宽了街巷空间尺度，使空间形态上与义乌江下游流域聚落形成明显差异。虽然周边区域聚落建筑的高度通常没有明显差别，均以二层民居建筑为主要传统建筑形式，巷弄尺度也基本一致，但加上宽水渠之后，空间尺度上就出现了明显的区别。义乌江下游流域地区聚落内部巷弄明显更加狭长深邃。（图5-4-1）

水塘空间的存在是义乌江下游流域所在浙西内地聚落与浙东水源充沛地区聚落的差异。水塘是内陆平原地区常见的蓄水灌溉水利设施，并非义乌江下游流域独有，广泛存在于金衢平原以及杭州南部、绍兴南部、安徽、江西地区。《光绪金华县志》记载："宋淳熙间州守洪迈言金华田土多沙，势不受水，五日不雨则旱，县丞江士龙令耕者出里田主出穀修筑官私塘

图5-4-1　义乌江下游流域地区少见的传统聚落滨水景观
（左图：浙北及太湖流域运河景观，右图浙东等地的宽碶渠景观）

堰湖陂八百三十七所，溉田二千余顷，岁赖以登"①。可见，水塘是为适应内陆干旱气候，解决"田土多沙，势不受水，五日不雨则旱"的问题，实现农田灌溉所合力开凿的水利设施。在浙东的宁波、台州市域范围内的传统聚落，水系以碶渠为主体内容，因碶渠及溪流分布广泛，水塘并不是聚落内取水所必需的水源地，水塘或湖泊主要分布于田野郊外，通常与村落保持一定距离，邻近聚落的水塘也主要供农田使用，少见义乌江流域聚落与水塘相依而生的景象。

水井是义乌江下游流域常用的饮用水取水之地，构成了其传统聚落内部的多处点状公共节点空间。《金华县志》开篇讲金华县"闾井骈阗"也是此区域的主要水利特点。义乌江下游流域地区干旱，地下水层所在位置较深，水井以深凿的竖直井口为主。孝顺等地发现的古井遗址也多为此竖直井口形式。而义乌江下游流域以北的绍兴市嵊州市区域、金华以东的台州市仙居县区域，因水源更充沛，地下水层较浅，而有较多台阶下井形式的水井存在。台阶下井所占空间面积更大，能同时满足多人取水使用，构成聚落内部多处开放式的公共空间节点。而温州市永嘉县楠溪江流域的传统聚落，由于地处环境水源充沛，村民以渠水和水塘过滤水作为主要饮用水源，岩头村、苍坡村等村内极少见水井，岩头村更有将村落形态附会为一艘大船，因此严禁村内打井，以防船底漏水的民间说法。为保证饮用水源洁净，楠溪江聚落所在宗族严格规定了取水饮用的时间段，仅限清晨取水饮用，午后渠水方可用作洗衣使用。各地饮用水资源的差异以及水源使用习俗的差异对于取水节点空间形态具有直接的影响。义乌江下游流域聚落中水井空间作为聚落中特征并不鲜明的小型公共节点，是义乌江下游流域地区水文环境与用水传统习俗的集中体现。（图5-4-2）

图5-4-2 义乌江下游流域与周边地区常见水井空间对比
（左图为义乌江下游流域常见直取井，右图为绍兴、台州等地常见台阶下井）

---

① （清）吴县钱等. 光绪金华县志[Z]. 清光绪二十年修 民国四年（1915）. 民国二十三年（1934）重印版：卷三水利。

5.4.3.2 土地资源的优越性

义乌江下游流域地区拥有丰富的土地资源。和我国大部分地区一样，传统聚落空间形态及分布主要建构在源远流长的农耕文明之上。各地在固定聚落形成之初均以农业耕作作为基本的生活来源，在此基础上，构成男子耕读为主业，女子居家从事纺织的基本社会分工。但随着人口的逐渐扩张，义乌江下游流域周边其他区域逐渐显示出人多地少、耕地不足、土壤贫瘠的根本矛盾，人民被迫外出从事经商、务工等其他生计，唯有土地资源充沛的地区尚能始终维持力本务农的上古传统生活方式。义乌江下游流域地区就是这样民风古朴"俗耕织"的保持者。优质的土地资源一方面使义乌江下游流域地区始终保持原始的农耕传统，另一方面也限制了地区工商业的进一步发展。在经济层面上与其他商贾为业，市场经济发达，与其他地区拉开了距离。

义乌江下游流域地区土地资源的优越性主要在三个方面促成传统聚落的特质性，包括宗族聚落理想化的规则布局、宗族聚落质朴无华的建造风格以及商业与居住完全割裂的聚落分区。

首先，义乌江下游流域充沛平坦的土地资源，为聚落规整理想化的布局提供了可能。义乌江下游流域的传统聚落，尤其是村庄聚落通常有着规整的布局，巷弄通直，规划有明堂地广场，整个聚落符合形势派风水理念，显得平展而整齐。对比浙江省内其他保存较完好的传统聚落如杭州富阳的龙门村和金华永康的芝英镇，可以明显看出义乌江下游流域传统聚落有着更加规整的平面布局形态。

其次，义乌江下游流域力本轻商的风俗间接导致此地定居宗族财力都相对贫乏，不及普遍以经商为业的安徽、江西，以及金华市域范围内义乌江下游流域紧邻的东阳、义乌、永康地区。聚落整体呈现出古朴无华的建造风格。没有徽州等地区布局精巧的水口园林，极少出现类似太湖流域的大型私家园林。义乌江下游流域传统聚落中各姓氏通常仅建有一座宗祠，极少显赫巨族另建有2～3处分祠，但极少出现永康芝英和徽州所见的10座以上分祠林立的情况。

最后，义乌江下游流域地区重农抑商的传统观念将该地区的村庄聚落和市镇聚落明显分割开来。市镇完全由外来人口驻店经营，并在街市临近位置建立自家居住的房屋。这一部分房屋对于义乌江下游流域原本定居聚落而言，是完全不相干扰、不相往来的割裂空间。而在温州永嘉一带的楠溪江流域、浙东宁波市宁海县区域，集市的开设都直接与当地农耕宗族相关。街市通常都是在宗族的允许和倡导下规划建立而成。义乌江下游流域集市的自发性发展一方面构成了市镇聚落与村庄聚落完全不同的形态和风格，另一方面也变相促进了义乌江下游流域与周边区域文化和工艺的交流与流通。

5.4.3.3 风水流派的差异性

江西与福建是形势派与理气派两大主要风水流派的发源地。义乌江下游流域传统聚落的选址与整体形态明显受到江西形式派风水理论的影响，与受福建风水理气派风水观念影响的浙江温州一带传统聚落存在明显差异。

义乌江下游流域地区常见的整座聚落半环抱的明堂地空间，是形势派风水讲究的重要环境要素之一。义乌江下游流域聚落在此风水观念影响下，宗族聚落多有着相似的"凹"字形基本形态。形势派风水理论详述各类山势、水体的具体形态对于"穴"的影响与差异，将水分为江海、湖泽、水塘、沟渠等。义乌江下游流域聚落布局深受形势派风水观念的影响，整体布局上，讲求前方明堂地的平整，整体山水的环抱围合，内部道路平直规整。

楠溪江一带的聚落在不同的风水源流影响下，衍生出截然不同的聚落形态。聚落讲究周边山峰的方位，强调聚落形态的象形性，岩头古村被附会为一艘大船，村内三条平行小巷被看作射向远方巨蟒状山峦的震慑之物。苍坡村方整的布局有文房四宝的象征意义。

两流派风水理论有大量共通之处，主要集中于选址上的背山负水、龙脉走势与集结、十字路口等方面。而中国广阔的长江以南区域传统宗族聚落在此方面有着相似的选址理念，以及内部丁字路交错的基本形式。基本构成江西形式派风水与福建的风水观念差异直接造就了所在区域聚落整体形态上的差异。

5.4.3.4 公共生活的统一性

公共生活的统一性造成义乌江下游流域聚落具有大尺度明堂水塘空间和弱防御性边界的根源，也形成了义乌江流域地区和安徽、江西一带聚落与浙东宁波、台州、温州以及永康地区聚落公共空间的根本差别。

以农耕生活为基础的生活聚落除外出农田中耕作和在室内起居吃饭以外，还有着取水、晾晒两项基本生活需求。义乌江流域地区及其西部的兰溪、汤溪等地区，民居内部天井空间极小，仅能满足最基本的采光与通风需求。取水与晾晒活动均在居住地外围的水塘与大明堂地进行。开设有多处埠头的水塘与极为宽大开敞的明堂地构成了义乌江流域聚落最具特色的公共活动空间。而在包括永康、东阳在内的浙东地区，民居建筑内院宽敞开阔。晾晒活动在所居住的院落内部即可完成。而浙东地区水源充沛，聚落内部通常砕渠蜿蜒环绕，具有多个小型浣洗地点，少见大型统一的公用水塘式用水空间。因而，从日常生活上就将聚落居民划分为多个小家庭，少有义乌江下游流域类似的日常集体交流机会。

在娱乐生活上，义乌江下游流域崇尚多村联合进行的郊野活动。上层士族阶层喜好结伴登山郊游。劳动人民以斗牛、赌博为主要嗜好。邻近义乌江边的村落有共同举行的赛龙舟等竞赛活动。一年多次的庙会以及节日庆典举办于宗族聚落之外的山林寺院或固定集市处。崇尚此类庆典活动的义乌江下游流域居民一年中有众多与邻近村共同交流活动的机会。因此，义乌江下游流域地区村与村之间相处得更加融洽，虽然也有关于林产、土地的争执事件，但相对缺少大型公共日常活动，庆典娱乐活动仅限于本村之内的广大浙东地区，明显着有更加和睦的邻里关系。

公共生活的一致性在边界空间上有着明确的体现。义乌江下游流域聚落边界以高墙与街门作为分界。极少有寨墙、碉堡一类军事性质的防御措施，与浙东沿海地带的塞堡型聚落以及温州永嘉楠溪江流域聚落的围墙壕沟有着明显差别。温州地区的楠溪江流域多座聚落外围设有寨墙，并引水挖掘壕沟，构成村外森严的防御形态。大量邻村不睦的历史故事与义乌江下游流域地区喜好集体娱乐活动，宗谱告诫和睦乡里的传统理念存在巨大差别。

义乌江下游流域的街门与高墙以外空间又具有明显的可拓展性。随着宗族的发展壮大，原本的聚落外侧可继续加建民居建筑，原本的街门在发展中逐渐演变为聚落内部的分区性质门户。而具有寨墙、壕沟的塞堡式聚落明显没有相近的扩张优势，通常宗族发展到一定阶段，村内人口过多，后代将不得不搬迁离开本村，另立门户。除防御森严的楠溪江流域聚落之外，浙东大部分地区聚落也有此类局限性。例如浙东宁海的前童村，建设在两山两水之间。虽无外围寨墙，但有自然山水构成的天然屏障。这样的山水边界使前童村处于与外界相对隔绝的状态，同时阻碍了前童村继续向外的发展壮大。

5.4.3.5　宗族财力的局限性

义乌江下游流域地区各宗族崇尚力本务农，有着根深蒂固的重农抑商思想，在此传统思想下义乌江下游流域地区保持了淳朴的农耕风俗，也因此使义乌江下游流域各宗族财力相对明显弱于其他以工商为业的地区宗族。徽州精致的水口园林、高效的水利建设，永康林立的房祠支祠、宁绍杭地区的私家园林都是当地大宗族财力的体现。

相对而言，义乌江下游流域显得朴实无华，多数村落宗祠仅有一座，而苦于重建维护中的资金缺乏。义乌江下游流域很多聚落的宗谱中都记录了聚落宗祠及基础设施建设过程中因为财力不足而出现的困境。如山头下村在太平天国战乱之后，对于祠堂的重建工事因资金缺乏，而仅修复寝殿，"咸以正厅未造，为恨不得已而售田数石之价二百千零而正厅又告竣焉"[1]变卖族产土地才得以完成整体宗祠的修建。蒲塘王氏为修建水口，而将族产鱼苗的所有权转给私人："众处恳得王永祀户捐出作常又费毂百余担……吾族无以为报，愿将下青塘鱼尾归于伊房蓄养"[2]。《畈田蒋宗谱》也写道："蒋族地毗潜溪，风淳朴素，文物有式殷实无多，故祠中之公币恒少矣，助常之祀产无多也"为重修水塘工程，取消冬季的演戏活动，得以节省资金，修塘使用。"每年夏冬二次神戏，冗费过滥，议停冬戏一次，逮停四年，每房挨次出钱二十四两，共成玖拾陆两，又挨兜丁谷，每丁六斤，共成贰仟伍佰口，有零均存祠中生息，于道光二年先行堤筑塘垡，分派田亩出钱运石"[3]傅村的东山傅氏家族，属于义乌江下游流域东北的名门望族，也在宗谱义田记中称"祠弊有二，一曰公租不足，一曰公币弛遁"[4]。义乌江下游流域地区宗族财力困乏的特点，使此地区的传统聚落公共空间展现出无华的风格，与富庶的徽州、杭绍、永康等地工艺精美的构筑物和林立的祠堂建设拉开了明显距离。

① 王大成.《沈氏重建宗祠记》. 大清光绪二年岁在丙子中澣之吉. 载于：山头下务本堂沈氏宗谱编纂. 金华傅村山头下务本堂沈氏宗谱[M]. 长春：吉林文史出版社，2013。
②《议约》崇祯九年十月. 载于《蒲塘凤林王氏宗谱》. 2013年增订：卷首。
③ 吴宪煜.《备录勤劳实迹叙》. 大清道光五年岁次乙酉冬月中澣之吉. 载于《畈田蒋氏宗谱》. 2009重修。
④ 傅氏宗谱义田记[Z]//东山傅氏宗谱，2006重修：卷二文集。

5.5   本章小结

义乌江下游流域传统聚落公共空间的总体特征可以概括分解为五类功能类型、四层级与四发展阶段。针对本流域明清至民国时期成熟的传统聚落公共空间体系而言，依据功能可划分为交通空间、生活空间、贸易空间、仪式空间、娱乐空间五类。其公共空间体系能够以历史上当地民众的居住宅地为中心，为邻里、宗族、近郊、远郊四个层级。公共空间的演化可以依据聚落的建成发展分解为定居、发展、鼎盛、再发展四个演化阶段。

义乌江下游流域地区与周边地区的传统聚落公共空间既存在共性又有明显差异。与此区域关系密切的地区主要包括浙西徽赣地区、浙北杭绍地区、浙东宁台地区、浙南温闽地区。义乌江下游流域与周边区域传统聚落公共空间的共性主要包括农业为本的社会背景、宗族聚居的聚落结构、村庄聚落和市镇聚落聚落形态的分化、相近信仰、聚会演戏的娱乐消遣活动以及为木石为主要材料的建造传统。义乌江下游流域传统聚落公共空间的特殊性主要在于水源空间的特殊性、土地资源的优越性、风水流派的差异性、公共生活的统一性以及宗族财力的局限性。在与周边地区的对比中，可以看出义乌江下游流域的传统聚落及其公共空间与周边地域渊源深远，但也具有与众不同的典型特征。

第 6 章

义乌江下游流域传统聚落
公共空间的组成部分

　　按上文所述，依据公共空间中传统使用功能的不同，可将义乌江下游流域传统聚落
公共空间划分为交通空间、生活空间、贸易空间、仪式空间、娱乐空间五类。在此将对
于本地区各类功能公共空间的具体特征进行详细且深入的解读，并从更微观层面描述当
地聚落公共空间的构成界面及组成要素。

6.1　交通空间

　　义乌江下游流域传统聚落的交通空间由巷弄、车马道、聚落出入口、宅门四部分构成。
其中，巷弄和车马道构成了全村的基本骨架，是典型的线性公共空间。聚落出入口和宅门是
聚落内外之间、内部巷弄与宅院之间的过渡性点状空间。

6.1.1　巷弄

　　巷弄是义乌江下游流域传统聚落内部的主体脉络和骨架，满足日常通行需求的同时，也
是传统聚落最基本的线性景观。

6.1.1.1　巷弄功能
　　巷弄主要具有通行、休憩和排水的功能。

　　（1）通行

　　通行是巷弄的最重要功能。作为街巷交通的重要组成部分，巷弄担任着民居建筑与外界
连接以及村内通行的重要任务。巷弄构成的网络体系能够满足村内居民基本的出行需求，村
民从事的外出劳作、生活取水、集会等活动都需要以离开各家宅院抵达指定场所为前提。同
时，巷弄使村内各户人家彼此间相连通，使其各户彼此之间能够互相到访，是村内必要的交
通网络体系。

　　巷弄空间几乎全部以步行交通为用途，巷弄与主要的车马道相连通，但最宽一级的巷弄
宽度通常为3米以内，无法满足车马的通行要求；次级巷弄宽度在2米以内，最窄可达0.8米，
有些路段仅能供一人通行。义乌江下游流域的巷弄沿途通常以台阶踏步解决地形所产生的高
差，步街门处可能设有门槛，都是进一步对于步行的限定。

　　（2）休憩

　　巷弄兼有休息停留的功能。部分民居门前会沿巷弄设置条形石凳，供休息乘凉使用。巷
弄空间狭长，且两侧侧立面高耸，因此巷弄空间通常较宅院内更加凉爽。在全年多数时间炎
热、暴晒的义乌江下游流域地区是十分宝贵的纳凉所在。尤其巷弄交错路口、聚落出入口、
过街楼下门廊位置，是最为普遍的休息停留地点。此类地点通常极为阴凉通风，是纳凉歇脚
的极佳场所，而且由于位于交通较为频繁的地段，也有更多机会进行交流聊天。例如山头下

村，连通村外的每座街门内部，都设有条石坐凳，石凳所设位置通常恰好处于高大民居宅院投射的阴影之下，凉爽通风，常见有居民在这样的巷弄空间中休息纳凉或低头做维持生计的小型手工艺产品。（图6-1-1）

（3）排水

巷弄空间同时还担任着当地聚落中的排水网络功能系统。义乌江下游流域年降雨量差异巨大，雨季有暴雨、洪涝等自然威胁，加上村内植被极少，地基修建以石材为主，排水泄洪压力巨大。巷弄肩负着村内排污及雨水泄洪的重要任务。民居等建筑屋顶汇集的雨水一部分直接流入巷弄排水沟，另一部分汇入宅院天井，再排出至巷弄排水沟，一同排出至村旁水塘或河溪。

图6-1-1 山头下休息石凳分布及实景

图6-1-2　巷弄排水沟

　　义乌江下游流域巷弄的排水方式以明沟为主。明沟排水渠设于巷弄一侧，宽度约20厘米，深度30厘米以上，整座聚落内部巷弄彼此相连通成网络，因而巷弄一侧的排水沟也随之构成了完善通达的排水网络系统。（图6-1-2）

　　6.1.1.2　巷弄平面形态

　　义乌江下游流域巷弄的平面形态以二级回路、"丁"字形相交、巷段通直为其最主要的特点。

　　（1）二级回路

　　义乌江下游流域多数传统聚落中巷弄呈现明确的二级回路形态。一级回路与村外围的车行街道相连通，构建出村内的主要交通网络。一级回路巷弄路面宽度通常在2～2.5米范围之内。在一级回路巷弄的基础上，延伸出二级回路巷弄，伸向村内其他区域。二级回路的路面宽度在1～2.1米范围之内，1.5米、1.2米、1米是常见的路面宽度数值。（图6-1-3）

　　巷弄宽度的差异主要取决于道路交通通行流量和所在区域民居建筑间隔空间的需求程度。一级回路巷弄通常宽度一致，满足村内的主要交通需求，并衔接沿路民居建筑的门户。二级回路巷弄宽度差异较为明显，宏伟大宅周边的巷弄通常宽度在2米以上，而低矮小型民居周边入户巷弄通常仅有1米宽。

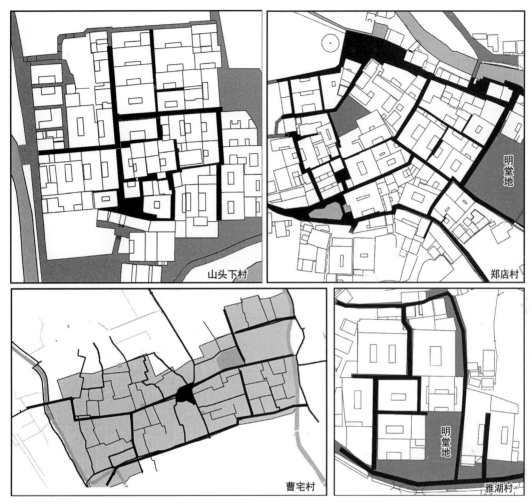

图6-1-3　义乌江下游流域部分传统聚落巷弄平面图

二级回路的形式普遍见于义乌江下游流域各聚落中，即使是规模较小的村落中，也可从平面图中辨识出明显的巷弄回路的层级区分。如雅湖村，有通天弄堂与村南侧的车马道相连通，直接通达雅湖村内最主要的几座大宅，其他巷弄均可视为二级回路贯通其他宅院与明堂地空间。具有街市的大型聚落，如曹宅、澧浦、孝顺、傅村等，内部街巷层级也通常仅有两级。中央街市连同几条主要纵向通路构成村内的主要交通系统，二级回路在此基础上有小巷连通村内民宅，部分巷弄担负横穿区块的通行任务，但整体并不通直，均有一定折拐，巷弄宽度与尽端式入户路径并无明显区别。

（2）"丁"字形相交

"丁"字形相交是义乌江下游流域巷弄平面形态的一大特点。村内大部分街巷的交点均为丁字路口。义乌江下游流域传统村镇聚落在规划布局之初就尽量避免出现十字形的通路。从

表6-1-1统计中可以看到，整体巷弄空间保存较为完好的7座村落中，各村"丁"字形路口数量所占比例均在67%以上。丁字路口的数量是四岔路口和"L"形路口数量之和的两倍以上。

四岔路口的情况，通常至少有一个方向巷弄彼此岔开，避免正十字形路口的出现，构成近似两个"丁"字形路口巷组合的形式。是平面呈正十字形式的情况，在"十"字形的一侧或两侧会设置街门，以起到掩挡的作用，使得路口在空间视觉效果上仍为"丁"字形或"L"形的形态。（表6-1-1）

义乌江下游流域部分传统聚落内巷弄拐点形式统计　　　　　表 6-1-1

	山头下村	郑店村	横店村	澧浦村	雅湖东区	曹宅村	孝顺村
四岔路口	2	2	1	4	0	6	5
丁字路口	13	19	16	27	5	38	42
"L"形路口	2	6	2	7	1	12	14
"丁"字路口占比	76.5%	70.4%	84.2%	71.1%	83.3%	67.9%	68.9%

巷弄之间不断的"丁"字形相交，也使得每段巷弄两端都有民居院墙作为端点，无法直接望穿整座村落，符合"藏风聚气"的风水观。例如锁园南部区域（图6-1-4），传统巷弄空间保存得非常完好，此区域中有"丁"字形拐点12个，有"L"形拐点3处，四岔路口3处，其中有两处"丁"字形拐点位置一侧设有过街楼。巷弄整体通直、狭长，但各巷均不完全贯通整座村落，在各拐点位置交错相连。出现的四处岔路口其中一处南北方向上两巷相距达7米，可视为两个距离较近的丁字路口并置。另一处位于怀德堂西南角，东西向巷弄彼此错开。唯有怀德堂与务本堂之间的路口成几乎正十字形状，但南北方向巷弄务本堂巷仅作连通怀德堂、务本堂、十八祠堂楼三处大宅的入户道路，仅东西方向为通行交通，仍不违背"藏风聚气"的原则。（图6-1-5）

（3）巷段通直

巷段通直是义乌江下游流域传统聚落巷弄的另一个显著特点。

本书统计出义乌江下游流域巷弄空间保存最为完好的12座传统村镇中巷弄宽度和长度数据，包括雅湖、山头下、畈田蒋、曹宅、横店、下吴、澧浦、蒲塘、郑店、锁园、仙桥、孝顺。据统计数据显示，义乌江下游流域聚落有78.9%的巷弄长度在20米以上。通直的路段长度主要集中于20～40米的长度区间范围之内，占义乌江下游流域巷弄总数的44.2%。长度在20米以下巷弄数量占总数的21.9%。40～80米长度的巷弄61条，占总数的29%。有80米以上的巷弄11条。每座村落都至少有3条以上街巷长度在40米以上。（图6-1-6、图6-1-7）

巷弄通直是义乌江下游流域村镇中区别于其他地区村镇的显著特征之一。巷弄通直主要源于两方面。原因之一是义乌江下游流域地势平坦，因而为村落规整的建筑布局提供了有

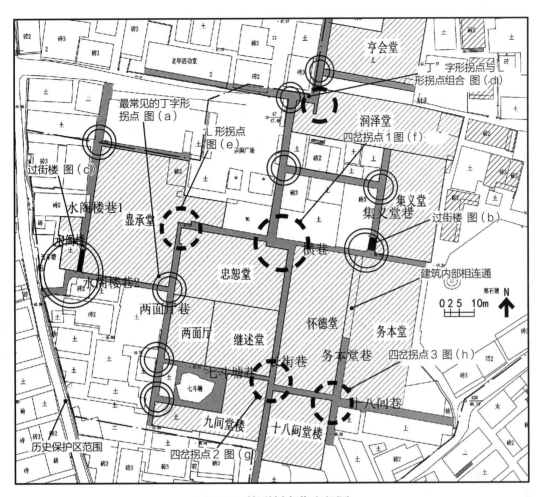

图6-1-4 锁园村南部巷弄平面图

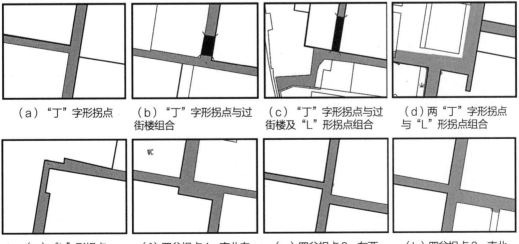

（a）"丁"字形拐点　（b）"丁"字形拐点与过　（c）"丁"字形拐点与过　（d）两"丁"字形拐点
　　　　　　　　　　　街楼组合　　　　　　街楼及"L"形拐点组合　　与"L"形拐点组合

（e）"L"形拐点　（f）四岔拐点1，南北向　（g）四岔拐点2，东西　（h）四岔拐点3，南北
　　　　　　　　　两巷相距7米　　　　　向两路相错开　　　　　向仅为入户通路

图6-1-5 锁园村巷弄拐点模式

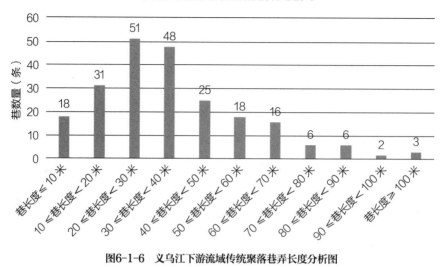

图6-1-6   义乌江下游流域传统聚落巷弄长度分析图

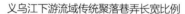

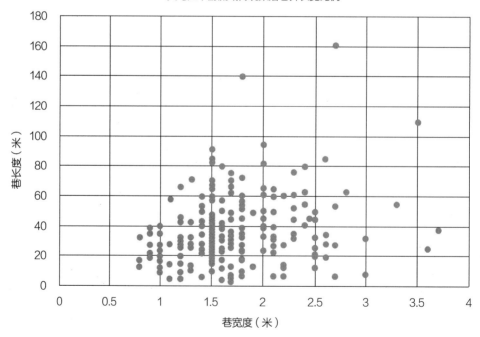

图6-1-7   义乌江下游流域传统聚落巷弄长度与宽度关系分析图（涉及传统聚落12个）

利条件，即使位于稍有地形起伏的丘陵地带的聚落，也尽量依山就势地将村落设为规整的矩形，例如山头下村的地形处理方式，南北向主路用台阶解决高差，东西向道路平行于等高线设置，主路通直，且长度在50米以上。蒲塘、郑店的部分区域为满足地形需求，在整体轴线上有所偏侧，但仍能看出各条巷弄通直的形态。蒲塘尚存保存完好巷弄空间中，有66.7%的巷弄长度在20～50米之间。郑店仅有三条巷弄长度在10米以下，作为次级巷弄的折拐存在，随周边建筑外墙而折拐。郑店村主体巷弄长度均在20～60米之间，其中巷弄在20～40米之间的共有11条，占整体郑店村巷弄数目的57.9%。

　　原因之二是，义乌江下游流域的巷弄空间由民居建筑外墙围合限定而出，建筑的统一规划布置，也使得巷弄呈现出通直的形态。义乌江下游流域传统村庄聚落大多是宗族聚居的单姓血亲氏族的定居场所，氏族始祖在迁居之初便对于村落的整体布局有过仔细的考量，符合当地的传统风俗习惯和风水理论。之后建筑的逐步建造都遵照最初的框架进行，因而使得传统民居建筑布局统一规整，街巷空间通直。尤其村内的主要巷弄都笔直无折拐，长度通常在50米以上，部分村落的主路长度可达80米以上，形成狭长而视线通透的空间效果。不过通常主巷弄并不完全贯穿于整座村落，主路彼此相交错，构成"丁"字形，以满足村内的交通需求。视线上无法从村落一端的入口看到村落另一端的出口，仅有部分二级回路小巷存在20米以内的短距离折拐，增加了巷弄的复杂程度。

6.1.1.3　巷弄空间特点

　　义乌江下游流域普遍的巷弄空间形态共有六类模式，通常取决于限定巷弄空间的建筑界面高度，包括：两侧均为二层建筑的模式A（此模式最为常见），一侧一层建筑、另一侧二层的模式B，受地形影响的模式C，狭窄小巷模式D，两侧均为一侧建筑的模式E，过街楼位置的模式F。（图6-1-8、图6-1-9）

　　模式A为一级巷弄两侧均由二层民居建筑外墙围合而成，是义乌江下游流域最为常见的巷弄空间模式。空间D/H比例1/4～1/3。道路宽度1.8～2.5米，两侧界面高度通常在6米左右，依据两侧民居建造的规模财力而稍有区别。低矮的小型民居外墙高度通常仅有5米或5.5米，而富庶人家的大宅外墙高度可达6.5米以上。空间具有强烈的围合感。两侧墙体高耸，无法观测到上方屋顶的变化。墙顶部马头墙等装饰性变化是空间层次的重要来源。在模式A的空间中，视线主要向前方聚焦，但也可察觉到两侧墙面上的门窗等装饰变化。

　　模式B为巷弄一侧为二层民居，另一侧为一层建筑的情况，空间D/H比例1/3～1。空间不及模式A封闭，呈现半围合的空间效果，将人视线引向一层建筑上方的天空。不同于模式A的一大特点是一层一侧可看出坡屋顶的檐口变化。在模式B的空间中更容易察觉到一层一侧的门窗变化。此模式多出现在大宅与辅助用房之间的路径上。一层建筑为大型宅院的厨房、仓储及仆人居住用房屋，和另一侧的高大民居构成鲜明对比。

　　模式C为巷弄位于高差变化位置的情况，分为C1与C2两种模式。C1模式的巷弄一侧建筑建于高层台地上，空间形式与模式A相近，但一侧界面更加高耸，界面上的开窗均在视线以上位置，可注意到此侧界面下方的挡土墙基础部分。C2模式为一侧建筑建于高差台地，而另一侧建筑建于更低一层台地的情况。此模式的一侧界面高耸，而另一侧界面仅由建筑的二层及一层上部空间构成。整体空间*D/H*为1/3～1/2，空间感受与模式B相近。模式C存在于坐落于

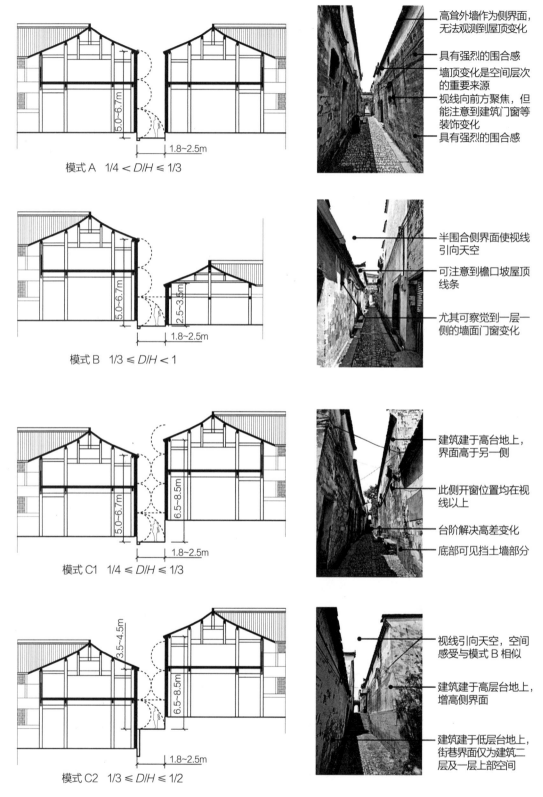

图6-1-8　义乌江下游流域巷弄空间模式剖面示意图及实景1

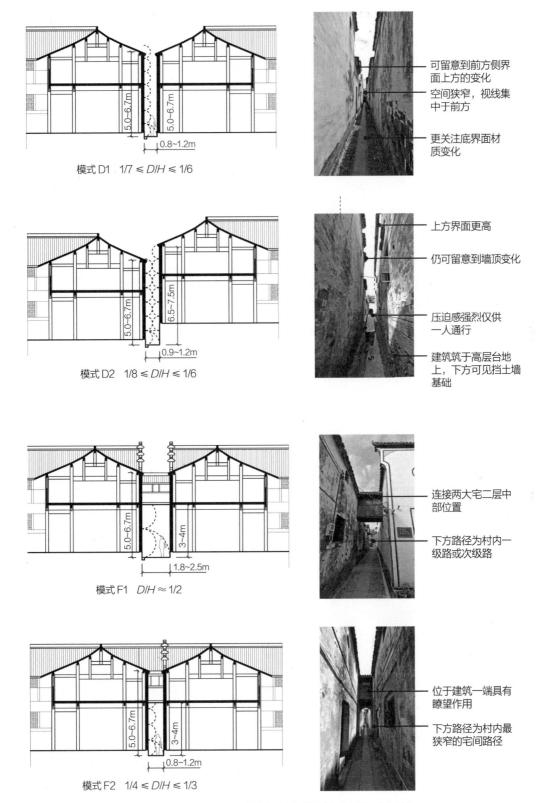

模式 D1 1/7 ≤ *D*/*H* ≤ 1/6

可留意到前方侧界
面上方的变化

空间狭窄，视线集
中于前方

更关注底界面材
质变化

模式 D2 1/8 ≤ *D*/*H* ≤ 1/6

上方界面更高

仍可留意到墙顶变化

压迫感强烈仅供
一人通行

建筑筑于高层台地
上，下方可见挡土墙
基础

模式 F1 *D*/*H* ≈ 1/2

连接两大宅二层中
部位置

下方路径为村内一
级路或次级路

模式 F2 1/4 ≤ *D*/*H* ≤ 1/3

位于建筑一端具有
瞭望作用

下方路径为村内最
狭窄的宅间路径

图6-1-9 义乌江下游流域巷弄空间模式剖面示意图及实景2

丘陵地带的村落中，傅村、山头下、蒲塘、郑店、岭下几处村落均出现此类模式。

模式D为次级狭窄巷弄模式。巷弄宽度仅为0.8～1.2米，仅供一人通行，空间D/H比例小于1/6，具有强烈的压迫感。D1模式为常见的位于义乌江下游流域平坦地区的情况，D2为存在高差的村落中，一侧建筑建于高台上的情况，空间更加紧缩，一侧建筑因台地影响而具有较D1模式更加高耸的侧界面。在模式D中，虽然整体空间为更加狭长的廊道形式，但人的视线反而更关注于脚下底界面的质感变化，两侧墙面材质的感受因为距离极近的缘故也更有切身感受。

模式E为巷两侧均为一层建筑的情况，通常义乌江下游流域聚落中一层建筑与二层建筑间隔出现，因此一侧一层另一侧二层的模式B更加普遍。模式E整体D/H比例在1/2左右，尺度亲切轻松，没有常见模式A、B或D中出现的封闭感和压迫感。侧界面多由低矮简陋的贫穷民居或大宅的辅助用房构成，因而界面装饰和材质都更为简单粗犷。在前方可以观察到两侧坡屋顶的线条变化。模式E在村落中在模式A与D之间间歇出现，构成了空间感受上的骤然变化。

6.1.1.4　巷弄拐点空间

义乌江下游流域传统聚落的拐点空间主要有"丁"字形路口、"L"形路口、四岔路口三种情况，其中"丁"字形路口最为常见。

"L"形路口由相毗邻的民居建筑相夹构成，通常所在巷弄上有两个或三个"L"形路口连续出现，之间间隔不超过30米。"L"形路口出现在二级路径上，巷弄宽度通常在1～1.8米之间。"L"形路口具有明确的导向性，拐点位置迫使行人依原有路径行进但不断变换方向，具有迷宫式的空间感受。"L"形路口的存在增加了村落二级路径的复杂程度，使得村落巷弄形成主路视线通透、小巷迂回曲折的空间效果。极窄的"L"形或"丁"字形路口位置（路径宽度小于1），为便于通行，"L"形内侧的建筑拐角会处理为弧线形，使得折拐空间呈现三角形。

"丁"字形路口是义乌江下游流域巷弄最为普遍的道路交会形式。义乌江下游流域各村落85%以上的巷弄交会点均为"丁"字形相交。丁字路口空间的特点是直行其中无法观测到岔路位置，直到近前才忽然显露出另一条通道，给人意外惊喜之感。如图6-1-10所示，丁字路口仅有中央三角区域才有三个方向通达的视线。

义乌江下游流域也有四岔路口的情况。多数情况下，整个路口至少有一个方向上的道路彼此错开（图6-1-10）。一种情况是形成两个"丁"字形路口相邻较近的空间形式，中央的路径上视线仍保持通透。另一种情况是彼此垂直的两个方向上的巷弄均错开一定距离，构成风车状的空间。此种情况中央拐点空间面积更大，但各方向均以拐点作为视线的终点，构成拐点的周边建筑外墙为各方向巷弄的视线焦点位置，共同构成了拐点所在的风车状空间。

平面为正"十"字形的路口通常都会组合街门或过街楼，或解决高差的阶梯，使路口空间构成"丁"字形加另一条通路的空间。如山头下村东门街中段出现的十字路口，南侧路径端点设街门，并以向下阶梯的形式连接下方台地平台。受此街门和阶梯的影响，使得路口整体空间仍呈现为"丁"字形。山头下村西门街与北门街交会之处，用两座街门予以分隔

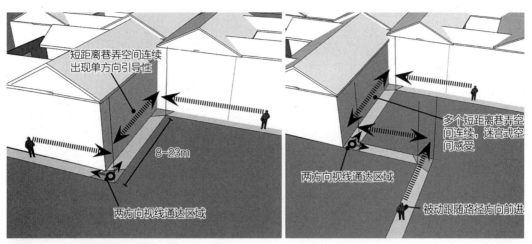

巷弄"L"形路口空间分析

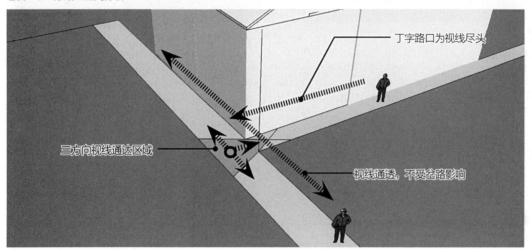

巷弄丁字路口空间分析

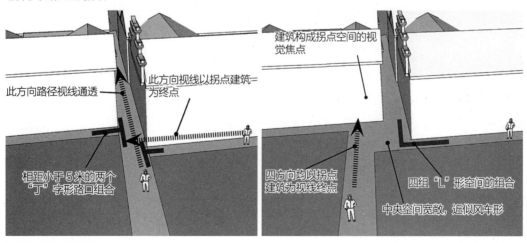

巷弄四岔路口空间分析

图6-1-10 巷弄拐点空间分析图

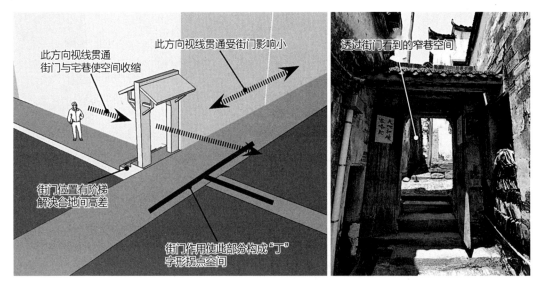

图6-1-11　街门位于十字路口的空间分析

空间，使得拐点空间整体构成"L"形拐点加两条通路的形式。在此类处理方法之后，路口仅在平面上呈现出十字形，但实际空间在街面的作用下呈现出丁字路口或"L"形路口的空间效果。（图6-1-11）

6.1.1.5　巷弄与宅门

宅门连接巷弄与民居内部，是公共空间与私密空间的交接地带，也是对于聚落每栋民居建筑而言最为看重的部分，是体现院落家族身份地位的重要标志性空间。（图6-1-12）

义乌江下游流域聚落常见的民居建筑通常一侧或两侧面朝巷弄或场地开门另外的方向与其他民居建筑无缝紧邻。大型宅院可能三面或四面全部临界外部巷弄或场地，因此多个方向均开设有出入口。因此，宅门开设位置主要由临界巷弄或场地的方向而决定，三合院和四

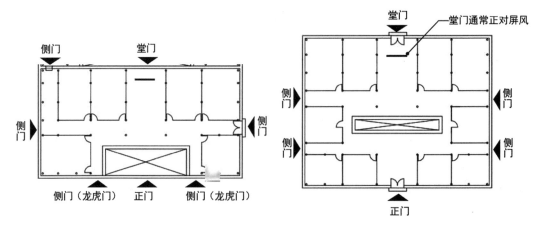

图6-1-12　义乌江下游流域常见三合院和四合院可开设宅门位置及名称

合院内部走廊四面通达，各方向都可开门，具体依照门的位置可能有侧门、堂门、正门的区分。主要宅门的装饰体现着宅主人的身份地位。平民宅院正面纵墙面上只有两座侧门，被称为龙虎门。厅堂后方开门的情况也较为常见，为保证风水上的"藏风聚气"，以及内部厅堂空间内部的稳定感，常在门内设置屏风或木格栅。

从巷弄空间界面来看，整条巷弄上依次开设多座宅门通往各户人家，巷两侧的宅门通常彼此不相正对。例如图6-1-13中山头下村中部巷弄"东门街"上隔巷宅门全部彼此相错开，未出现互相正对的情况。

民居建筑依据具体面向巷弄或场地的位置而选择性设置宅门。从图6-1-13中可见山头下村内西部邻近主巷"南门街"位置的两栋宅院因受到明显地形限制，而仅能在宅南部和东部开门。东门街南侧三户三合院并列，都面向东门街开设侧门。山头下村另有东门北侧四合院，面向村外车马道直接开设堂门及宅门三座，作为宅邸的主要出入口，可不经过村门直接与外界连通。东门街中段有四合院仅开设正门一道。后方以及西侧临界小巷位置均未开门。图中大部分建筑都面向两个方向以上的位置开设多座宅门。另多见宅侧门正对巷弄的情况，推测当地对于侧门而言并没有不可直对巷弄路口的讲究。（图6-1-13）

义乌江下游流域聚落各户宅院原本供整个家族共同居住使用，但后续子孙经历了划分家族房产的分家过程之后，通常一座宅院被重新分隔为多个部分，每个部分居住的主人可能额外对属于自己的房屋部分进行改造，很多宅门位置被改动，原本墙体被开凿出新的出入口，原本宅门也可能被水泥封堵，现状历史建筑因为这样的改建而显得千疮百孔，也体现了现代生活与历史遗存建筑之间的矛盾。

6.1.1.6　巷弄中的街门与过街楼

街门和过节楼是义乌江下游流域聚落巷弄中最普遍的分隔空间的构筑物。街门和过街楼的存在增加了巷弄空间的复杂程度。由于义乌江下游流域地区同姓聚居的传统，同姓宗族聚居区域外围巷弄出入口处常设街门以限定领域，而村内部同姓不同支派的族人所居住区块也由街门和院墙的形式有所划分。过街楼连通巷弄两侧建筑上层空间，加强了同一家族内部的连通关系。在巷弄两侧为同一家族房屋的情况下，过街楼将巷弄相隔的两片建筑群连接在一起，同时使此段巷弄因为过街楼的存在而拥有了家族领域感。

（1）街门

街门是义乌江下游流域巷弄空间中经常出现的空间要素，具有明确分割内外空间的作用。聚落内部的街门将传统聚落整体分割为独立的各个部分。此区域传统聚落多数为血亲聚居的单姓村落，但村落发展壮大中，也有各支派之间财产分割观念有所分歧的情况，街门以及高墙明确分割的村内的居住片区组团，也使得巷弄空间更加丰富，富有变化。

村内街门的形式主要有两种，一种通高2.5~3米，门两侧或单侧覆坡屋顶，构成简单门廊样式；另一种通高达4.5~6米，与邻近二层民居建筑外墙连成一体。街门门洞有方形、上

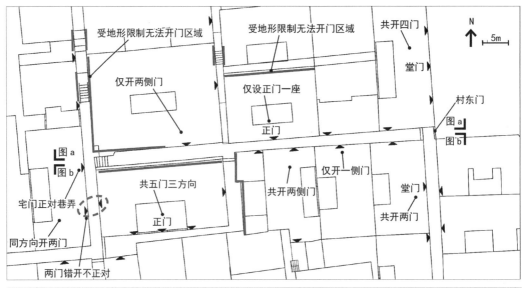

（a）

（b）

图6-1-13 山头下村东门街区域建筑宅门平面图与立面图

方圆弧形等形式情况。（图6-1-14）

　　街门所在位置多位于巷弄交会处，据街门位置不同有两种巷弄空间情况。一种情况是位于丁字路口巷弄通直的巷弄中段，此类型街门空间将整条街巷分割为两部分空间，中央透过街门可以起到框景的作用，另一方向巷弄上无法观测到街门的存在。

　　另一种情况是街门位于丁字路口中，与通直街巷垂直相交的巷弄端点位置。此类街门空间中，主路上仍保持了视线的通透，受街门的影响极小，直到临近路口位置才能看到街门的存在。而对于另外的尽端巷弄而言，街门的存在修饰了后方的尽端空间，街门在巷弄空间尽

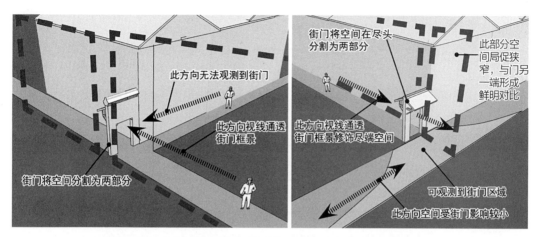

图6-1-14 义乌江下游流域常见街门位于巷弄路口的两种类型空间分析图

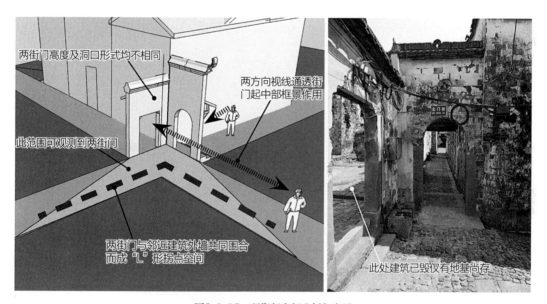

图6-1-15 双街门空间分析与实景

头将空间分割为两部分。丁字路口拐点部分由于街门的存在，强化了丁字路口两个方向巷弄空间方向、形态的对比。

　　义乌江下游流域村内街门还有两街门相连出现的情况，山头下村此类双街门空间保存最为完好，两座街门分别位于十字路口的两方向建筑端点位置，成垂直相交，街门的存在使得十字路口空间构成近似"L"形空间拐点的空间状态。从两个方向的巷弄望去，都有街门在中部构成框景的作用。仅有两街门相夹的内侧巷弄临近拐点的部分区域可同时观测到两座街门的存在。两街门的高度、门洞形式均不相同，构成高低有致的错落景致。（图6-1-15）

（2）过街楼

过街楼在义乌江下游流域聚落的巷弄中普遍存在，巷弄两侧民居建筑通常为同一户人家或同一家族所建，两侧建筑可通过二层的过街楼连通，过街楼具有瞭望街巷的作用。而低层巷弄位置构成廊道形式，将整条街巷空间明显分割为两部分。主要巷弄和窄巷中的过街楼空间尺度有明显区别，在此用F1和F2进行区分。F1为过街楼跨过空间为村内一级路径或次级路径的情况，跨度在1.8～2.5米左右，过街楼下方*D/H*比例约等于1/2。F2跨过窄巷的过街楼情况，过街楼下方*D/H*比例为1/4～1/3。因此，在过街楼下方的经过过程中，必然经历空间上的收缩再放大的过程，产生强烈的空间变化感受。（图6-1-16～图6-1-18）

除位于单条巷弄中段的过街楼之外，过街楼也可能位于巷弄拐点位置，起到与街门相似的功能，既将临近建筑群从上层连通为整体，又在下方通廊位置构成空间的领域感。过街楼位于通直巷弄中段的情况中，因为空间狭长，对于临近的分支巷弄空间影响极小。仅在拐点位置能够观测到过街楼的存在。

义乌江下游流域另有双过街楼的形式存在于大型宅邸的中部。畈田蒋村和郑店村均出现此类双过街楼的形式。过街楼位于建筑宅院两端位置。使得巷弄两侧宅邸的二层走廊都跨过巷弄与另外的建筑相连通，形成对称的格局。而在双过街楼围合形成的中央地段，构成了强

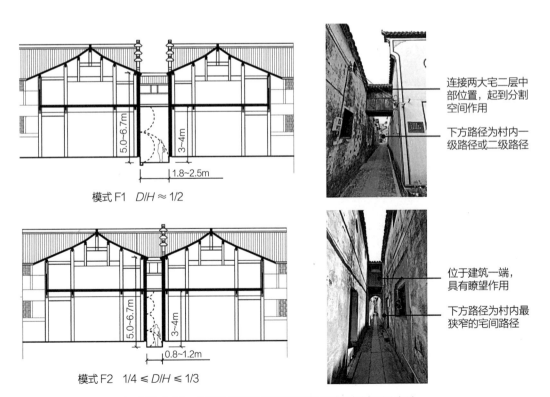

模式 F1 *D/H* ≈ 1/2

连接两大宅二层中部位置，起到分割空间作用

下方路径为村内一级路径或二级路径

模式 F2 1/4 ≤ *D/H* ≤ 1/3

位于建筑一端，具有瞭望作用

下方路径为村内最狭窄的宅间路径

图6-1-16 义乌江下游流域巷弄空间模式F剖面示意图及实景

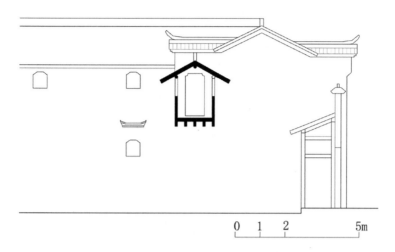

图6-1-17　义乌江下游流域过街楼纵向剖面示意图

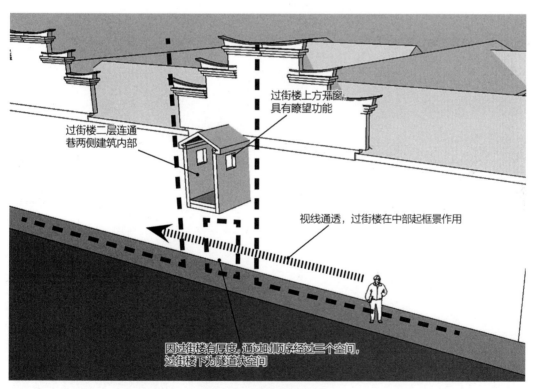

图6-1-18　过街楼空间分析图

烈的空间领域感。两过街楼之间的巷弄中部两侧有建筑出入口彼此相对，构成建筑一层、二层多点相连的交通形式。对于外侧巷弄而言起到明显分隔空间街门的作用。畈田蒋双过街楼外侧直接与建筑外墙相连，下方筑为圆弧门垛的形式。空间效果上，双街门构成了一系列空间的收放过渡，两次经过过街楼低矮空间部分，并在视线上也产生了双重框景的效果（图6-1-19、图6-1-20）。

　　郑店村的双过街楼（图6-1-21、图6-1-22）为整个二层厢房彼此跨巷相连，下方空间昏暗的门廊更加悠长，光线上构成了强烈的明暗对比。过街楼的双层叠加使得过街楼中央空间完全成了私家的领域性空间。此处两过街楼之间的建筑院墙有所退后，因而过街楼中央部分构成了近似院落天井式的空间效果。一层建筑出入口仍保持彼此正对。因为廊道过于狭长，视线的双层框景效果极弱。

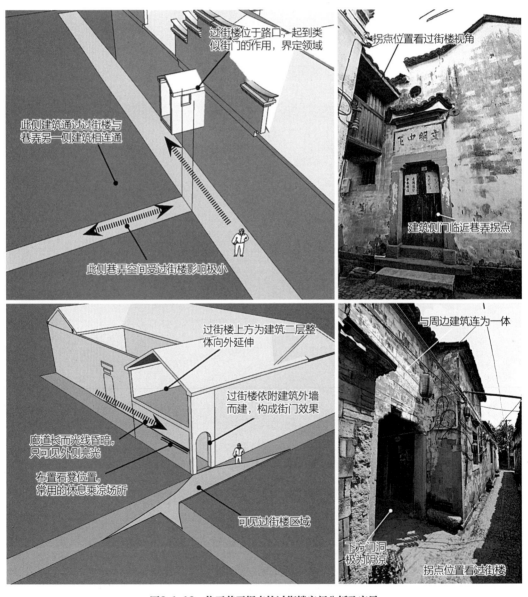

图6-1-19　位于巷弄拐点的过街楼空间分析及实景

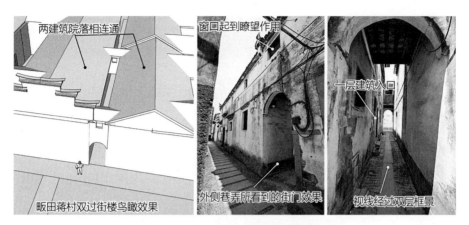

图6-1-20 畈田蒋村双过街楼模型鸟瞰图及实景

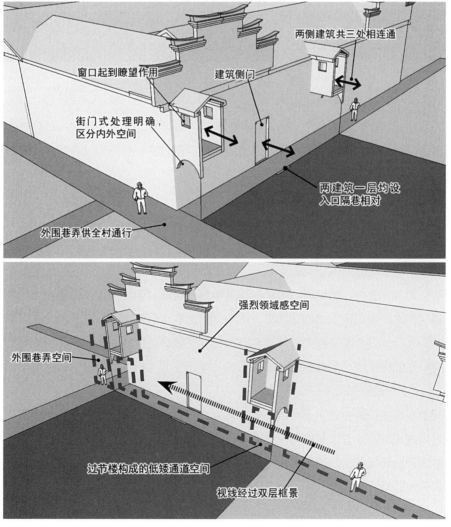

图6-1-21 畈田蒋村双过街楼空间分析

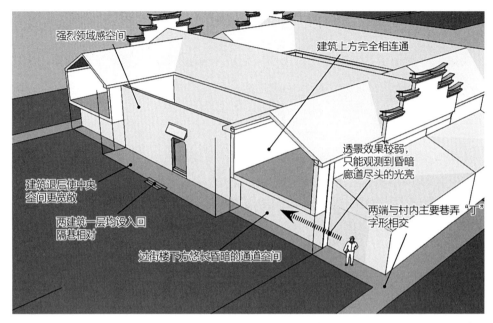

强烈领域感空间

建筑上方完全相连通

透景效果较弱,
只能观测到昏暗
廊道尽头的光亮

建筑退后使中央
空间更宽敞

两建筑一层均设入回
隔巷相对

两端与村内主要巷弄"丁"
字形相交

过街楼下方悠长昏暗的通道空间

图6-1-22　郑店村双过街楼分析图

巷弄空间是最能体现义乌江下游流域传统聚落内部风貌的公共空间之一,巷弄空间感的主要来源是两侧古朴的建筑外墙立面,因此历史风貌完好的巷弄空间仅存在于古建筑连续成片保存完好的历史街区。

6.1.2　车马道

车马道是义乌江下游流域历史上主要的区域性交通要道,不止供人步行通行还可便于车马通过。车马道在聚落外围以及荒野的部分也被称为驿道。车马道经过村内的情况中,此部分村内车马道被称为街。市镇聚落的车马道贯穿整个村落,部分交通便达路段,街两侧逐渐修筑了鳞次栉比的商业建筑而构成街市。本节主要针对车马道与义乌江下游流域聚落的平面位置关系和布局,以及车马道在村外和村内的普遍空间形态进行分析,具体街市空间作为商贸空间的重要组成部分,详述于6.3.1章节。

6.1.2.1　车马道的平面布局

车马道与聚落位置关系主要有远离式、环绕式和贯穿式三类。其中,村庄聚落的车马道通常为远离式或环绕式,市镇聚落中的车马道通常为贯穿式。贯穿部分的中段即为街市。也有些聚落最初的环绕式车马道随着街区的逐渐发展扩张而演变为贯穿式的情况,仙桥村、曹宅村、含香村就属于此类。

村庄聚落的车马道布局通常为环绕式。车马道在村庄外围不远处(距离村边缘20~100米距离)绕行通过,向村内有巷弄在村落出入口位置连通内部交通。与车马道交会路口或交通往来频繁的方向，通常是村落的最主要出入口。例如图6-1-23右图的山头下村，车马道环绕聚落的东、南、西三个方向。通常村庄聚落在建成之初就有区域交通的考量，过于远离区域主交通不利于村落的发展。聚落选址唯有能够长久适宜人们居住，才能得以在发展中不断发展壮大。而通往府城、县城的交通条件也是影响村民生活的重要日常条件。很多远离区域车马道的村落在很早以前就已被历史所淘汰。

贯穿式车马道出现在义乌江下游流域很多市镇聚落中。这些义乌江下游流域市镇聚落通常起源于区域驿道交会处的草市。先有车马道，再有集市，而后才形成村落。因此，车马道构成了村落的主要骨架，整座村落成鱼骨状布局，两侧街面上垂直于车马道延伸出多条巷弄，通达村内居住区域，商铺林立路段被称为街市。

另有一些市镇聚落的车马道由原本的环绕式逐渐向贯穿式演变。原本位于村落边界处的车马道外围有足够的平坦土地，车马道另一侧不断有聚落的扩张建设，而使得车马道囊括在了整个聚落的中央位置（图6-1-23左图）。

受车马道的阻隔，通常街道两侧属于不同的村落分区，车马道常是不同姓氏宗族划分所属区域的边界。因此，市镇聚落因车马道的存在常被分割为多个部分。相对而言，团形的村庄聚落内部因未受到车马道阻隔，结构更加完整。

6.1.2.2　车马道的空间特征

车马道宽度通常在3米以上，远比巷弄空间宽阔，是车马道空间的主要特征。车马道随周边景物的变化而有着不同的空间效果。位于郊野或山林中的车马道，空间随所经过的林带、旷野、湖泊等位置，而产生不同自然空间感受的变化。明代遵循十里一亭的规定，义乌江下游流域车马道都有设置路亭建筑位于沿路位置，便于旅人休息停留。村外车马道常可能穿过聚落旁的风水林带，为保障一个宗族的聚居区或墓地而设，也为穿行的村民提供上方遮阴，树种以松类居多。如澧浦村外关于车马道旁的记载"至下街出村数百步……其他数百年苍松

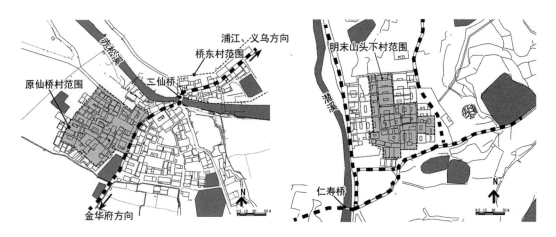

图6-1-23　仙桥村和山头下村车马道路径布局平面示意图

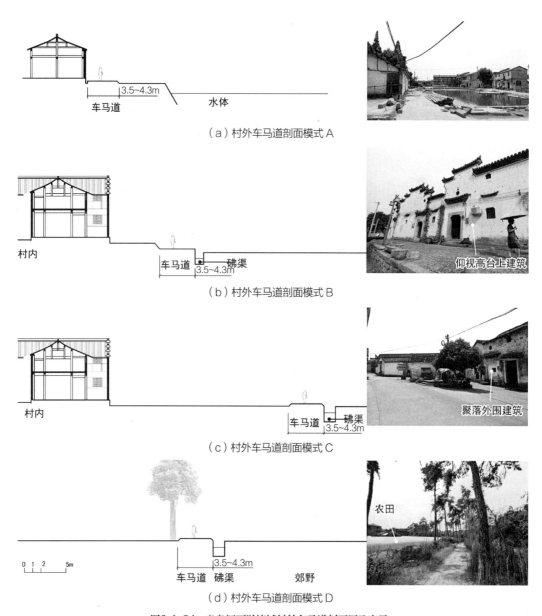

（a）村外车马道剖面模式 A

（b）村外车马道剖面模式 B

（c）村外车马道剖面模式 C

（d）村外车马道剖面模式 D

图6-1-24　义乌江下游流域村外车马道剖面图及实景

翠柏屹立道周"[1]，蒲塘村"村后平阜长里许，是为吴彭乃阳龙，入村处有古松数十章，夏日憩息松下，清风送爽"[2]都体现了当地村外及村口处常见的车马道穿过大片松林的景观。邻近村落边界位置的环绕式车马道，空间明确受到邻近建筑的界定，而产生单方向面朝外围郊外的旷远视野。建筑高大的体量和外围自然环境构成了鲜明的对比。如图6-1-24所示有四种常见

① 方少白. 澧浦街市记. 民国三十五年（1946）. 原载于澧浦王氏宗谱，现宗谱已失，见于金华市金东区澧浦镇党委、政府等编. 积道山下澧浦镇[Z]. 内部发行。
②《吴彭松风》蒲塘十景诗. 载于蒲塘凤林王氏宗谱. 2013年增订。

剖面模式。模式A车马道外围为水塘或低洼田地，低于车马道地平0.5米以上，是天然的汇水泄洪渠道。义乌江下游流域很多聚落外围都有此类型车马道空间。

蒲塘村东侧和北侧的车马道一侧为大体量的官员宅邸建筑，属于模式B的类型。外围设砖雕门楼，门前有宽度在2米以上的平台空间，平台与外围车马道之间有台阶踏步相衔接，因为建筑建于高地之上，部分区域台阶不止三级，高差变化更凸显了建筑的庄严雄伟。一侧高大建筑，一侧低地的空间也使得车马道位置具有远眺山峦的极佳视野。而且此类型车马道布局对于大型宅邸建筑具有很强的实用性，能使宅邸经常使用的车架马车等交通工具直达宅院正门位置。

模式C中，车马道位于村落外围，与聚落建筑之间以广场空间相间隔，能够一览村落外轮廓的全貌。此广场空间可能为聚落的"明堂地"或"基"，广场靠聚落一侧的建筑通常为聚落的中央主要民居宅邸或者整个聚落的宗族祠堂建筑。

模式D的车马道布局常见于邻近聚落的郊野。车马道两侧为农田或荒野，上方或有乔木遮阴，是区域主要陆路交通的一部分。通常车马道一侧设有水渠，是近郊田地中的主要灌溉用水渠。

村内街道因车马通行的需求，路面宽度通常为3.5~7米，D/H比例为1/2~1，远比巷弄空间宽阔，也为向贸易街市的转变提供了可能。如图6-1-25所示常见有五种断面模式。模式A、B、C是贯穿村庄聚落的车马道常见断面模式，模式D中商铺与民居建筑相对设置，通常是村庄聚落向市镇聚落转化的中间模式。模式E为市镇聚落主街的最普遍模式。形成街市的车马道部分，由于商铺建筑为经营需要而在前面留出1米以上宽度的台阶，店面位置后退，并在上方架设宽大的挑檐，而使街道空间比例更接近1，街市部分空间更容易使人视线聚焦于两侧界面至上。对比而言，两侧全为民居建筑的车马道空间更加狭长，民居外墙通常紧邻道路边缘建设，以使宅院内部有更大的使用空间。而临近车马道的宅院通常归属于聚落中显赫富庶的家族，建筑体量更为高大，进一步加大了车马道空间的纵向高度。

因为现代公路交通的发展，大部分原本的车马道交通体系已经废弃不用，部分公路建于原本车马道路径之上，完全覆盖了原本车马道的历史印记，是现代发展中的无可奈何之事。村内街道上原本的车马道铺设的石板和卵石组合因为不适应当代出行而被水泥浇筑，仅有村外荒废不被使用的部分古驿道路段仍然保存了历史原貌。

6.1.3 聚落出入口

聚落出入口是村民离开本村必须经过的交通空间，是传统聚落与外界联系的重要交通节点。

6.1.3.1 出入口平面布局

义乌江下游流域聚落的出入口分布在村庄聚落多个方向的巷弄与外围车马道的交界

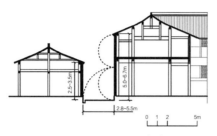

（a）村内车马道剖面模式 A

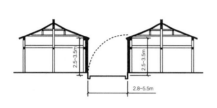

（b）村内车马道剖面模式 B

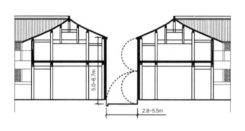

（c）村内车马道剖面模式 C

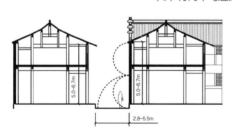

（d）村内车马道剖面模式 D

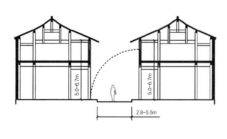

（e）村内车马道剖面模式 E

图6-1-25　义乌江下游流域村内车马道剖面及实景

处，以街门的形式出现。除自然山水构成的边界之外，其他边界位置通常都设有出入口。山头下村有出入口5个，东南西北均有出入口，南侧有出入口两个（图6-1-26）。锁园村呈南北长东西短的椭圆形，原本共有8座街门。郑店村有出入口6个，分布在东、北、西三个方向上，南侧郑店村紧邻灵岳山脚，无主要出入口。通常村庄聚落的主要入口设置在衔接区域驿道的位置，常与水口位置相重叠。例如蒲塘村虽各方向都设有出入口，但区域驿道主要从村东侧、北侧

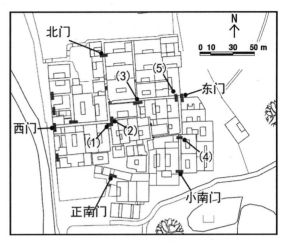

图6-1-26 山头下村街门分布图

两方向经过，因此蒲塘村出入口共10个，其中东侧出入口4个、北侧出入口2个，东北角王氏宗祠旁为蒲塘村最主要出入口。目前蒲塘村中东侧尚有一座街门保存完好。

而对于市镇聚落通常以街市外围端点位置作为村落的主要出入口，一些巷弄向外也可连通田间小路。孝顺村的街市成"L"形在村东端发生折拐，因此村内的主要出入口设置于西端和北端。洪村与低田均为小型"一"字形市镇聚落，一字两端即村落的主要出入口。含香村与仙桥村为村庄聚落逐渐演化而成的市镇聚落，沿区域驿道形成的街市尽头为外围的主要出入口，对于原本村庄聚落部分另设有两个以上出入口通向村外其他方向。澧浦村整体呈"一"字形，但西端出现岔路，衔接东北、东南两方向的交通，西端可视为两个出入口并置的形式。市镇聚落的居住区向外延伸出的巷弄部分通常不设门户，之间延伸向外围水塘或郊野地带。

6.1.3.2 出入口空间形式

聚落出入口通常由街门或过街门楼两种形式的通道空间构成。

（1）街门

街门是义乌江下游流域村庄聚落出入口最常见的形式。街门通常位于两栋民居建筑外墙位置，与建筑外墙连为一体。街门具有控制村落内外交通的作用，在门洞处设有木门，夜晚或限制通行时期处于关闭状态，在必要时期可在门口设哨位关卡，以起到警卫作用。在空间上街门外通常是视野开阔的村外边界空间，街门内侧与狭窄的巷弄相连接，构成了空间尺度上的强烈对比，也因此在街门位置能够产生强烈的领域感。（图6-1-27）

山头下村东门位置还出现两道街门并置的情况（图6-1-28），外侧街门作为整座村落与外界的出入口，两门之间有垂直巷弄向南连通南门巷，内侧街门构成山头下村两区域之间的出入口，起到双层关卡的作用。内侧街门划分了山头下村北部区域和东部区域之间的分割，

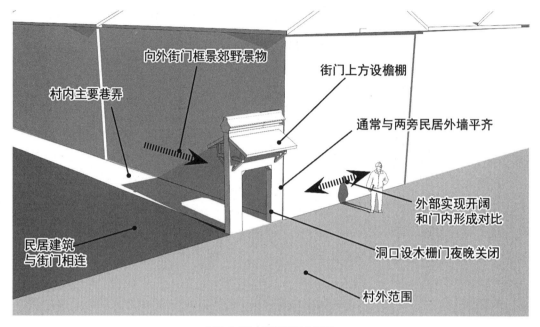

向外街门框景郊野景物

街门上方设檐棚

村内主要巷弄

通常与两旁民居外墙平齐

外部实现开阔
和门内形成对比

民居建筑
与街门相连

洞口设木栅门夜晚关闭

村外范围

图6-1-27　街门空间分析图

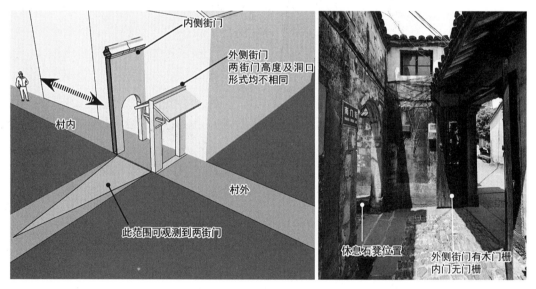

内侧街门

外侧街门
两街门高度及洞口
形式均不相同

村内

村外

此范围可观测到两街门

休息石凳位置

外侧街门有木门栅
内门无门栅

图6-1-28　山头下村双街门空间

从两门之间巷弄可直接通达至山头下村南侧的南门入口位置。两并置街门的高度和街门洞口形式均不相同，内侧街门墙面与两侧住宅等高，拱形门洞。外侧街门较内侧低矮，上方覆盖木架结构的檐廊，下方为方形门洞。两街门不同的形式，增加了通行过程中的对比和变化。

具体街门形式各村落有多种变化，门洞或方或圆，整个街门墙体高度也有所不同，可能和街门两旁民居建筑外墙等高，上方构成与马头墙相似的封顶，也可能仅有3米左右的高度，

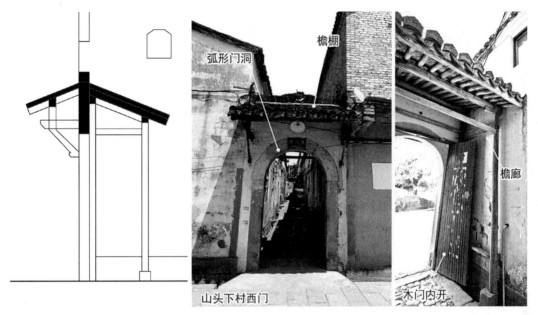

图6-1-29 山头下村街门剖面图及实景

图6-1-30 蒲塘村与郑店村现存街门实景

上方有檐棚封顶。山头下村的村口街门在面向村内一侧设有门廊（图6-1-29）。蒲塘村尚存街门为八字门形式（图6-1-30），体现了蒲塘王氏显赫的社会地位。郑店村仅存两座街门均为方形门框，是近似宅门的空间形式。

  不过较为可惜的是义乌江下游流域传统聚落的街门大多都已不复存在，调研中仅见山头下村、蒲塘村、郑店村尚有街门留存，山头下村经过整体修复和重建工作，构成了各街门都完好的整体空间效果。蒲塘村仅存东侧街门一座，郑店村仅有西门和北门两座，其中北门仅存青石门框，东门上方墙头部分已经不存。

（2）过街门楼

过街门楼是另一种聚落出入口的常见形式，用建筑构成的底层通廊划分村落内外空间，建筑二层小窗也起到整座村落的防御、瞭望作用。孝顺镇白溪村的过街门楼构成的村落出入口空间，至今仍保存完好。白溪村位于义乌江南岸，门楼坐落于南北向通往义乌江岸的驿道东侧。门楼内通廊两侧均布置有石凳，也是村民时常停留乘凉休息的空间。过街门楼的存在使得整个出入口空间形成了村外开敞广阔空间与过街楼低矮昏暗空间，再到狭长巷弄空间之间的强烈对比（图6-1-31、图6-1-32）。孝顺镇中柔村临溪位置也有相同的过街门楼存在。

另有一类过街门楼被称为"车门"（图6-1-33），通常设置在村庄聚落的主要出入口位置。门洞位于建筑中央位置，建筑两侧马头墙、小窗等建筑构筑物都以通道为中心成对称形式，整个出入口空间因为建筑的对称性而显得十分庄严，是具有仪式感的出入口通道空间。车门建筑除通道之外其余部分还作为村内的公共辅助仓储空间使用，用于停靠车马轿子、放置杂物用具等。

山头下村的车门出入口是整个村落的正南门（图6-1-34）。门前有6米进深的平台作为缓冲。后方有小型广场空间。从村南侧的车马道至山头下村车门前距离40米。需经过沈氏宗祠门前，逐渐缓坡上行，通过车门通道才进入村内，具有强烈的仪式性空间感，构成整座聚落的核心入口景观。（图6-1-35、图6-1-36）

市镇聚落的出入口主要通过一系列仪式性的建筑或构筑物标记出。部分村落街市出入口位置也设有街门或简易的栅门。曾作为县城的孝顺村，在北端、西端建设有小型城门楼。而岭五村两端都有仪式性的祠庙建筑作为出入口端点处的标志。西端设有谷仓，标志着岭五村坡阳老街的起点。

图6-1-31 白溪村过街门楼实景图

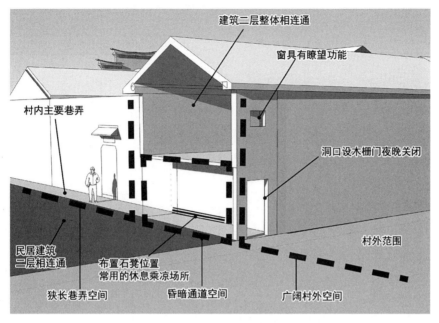

图6-1-32　过街门楼分析图

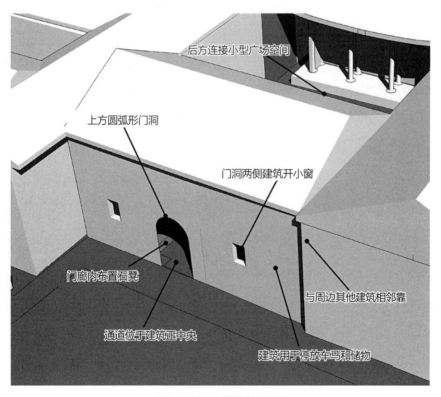

图6-1-33　车门模型分析图

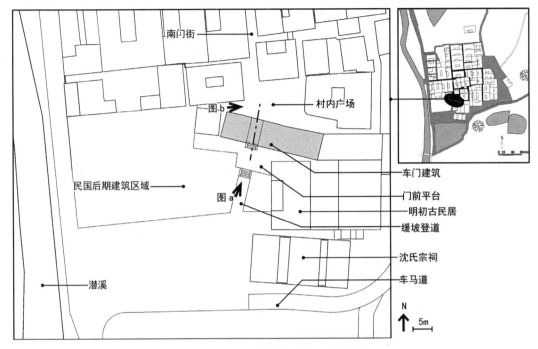

图6-1-34　山头下村车门周边平面复原图

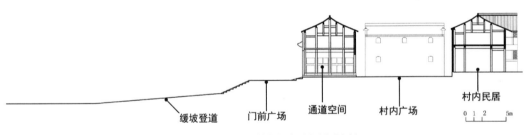

图6-1-35　山头下村车门实景与剖面分析

（a）山头下村车门

图6-1-36　山头下村车门

（b）山头下村车门南立面展开

（c）山头下村车门北立面展开

图6-1-36　山头下村车门（续）

6.2　生活空间

　　义乌江下游流域的生活空间主要包括滨水空间、生活广场两类。其功能涵盖了传统日常生活中汲水用水、晾晒、休息、聊天、集会等多项内容。

6.2.1　滨水空间——塘、渠、溪、井

　　水是居民日常生活的必需品，因而滨水空间是传统村镇聚落公共空间中的重要组成部分。《金华县志》描绘了当地环境："其间间井骈阗，有陂池以资灌注，疆域绮错，有津梁以达殊方。"[①]其中就写出了义乌江下游流域传统聚落的水系及滨水空间的主要组成部分，主要有水塘、碶渠、河溪、水井四种类型。而水流出位置的"水口"，具有重要的风水意义，是村落关键的仪式性空间节点，放在6.4.5章节进行阐述。

---

① 吴县钱等. 光绪金华县志·十六卷[Z]. 清光绪二十年（1894）修：卷一地理。

　　义乌江下游流域村镇的水系特点与所处地理位置及水文环境密切相关。义乌江下游流域旱季、汛季差异明显，因此当地聚落需要应对的主要是抗旱与防洪压力。所以，当地传统村镇聚落通常坐落于靠近河溪的高地之上。聚落中通常有多口池塘水体作储备、防火和日常生活使用。外围有环绕整个村落并辐射周边田地的砩渠，有水井作为村镇饮用水的来源。村中依附巷弄系统设有完整的排水沟渠体系。

6.2.1.1　水塘

　　紧邻村镇聚落边界位置的池塘和村内池塘是居民日常取水活动的主要公共空间，池塘形态通常迎合周边建筑走向，是当地传统聚落中的特色景致。

　　（1）水塘的功能

　　义乌江下游流域聚落周边水塘众多，水塘具有生活用水、蓄水、泄洪、防火等多项重要作用，并具有重要的风水意义。如记载中澧浦镇的水塘"食水洗涤，大有和让塘、八石塘、沼湖塘，小有上下金塘、高塘、市基塘，水可汲，鱼可钓，鹅鸭可泳。天雨后，溪水引注，时常盈溢，用之不竭"。[①]可见，水塘是具有多重综合功能的生活空间。

　　①生活取水

　　水塘是义乌江下游流域居民日常生活的中心。洗衣、淘米、洗菜，主要都在水塘处进行，是附近居民每天必到的场所。在洗衣、淘米等生活活动进行过程中，水塘也自然成了居民日常聊天、交换讯息的场所，是村落内自然形成的重要公共活动和交流空间。"几家拍浪星河动，一桁临风衣袂扬"[②]描绘的就是蒲塘村枫树塘岸边村民洗衣的场景。为保证洗衣淘米的水质清洁，通常每个村落会订下族规或公约，禁止向水塘倾倒污水或杂物，违者重罚，使水塘水质得以维护和保证。

　　②蓄水泄洪

　　水塘中水体通常和周边的明沟、暗渠相连通，构成连接村内和周边农田的蓄水泄洪网络，既保证了不断有活水注入水塘，也满足了灌溉泄洪等储水需求，是村落中涵养水源的重要所在。而且义乌江下游流域年降水量差异巨大，具有巨大的洪涝隐患，水塘的存在为聚落应对暴雨和集中降水起到了重要作用。如《畈田蒋氏宗谱》中所说："防旱之策莫要于修理堤堰，开濬池塘"。[③]降雨时村内雨水沿巷弄排水沟渠汇入水塘，水塘涨水，减缓下游地表径流流出。而在干旱时起到蓄水作用，可继续维持日常生活用水，以及用于灌溉村落临近的农田。

　　③防火防灾

　　水塘同时也具有防火防灾的重要作用，义乌江下游流域聚落建筑与我国大部分地区相

---

① 方少白. 澧浦街市记. 民国三十五年（1946）. 原载于澧浦王氏宗谱，现宗谱已失，见于金华市金东区澧浦镇党委、政府等编. 积道山下澧浦镇[Z]. 内部发行。

② 《风如月杵》蒲塘十景诗. 载于蒲塘凤林王氏宗谱. 2013年增订。

③ 修浚周弓埠洋两塘记[Z]//畈田蒋氏宗谱. 2009重修：卷一。

同，传统建筑均为木构架，防火防灾是村落中的首要任务，当代仍有很多历史建筑毁于火灾，如雅湖村的三进民宅建筑"如日之升"毁于2016年春节期间。大面积的水面能够对于周边建筑出现火灾情况予以缓解，义乌江下游流域聚落中多数大宅及宗祠等建筑都与水塘相邻，有些是选址于水塘临近位置营建建筑，也有水塘在建设宅院或宗祠同期，通过相地等考量，选址在吉祥的方位特意开凿而成，既满足防火等需要，也是风水上的重要一环。

④农业灌溉

水塘具有农业上的重要意义，本书所针对的水塘空间是义乌江下游流域位于村落内部、边界处以及邻近地区的水塘，不仅服务于村落内的日常生活，更是周边农业生产灌溉系统中的重要一环。如《蒲塘村十景》诗中描述的："上下清塘，相距可五十丈，高下相悬可丈余，溉田数百亩"[①]"（淡塘）因山为址，架桥其上，实以遏水灌田"[②]。村内以及周边农田中的水塘之间彼此有明渠相连通，水流从水塘流出，不断汇入农田田垄。

⑤饲养鱼鸭

义乌江流域的水塘还具有饲养鱼虾、鸭鹅以供食用的作用。记载中澧浦镇水塘的"水可汲，鱼可钓，鹅鸭可泳"[③]。其中饲养的鱼虾多被视为宗族的公共财产，由宗族管理者统一监管和养护。例如，蒲塘村对后碑塘管理的描述："后碑塘在村之西旁，为合族公产，岁九月二十八日，族中举行秋祭，先祭二日，网鱼以供祀事，由'四十个'任网鱼之职。"[④]并在族内设立严格的惩戒规定："如有族内恶棍盗鱼撩草钯泥以亏祖祀者，许召诸人拿扭送官以憑惩治须至示者"[⑤]。作为族内公有财产的池鱼还能用以抵债他人，例如蒲塘村修建水口时得益于"王永祀户"的出资，所以"吾族无以为报，愿将下青塘鱼尾归于伊房蓄养"。

（2）水塘的平面形态

义乌江下游流域大部分水塘有着各异的平面形态。尤其中型和大型水塘平面形态，大多是自然随意的轮廓边界形态。大部分聚落中临界建筑的水塘岸线都平整通直，与临近的建筑外轮廓线相平行，水塘与村外自然田地部分相邻的轮廓线则呈现出不规则的自然弯曲线型。

义乌江下游流域聚落水塘的平面交通常见有六种模式：绕水四周环路交通、三面环路交通、半环路交通、单面路过交通、单侧抵达交通、多处抵达交通。不同模式因为抵达和使用水塘的位置差异，空间感受上也有所不同。（图6-2-1）

①模式a绕水四周环路交通，常见于村落中央的公共水塘。水塘四周均为硬化路面，水塘即一座交通环岛，水塘处连接各方向的巷弄。水塘与周围建筑之间均保持一定距离，水塘属于村落中完全公共的水域。从水塘四周每隔10～20米的位置，设有埠头，伸入水面，供

---

① 《清塘烟雨》蒲塘十景诗[Z]//蒲塘凤林王氏宗谱，2013年增订。
② 《淡塘春瀑》蒲塘十景诗[Z]//蒲塘凤林王氏宗谱，2013年增订。
③ 方少白. 澧浦街市记[Z]. 民国三十五年（1946）。
④ 《后卑观鱼》蒲塘十景诗. [Z]//蒲塘凤林王氏宗谱，2013年增订。
⑤ 禁塘告示附议. 万历十六年七月初三. 载于蒲塘凤林王氏宗谱. 2013年增订。

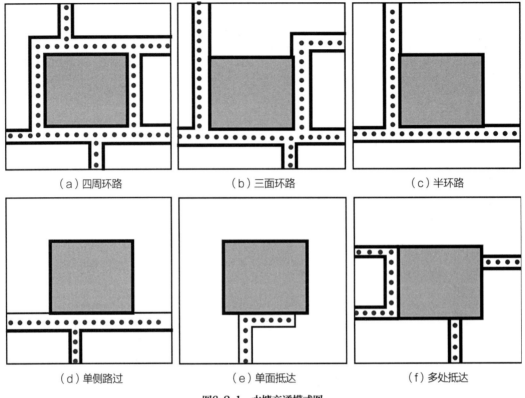

（a）四周环路　　　　　　　　（b）三面环路　　　　　　　　（c）半环路

（d）单侧路过　　　　　　　　（e）单面抵达　　　　　　　　（f）多处抵达

图6-2-1　水塘交通模式图

村民取水使用。曹宅的协神塘、锁园的七斗塘等均属于此类交通模式。在此类型模式中，水塘面积越大，周边汇集的巷弄数量越多，交通越为密集繁华。例如曹宅的协神塘，水域面积大于2000平方米，水塘南侧为曹宅的主路拱坦路，另外有6条巷弄与水岸周围道路相连通（图6-2-2上图）。水塘周边有五座埠头伸入水中。水面北侧与曹宅村最大建筑曹氏宗祠相邻，水塘空间衔接宗祠建筑、村内的直街、拱坦路、通津巷等主要交通路径构成了村内的重要公共空间节点。

②模式b三面环路交通，此类型水塘三面环路，水塘的一面与建筑直接相邻界。此类型水塘仍具有主要公共水塘的性质，供区域范围的村民取水用水使用。交通上与三条以上巷弄相连接，也是较为重要的交通枢纽。对于临水一侧的建筑，通常为民居建筑。蒲塘村的枫树塘即此类型交通模式（图6-2-2下图）。枫树塘平面呈梯形，梯形底边一侧，即水塘东侧地势更高，建有临水建筑，另外的南、西、北三侧环路，整座池塘周边路径交会7条巷弄，且环路相邻水塘岸线均设有埠头，能供多人共同用水。虽然如今水塘东侧的临水建筑已毁，但建筑基址尚存，仍能辨识出水塘的历史原貌。

③模式c半环路交通，水塘实际位于一个丁字路口的一侧，水塘有两个方向直接与道路相通，另外两方向直接与建筑相连接。水塘的交通上仅与2或3条巷弄相通，所在位置通常位

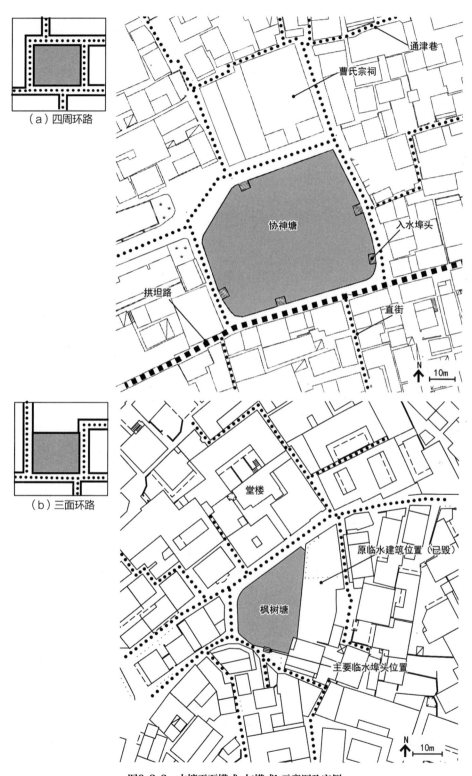

（a）四周环路

（b）三面环路

图6-2-2 水塘平面模式a与模式b示意图及实例
（上图曹宅村协神塘平面，下图蒲塘村枫树塘平面）

于村落边界处，交通上不能视为区域的主要交通连接点，而水塘的私有型更强，多是两户以上人家所占有的私家水塘。临水建筑可能为水阁楼模式的建筑探出水面，使水面空间变化更加丰富。锁园村五斗塘就是此类型平面模式，水塘南侧路径稍有折拐变化，但东侧与北侧大面积水塘驳岸与邻近民居建筑相接。水塘东侧建筑更有水阁楼向外出挑。五斗塘位于锁园村西侧边界位置，西侧紧邻外围车马道，水塘周边交通明显不及上两例中央水塘的情况交通便达。（图6-2-3上图）

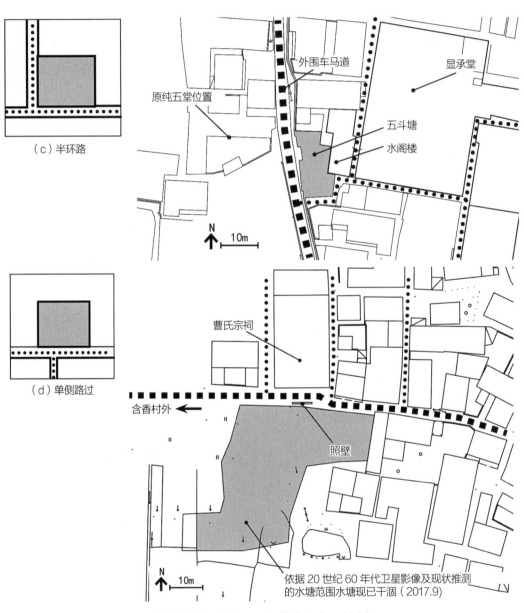

图6-2-3 水塘平面模式c与模式d示意图及实例
（上图锁园村五斗塘平面，下图含香村西端水塘）

④模式d单面路过交通，此类水塘平面类型通常位于村落外围位置，村内建筑与水塘之间有车马道或一级巷弄相间隔，靠村内一侧有巷弄通达水塘，便于村内的居民取水使用。此类情况中水塘仅供临近的部分住户洗涤等用水，介于聚落与郊野之间，具有明显的边界水体性质。含香、澧浦、洪村、孝顺等村外围均有此类模式的水塘，位于村口位置，水体岸线与进村的主路直接相连通。图6-2-3下图中的含香村西端水塘即这样的一例，水塘北侧间隔车马道与含香村曹氏宗祠相邻，宗祠邻水设有照壁作为掩挡，宗祠两侧有巷弄与水塘岸线垂直连接。

⑤模式e单侧抵达交通，水塘同样位于村落外围位置，并且远离村落的交通要道，仅有一条小路抵达水塘近旁。水塘主要用于周边农田灌溉、蓄水，以及供紧邻水塘的几户人家取水使用，与乡野天然水塘或农业灌溉用水塘差异不大。义乌江下游流域的每座聚落周边都散布着多座此类水塘，水塘整个岸线也多为自然土坡组成，轮廓形式与村内建筑外轮廓无明显关联，仅有一两条小路与水塘驳岸相连接。（图6-2-4上图）

⑥模式f多处抵达交通，部分边界水塘面积较大（大于1000平方米），聚落环绕水塘建设，而聚落主要道路离水较远，水塘周边区域被多家私宅占据，建筑紧邻水面建设，仅在建筑缝隙处留出巷弄通达水边，便于其他村内居民取水。水塘临近位置没有环绕的通路，以此构成了多处抵达水塘的交通模式。图6-2-4下图中含香村的穿心湖就是多处抵达交通的典型案例，整座含香村半环绕穿心湖建设，村内多条巷弄通达湖岸边缘，但仅有水岸西侧和南侧两处位置巷弄彼此相连通，大量的临水民居建筑使整座水塘岸线没有通达的回路，仅有断断续续的几个点的位置可供村民抵达水岸处取水使用，多数居民在取水之后需要原路折返，以回到自己的住所，仅水面东侧部分路段可视为路过交通模式，主要巷弄与水塘的一段岸线成相切关系。水塘虽然面积巨大，但其公共空间属性远不及有回路的其他中央水塘强烈，水塘临近处村民稀少，水体主要服务于紧邻水岸的住户使用。

水塘通常与聚落仪式性空间宗祠、庙宇等建筑存在相邻关系。出于防火需要，宗祠通常临近水体而建。而义乌江下游流域地区溪流通直，且易发生洪涝灾害，因此宗祠的选址更倾向于临近平静的块状水塘位置。义乌江下游流域多数宗祠均临水塘而建。具体与水塘的位置关系，宗祠通常选择面朝水塘或侧面邻近水塘，且不一定需要与水塘有完全对应关系。水塘与宗祠建筑成正对关系的义乌江下游流域案例主要包括：畈田蒋村的蒋氏宗祠、蒲塘村的王氏宗祠、郑店村的郑氏宗祠、曹宅村的曹氏宗祠、含香村的曹氏宗祠、岭下朱的朱氏宗祠、塘雅村曾经的黄氏大宗祠等。宗祠侧面临水塘的情况，主要是因为优先考虑宗祠所倚靠的山脉而进行布局，水的形态则通过在宗祠正前方修筑小型环绕水渠的方式而满足。邻近的水塘推测单纯为防火及村内生活而设，因此未严格考究宗祠建筑与水塘的具体位置关系。宗祠侧面邻近水塘的案例包括锁园村的严氏宗祠、傅村的傅氏宗祠、孝顺的严氏宗祠、雅湖村的胡氏宗祠等。

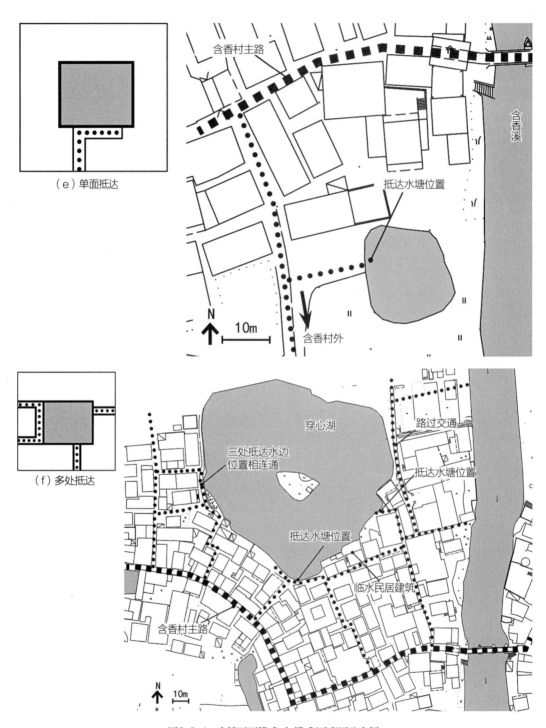

图6-2-4 水塘平面模式e与模式f示意图及实例
（上图含香村村北水塘平面，下图含香村穿心湖平面）

（3）水塘空间特征

义乌江下游流域的水塘空间主要可以分为三类，包括大型水塘空间、中型水塘空间和小型水塘空间三种类型。水塘面积和水体体量的差异会带来明显不同的滨水空间感受。

大型水体面积在2000平方米以上，通常面积集中于5000平方米～2公顷范围内。如蒲塘的上清塘、下清塘、岭五村的杨境塘、含香的穿心湖等（图6-2-5）。这样的大型水体通常是先于聚落存在的天然湖泊。聚落选择坐落于水体临近处，这样的水面也就构成了聚落主要的优势条件。

（a）蒲塘村下清塘实景 2017

（b）上清塘及蒲塘村鸟瞰实景 2016

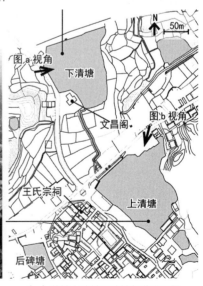

（c）蒲塘上清塘下清塘部分平面图

图6-2-5　大型水塘空间——蒲塘村上清塘
（注：下图可见的山河溪水库建于20世纪60年代，原本此处也有湖泊）

正如《地理精要》中所谈及，"湖乃诸水之聚注处，汪汪洋洋，万顷一平，水之最吉者也。不拘大湖、小湖，阴阳二宅见之俱吉"[①]大型水体空间有着视线旷远开阔、浩瀚宏大的空间效果，配合周边植被树木以及远处山体，构成了难能可贵的入画景致。因水面积巨大，村庄多只位于水体一侧，水面构成了聚落与自然田园风光之间的缓冲空间。同时大型水塘周边常建设有庙宇、祠堂等仪式性公共空间建筑，如岭五村和蒲塘都在大型水面旁建设文昌阁，岭五村原有朱氏宗祠、蒲塘有王氏宗祠都位于水塘岸线之上。在风水的考量之余，也构成了大型水塘旁边的重要点景要素，形成聚落人文景观与自然景观交融的风景。"尤饶烟雨之胜，云树迷离，水田白鹭俨如一幅画图"。[②]大型水塘的水面尤其具有衬托群体建筑的效果，使得聚落的传统建筑轮廓在水的倒映下呈现出宁静深远的感受。

中型水塘空间，水体面积200～2000平方米，是义乌江下游流域传统聚落中为数最多的水塘空间类型，中型水塘空间多位于聚落的边界位置，紧邻聚落的一侧岸线随建筑轮廓而产生平直规则的折拐，而另一侧岸线则通常为自然圆滑曲线，直接与村外的自然田地相接壤。此类中型水塘也可能由于村落扩张等原因，被完全囊括在村落内部，而在村落扩张过程中，常保持了水塘原本的岸线形式，因而仍保持着一侧岸线平直，另一侧呈现弯曲不规则的水面形态。中型水塘空间相比大型水体空间而言，空间更小，没有浩瀚旷远的大型水面空间感受，但随着水面的缩小，建筑边界与另一侧自然驳岸或新增村落建筑部分的连接更加紧密，空间有着更强的围合感。水岸上的传统建筑界面形式对于水塘空间的影响更加显著。（图6-2-6）

小型水塘空间，水体面积在200平方米之内，通常位于义乌江下游流域传统聚落的内部，四周全部由建筑围合，构成村庄内的小型取水公共场所。建筑界面构成的空间侧界面通过水镜面的反射，空间高度及进深感加倍，水面的倒影也使得空间更加灵动富有生机。即使是小型的水塘空间，空间的D/H比例通常也在2以上，水塘空间远比巷弄中的空间宽敞舒展。因而，小型水塘空间在村落内部构成了与巷弄狭长空间之间的鲜明对比，是村内豁然开朗、稳定舒展的生活空间。（图6-2-7）

6.2.1.2　碶渠

由于义乌江下游流域干旱少雨，土地沙质，因此此地传统聚落的碶渠相对浙江其他地区更稀疏，布局更简单，通常仅在聚落外围成环绕状，或少有几条碶渠贯穿整个聚落并连通至村外。

（1）碶渠的功能

碶渠是连接村内和周边农田的蓄水泄洪网络，既保证了不断有活水注入水塘，也满足了灌溉泄洪等储水需求。而且义乌江下游流域年降水量差异巨大，具有巨大的洪涝隐患，水渠

---

① （清）尹一勺. 地理精要[Z]。
②《清塘烟雨》蒲塘十景诗//蒲塘凤林王氏宗谱，2013年增订。

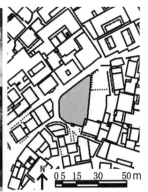

图6-2-6 中型水塘实例（蒲塘村枫树塘）

图6-2-7 小型水塘实例（蒲塘村蒲塘）

的存在为村内应对暴雨和集中降水，起到了重要作用。降雨时村内雨水沿巷弄排水沟渠汇入碑渠再向外汇入水塘，水塘涨水，减缓下游地表径流流出，而在干旱时期起到蓄水作用，可继续维持日常生活用水，以及用于灌溉村落临近的农田。

碑渠具有农业上的重要意义，是周边农业生产灌溉系统中的重要一环。村内以及周边农田中的水塘之间彼此用碑渠相连通，碑渠中的水流从水塘流出，不断汇入农田田垄。省去了大范围人工灌溉的劳苦，是古代劳动人民智慧的结晶。

碑渠也具有风水上的意义。虽然只是田间村外的细小水流，但在风水上碑渠仍然视为活水，是财富的象征。在天然水文条件有所缺陷的地段，常利用碑渠进行补救。例如，郑店村和雅湖村都有碑渠环绕明堂地的布局，从而进一步强化了明堂空间的风水格局。

（2）碑渠平面布局特点

义乌江下游流域多数传统聚落都有明显的外部环绕的碑渠水网，仙桥村、雅湖村、锁园村、蒲塘村、郑店村、含香村、中柔村等均可见绕村的碑渠网络。碑渠与周边的湖泊、河道

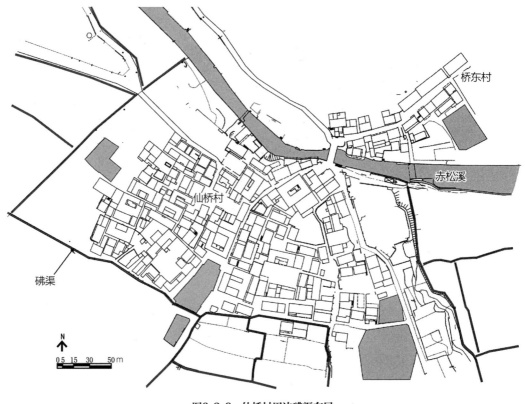

图6-2-8　仙桥村周边砩渠布局

等自然水体相连通，共同构成了水流环绕的村落水系。例如，仙桥村的西北、西南、东侧三
个方向砩渠水系环抱仙桥村，砩渠水直接汇入村东北侧的赤松溪。赤松溪与砩渠水道共同构
成了环村的水系网络，砩渠水网向外延伸，起到灌溉周边农田的作用（图6-2-8）。锁园村和
蒲塘村也都有同样明确的环绕整座村落的水渠布局。锁园村周边砩渠连通西北角的后姆塘、
西南的五斗塘、东北的寒食塘。后姆塘与五斗塘之间的砩渠因村落向西扩张，如今已具有村
内砩渠的特征（图6-2-9左图）。蒲塘村周边水塘众多，因而水网更丰富，因周边存在山体高
差变化，砩渠随地形变化而发生折拐（图6-2-9右图）。郑店村的宅图上详细描绘了村内砩渠
的具体位置，以此为依据，可复原出原本的砩渠水网（图6-2-7）。村东侧有砩渠环绕大明堂
空地，村西侧有砩渠连通西片塘水体。村北有沿古道进村的砩渠，是村内最重要的洗涤用水
沟渠。村内连通砩渠位置，还有暗渠通达宅院内部，供宅内直接取水使用。

（3）水渠空间

砩渠通常位于建筑外沿，与街道并行，随街巷的走向而折拐。沿街砩渠宽度通常在
0.4～1米，建筑出入口处跨渠设石板作为小桥。砩渠沿街成为街巷景观中的线性景观要素。
在建筑退后空间较大处，砩渠旁也有近似于埠头的台阶式处理，伸入水面，方便取水洗漱

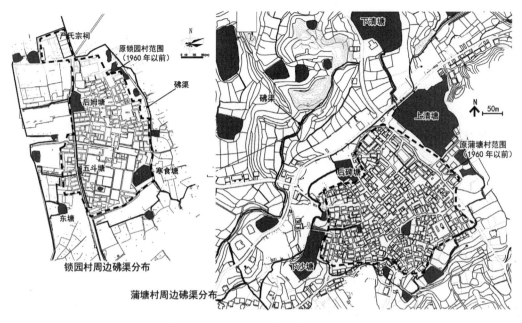

图6-2-9 锁园村与蒲塘村周边砩渠分布图

之用。聚落边界区域的渠道通常更宽,如雅湖村南侧的砩渠宽度为1.5~2米,起到一定的边界限定作用。砩渠的存在具有强化空间线性感受,加强景深的视觉效果。(图6-2-10、图6-2-11)

图6-2-10 义乌江下游流域水渠(澧浦镇郑店村)

图6-2-11　义乌江下游流域水渠模式图

6.2.1.3　河溪

之所以将河道和溪流统称为"河溪"，是因为义乌江下游流域地区对于河道和溪流的定义几乎没有区别，即使是宽阔的河道也均以"溪"命名，如赤松溪、孝顺溪、潜溪等义乌江下游流域分布有九条重要河溪，至南北两侧山上向中央的义乌江汇集。传统聚落中的仙桥村、下潘村、含香村、曹宅村、山头下村、孝顺村、郑店村、横店村这8个聚落都与一条以上河溪相邻界。义乌江下游流域所在的金衢盆地是浙江省相对干旱的区域，其内部河道远不及浙北宁绍平原以及嘉杭湖平原水网密集，其河溪主要被村落利用为边界屏障和用水水源，而水路航运极弱。河溪空间也展现出明显的边界空间特点。

（1）河溪功能

①边界屏障。边界屏障功能是义乌江下游流域河溪的最明显职能。河道和溪流对于此区域聚落具有重要的边界属性，是聚落的天然屏障。义乌江下游聚落的防御性并不明显，仅设街门控制各进村出入口，没有专门开凿的高墙和壕沟等防御型工事，只有临界的河溪是村落得天独厚的依仗，河道上仅能在桥梁处连通对岸，是聚落外围的保障。例如，曹宅和山头下村所选位置东西两侧各以一条溪流为界，族人自称双溪曹氏、双溪沈氏。郑店村北临河道，南侧紧邻积道山山脚处，构成山水环抱的格局。

②生活用水。义乌江下游流域聚落临近的河溪除作为防御上的屏障以外，作为生活用水的水源也是河溪的重要功能，在此用途上与水塘的水并无差别，河溪和聚落周边水塘共同服务于村内不同区域村民的生活用水需求。例如仙桥村，赤松溪河道位于村东北侧，而村西北有三文塘、西南有邢八塘等池塘水体，共同服务于整座仙桥村。河溪水面通常低于村内地坪2米以上，因此河道边多开设有为满足取水需求而设置的水埠头，成多级台阶的性质，伸至河道水面位置。河溪同时也是村内雨水径流的汇集外排通道，在汇入村内排水沟流出的雨水后，最终蔓延带入义乌江中。河溪中水源也与水塘湖泊水同样是周边农田灌溉的主要水源，砩渠的修筑都与邻近的河溪相连通。河溪的流水还是服务于村庄的天然动能来源，邻近河道的村庄会在河道上游临水建设水碓，即研磨用水车，借水流动力为村内公共事业服务。

③交通影响。义乌江下游流域的河溪的水运能力远不及浙江北部水乡平原地区发达。义乌江下游流域主要有义乌江和武义江常年通航水运。而其他河道中仅有潜溪、慈航溪、孝川

河、赤松溪等部分河道能够在汛季通行竹筏，用以运送物资，民居建筑所需的木材石板等材料通常通过此方法从义乌江运输而来。极少有河溪具有通航客运的能力。

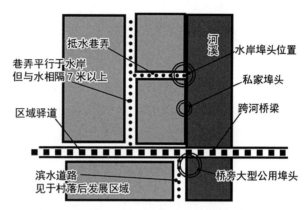

图6-2-12　义乌江下游流域河溪周边交通布局模式图

随着义乌江下游流域水土流失的进一步加剧，河溪日益干涸，行船能力进一步丧失。中华人民共和国成立初期，连最宽阔的主线义乌江也已经被淤泥堵塞，无法正常通航，直至重新疏浚后才恢复了原本的水运能力。作为原本义乌江下游流域中部县城的孝顺，据其《严氏宗谱》记载，原本孝川河能够通航船只，而且市基后方有河道支流连通，向北更有大型湖面可供停泊船只使用。市基所设位置原本是水运最便捷的所在。只可惜市基北侧河道已经干涸，被东西贯穿的现代公路所取代。

而义乌江下游流域地区陆地驿道交通发达，多条驿道连接金华县、义乌县、浦江县、武义县。河溪对于陆地交通而言是最大的障碍物。在驿道跨河位置通过桥梁或船渡才可通行。桥梁和河溪的存在另一方面又起到限制交通的作用。（图6-2-12）

（2）河溪周边交通布局特点

因为河道的边界性特点，义乌江下游流域聚落岸线一侧的民居建筑通常直接临水建造，每户院落各自开设台阶向下抵达水面。河道周边通常没有完全沿水岸的通行道路。聚落内巷弄也只在临水建筑的缝隙处设有公用埠头抵达水岸。

桥梁是连接河岸两侧交通的唯一跨河通道，通常仅设置在区域重要的交通沿线上，桥梁的建造水平也体现了村落的财力。仙桥村有二仙桥，含香村有鹊尾桥，孝顺有义济桥，山头下村西南有仁寿桥，唯曹宅有古桥五座跨于东西两坦溪至上。

河道明显起到对聚落边界的界定作用，临河村落通常只在河岸一侧建设，建筑延伸到河岸沿线戛然而止，河岸另一侧通常属于另一聚落，或是另一宗族分枝的定居区域。例如仙桥村，赤松溪东岸为桥东村，虽然隔溪有二仙桥连接金华至浦江的重要局域交通，但赤松溪河道仍为两村的分界线。曹宅村东西两侧均以溪流为边界，东侧为东坦溪，西侧为西坦溪，中华人民共和国成立以前坦溪之外原本全无民居建筑。

（3）河溪空间特点

①边界河溪空间

河道空间具有明显的边界景观特征，河道与沿河建筑物共同构成了聚落的外围屏障，河对岸为村外田地，或者是另一村落。河道水面距离地面通常有2米以上的高差，岸线上设置有多级

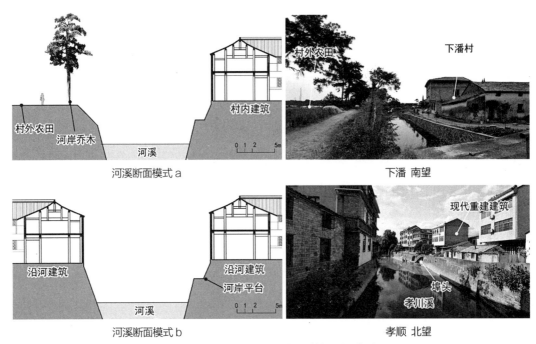

河溪断面模式 a　　　　　　　　　　　下潘 南望

河溪断面模式 b　　　　　　　　　　　孝顺 北望

图6-2-13　义乌江下游流域河溪剖面图及实景

台阶的埠头伸入水面。桥梁是连通陆地交通的重要连接点，桥梁上通常有极好的廊道式视野，可以一览村落边界的景致。边界河道与村落中部的贯穿河道空间上存在差别。(图6-2-13)

　　边界河道空间一侧为村内的民居建筑，另一侧为乡野田地，人文构筑物与自然景观之间的对比非常强烈。义乌江下游流域的下潘村、曹宅村、横店村、山头下村均为此类边界河道类型。但由于近代义乌江下游流域的发展变化，村落的河道外围也都建设了现代化的房屋，对原本边界河道景观影响巨大。唯有下潘村一处，因其东临河道远离区域省道，河东仍全部为农业用地，因此保持住了原本的边界景观格局。(图6-2-14)

　　②贯穿河溪空间

　　贯穿河道空间的河道两侧全部为传统建筑，两岸建筑隔河相望，但无法直接通达，由建筑立面与高起的河岸共同构成了人工化的廊道式空间。但因河道的边界性质，村庄沿河建筑范围通常仅有30~50米，因此放眼望去，仍可眺望到远处的自然景致，构成近处小桥流水人家，远处绿树农田的富有层次的美景。也由于风水考量，河道通常并不完全通直，在河溪下游河水流出的方向出现弯曲变化，而弯曲折拐处又广种植被，也使得河道视线以自然绿色收尾。河溪空间属于视线深远的廊道空间，尤其两岸房屋和树木相夹，以及水面的倒映效果更加强化了这样的空间感。

　　桥头空间是河溪中最为重要的交通连接点。人流通行最为密集，是重要的涉水空间，通常伴随桥梁设置有大型埠头。桥头位置可能出现庙宇作为关锁水口的风水构筑物，也可能有

图6-2-14　下潘村河溪沿岸界面分析图

亭廊等构筑物以便人们遮风挡雨。仙桥村的二仙桥位置有黄大仙庙设于赤松溪西岸，桥梁位置因道路的偏折而在河道两岸都出现一定的广场空间，黄大仙庙向西北面朝广场，位于坡地之上，临河桥边设有大型埠头。含香村的鹊尾桥以及河西岸的路亭鹊尾亭至今仍保存完好，河道东岸原本还设有文昌阁建筑。义乌江下游流域地区的桥头空间也常设有埠头，含香村、仙桥村、孝顺村、郑店村、山头下村、曹宅村、下潘村、锁园村等所有调研中所见桥头位置必伴随设有大型埠头，供路过行人以及邻近居民在此取水使用，部分河溪也可以在汛季通行小舟或竹筏，埠头也是竹筏运输货物的停靠位置。

　　河溪上的埠头是普遍存在的小型滨水空间，由于村落通常建于高地之上，河岸距离下方水面通常有2米以上的高差，因此河岸上埠头通常采用折拐台阶的处理方式，具体河溪埠头做法依据具体地形变化有所适应。曹宅镇东坦溪西岸为满足汲水以及通行需要还在河岸临水位置铺设出带状的滨水空间，可供村民在近水位置通行，并将多个埠头连接为一体。

　　6.2.1.4　水井

　　义乌江下游流域聚落中的古井遗存并不多，仅见于中柔、孝顺、曹宅、傅村、山头下村、蒲塘村、岭五村、雅湖村、锁园村、澧浦村、郑店村、仙桥村。水井空间主要有广场水井空间、街巷水井空间、水塘水井空间三类。水井井台通常为规则几何形状。

　　（1）水井的功能

　　①饮食用水

　　井台仅用于饮用水的取用，在使用功能上较为单一，不像水塘、碑渠等具有多重的使用职能。但干净的饮用水源是生存生活的必需品，因此水井的建设和维护在义乌江下游流域聚落中也备受重视。每个村落至少有1～2口水井由村民合力开凿，供饮水取用。水井通常开设在广场、巷弄路口或水塘旁等公共区域，推测是因为传统上认为宅院内不宜打井，以及财力的限制，因此义乌江下游流域聚落很少出现仅供一家使用的私井，通常多是公共使用的水井。

　　②划分街区

　　井在历史上还是划分街区的重要参考依据，《文献通考·职役考》有描述："昔日皇帝始经十设井，以塞争端……，使八家为井，井开四道，而分人家，凿井于中，一则不泄地气，二则无费，三则同风俗，四则齐巧拙，五则通财货，六则存之更守，七则出入相同，八则嫁娶相谋，九则有无相贷，十则疾病相救……即牧于邑、井一为邻，邻三为朋，朋三为里，里五为邑，邑十为都，都十为师，师十为州。"可见水井所辐射范围本是划定生活邻里区域的基本单元。公用水井不同，所属生活区块也有所不同。义乌江下游流域水井分布上也可以看出这样的区域划分，水井通常散布于村落的不同生活区块中，为村内不同区域的居民服务。

（2）水井空间的类型

①广场水井

在水井取水使用时常出现人流集聚的情况，因此义乌江下游流域水井最常见的位置设于开敞的广场空地中，广场空间由周边建筑围合成小型公共活动空间。水井位置通常位于广场一侧的建筑墙垣近旁，不影响周边交通。

例如，蒲塘村的两口古井上泉井和下泉井位于相隔20米的两层台地之上，两台地高差0.51米。"村中二井，曰上泉、下泉，冬暖夏凉，久旱不涸，味甘洌宜酿"。[①]其中，下泉井的周边空间保存更为完好。下泉井所在广场面积为68平方米。周边主要衔接三条巷弄。北侧巷弄直达蒲塘水塘沿岸，向南上10级台阶通往蒲塘村北的外围主路，西侧另有巷弄缓坡向上通往上泉井所在平台。下泉井井台位置依靠南侧台地及上方建筑，所在广场北侧建筑南侧临水，此建筑向下泉井方向轮廓成弧线形，因此整个下泉井广场整体平面形态略呈现出"凹"字形。（图6-2-15、图6-2-16）

上泉井（图6-2-17）所在广场空间面积113平方米。周边连接有巷弄6条，所在地段地势平缓，周边巷弄均以缓坡与广场平台相接。上泉井依靠西侧建筑而设。上泉井周边历史建筑损毁严重，多半建筑已翻新重造，广场东侧建筑仅有基址存留，因此整体广场空间已经失去了古朴的空间感受，但另一方面，上泉井仍水质清澈，至今仍是此区域居民用水的生活中心。

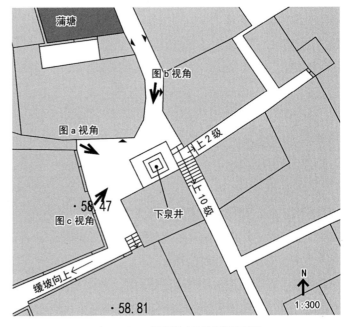

图6-2-15　蒲塘村下泉井广场平面图

---

① 《双泉清露》蒲塘十景诗//蒲塘凤林王氏宗谱，2013年增订。

图6-2-16　蒲塘村下泉井广场实景

②街巷水井

部分水井设置在村内巷弄之间，此类水井周边没有开阔的场地，但为满足取水时必需的停留空间，通常位于巷弄路口处或巷弄中较为开阔的位置。所处巷弄位置的交通情况也由水井的公共属性或私密属性所决定。供整个聚落以及外来人员使用的公共水井设于人流集聚的街巷繁华地段，而仅供几户人家使用的具有私用属性的水井则设置于偏僻的小巷内部。

孝顺上街位置的古井是街巷公共水井的典型一例，水井设置在孝顺直街和上街路交会路口处，其东南又有吉祥巷向南连通，东侧是孝顺街市上最繁华的地段，水井服务于所有往来孝顺交易的人群。从孝顺古图上可以看出，古井的存在历史悠久，所在位置临近西侧的五圣庙，东侧直达村外。从古井周边平面图可以看出井台所在位置位于上街路北侧，上街此路段宽度达7.5米，因此有足够的取水停留空间。古井所在区域在抗日战争中损毁严重，周边建筑几乎全为中华人民共和国成立后重建而成，但所幸街巷格局和宽度仍然遵循了孝顺上街的原

（a）

（b）

（c）

图6-2-17　蒲塘村上泉井广场平面及实景

本样貌，上街两侧原本全部为二层的商铺建筑，可在复原鸟瞰图中一瞥原本古井周边的历史原貌。（图6-2-18、图6-2-19）

　　井台位置除路口以外，还可能位于巷弄中端位置。此种情况下，水井所在位置为巷弄旁专为水井预留出的小型空间，周边建筑成"凹"字形环绕水井建设，曹宅村、雅湖村、傅村均有此类位于巷弄之中的井台。

　　雅湖村西部的水井就是巷弄水井的典型一例，水井所在位置位于水井弄北侧的小空间中，井台面积8.4平方米，井台东侧设有排水沟便于多余的水流出，环绕井台的为二层民居建筑，建筑面向井台一侧开设边门，可供住户直接出门取水。井台位置通常高于巷弄地平，以便取水用水时井台不至于完全浸没在水中。就区域而言，虽然井台位置处于巷弄中部，但向西北20米即与村西部的西南至东北向巷弄垂直相交，向东南12米又与另一西南向巷弄交会，

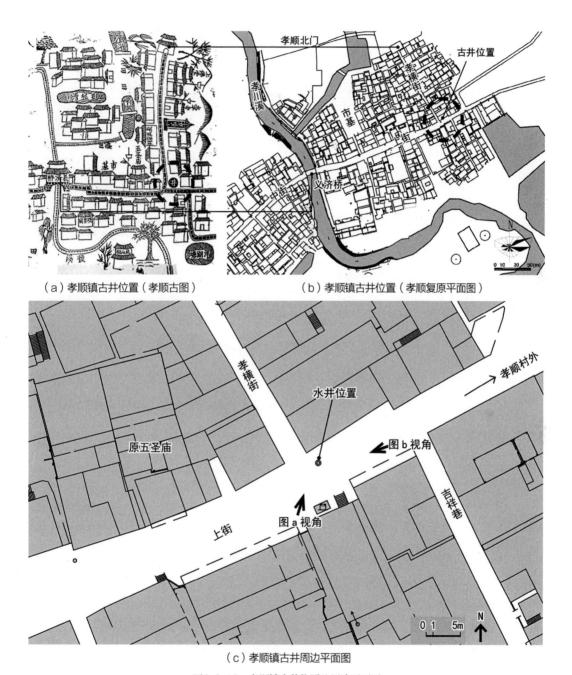

（a）孝顺镇古井位置（孝顺古图）　　　　　　　（b）孝顺镇古井位置（孝顺复原平面图）

（c）孝顺镇古井周边平面图

图6-2-18　孝顺镇古井位置及周边平面图
（左上图来源：孝川方氏宅舆图，孝川方氏宗谱，光绪二年重修）

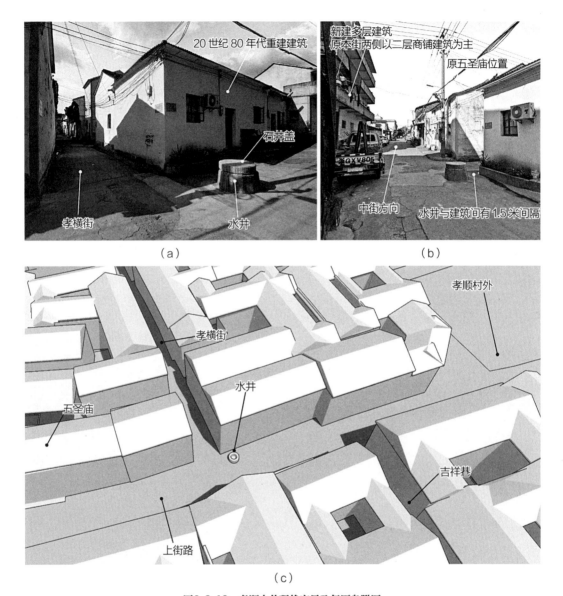

图6-2-19　孝顺古井现状实景及复原鸟瞰图

交通上仍能辐射雅湖村西部的大部分区域，是雅湖村内重要的公用水井。（图6-2-20）

　　另一类巷弄水井位于入户巷弄的尽端位置，属于仅供周边几户人家使用的私有水井。岭五村的长元井就是这样的一例。长元井开凿于清乾隆年间，位于坡阳老街东段，街北侧的巷弄尽头，巷弄宽仅1米，水井距离街面8米远，井所在空间面积仅为4.3平方米。如今巷弄西侧建筑损毁严重，但仍可从现场基址和当地村民的描述中辨识出建筑轮廓。水井北侧为建筑内部廊道，通过此廊道可连通街北的巷弄，廊道中央为东、西两建筑对开的大门。水井所在位置主要服务于临近两户建筑，周边区域定居的居民也能到此取水，而自坡阳老街过往的赶集

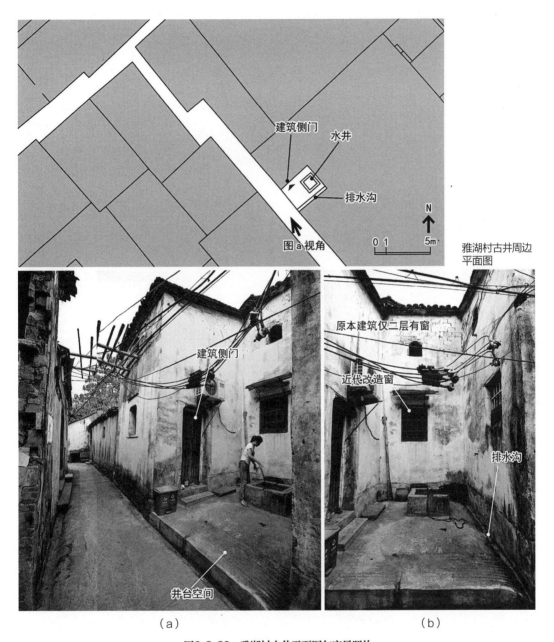

（a） （b）

图6-2-20 雅湖村水井平面图与实景照片

和路过的外人很难注意到水井的存在（图6-2-21）。

③水塘水井

义乌江下游流域很多水井分布在水塘岸线上或水塘周边区域。水塘所在位置地下含水量丰富，易于开凿水井。而水井所取为地下水，与水塘中水体并不相通，井水的水质也较水塘的水质更加清澈，能满足村民的饮用需求。依据水井所在位置的区别，可分为水塘旁水井和水塘内水井两类。

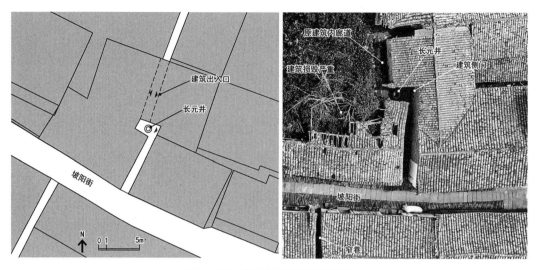

图6-2-21 岭五村长元井复原平面图

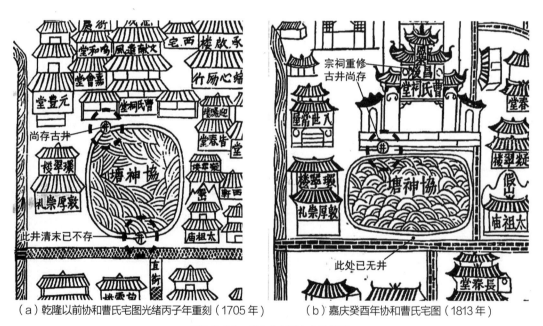

（a）乾隆以前协和曹氏宅图光绪丙子年重刻（1705年）　　　　（b）嘉庆癸酉年协和曹氏宅图（1813年）

图6-2-22 曹宅古宅图上古井位置
（图片来源：坦源曹氏宗谱，民国丙子重修）

　　在水塘旁水井的情况中，水井位于水塘的驳岸上的空地中，水井所在位置通常是水塘岸线上人流最密集的一侧。例如曹宅协神塘周边原本有两口水井，从载于光绪丙子年的曹宅以前的宅图上可以看出原本协神塘南岸、北岸各有一口水井，到嘉庆年间南岸水井已不存，而北岸水井，位于曹氏宗祠侧门门前，虽然曹氏宗祠经过大幅修缮改建，但水井依然留存至今（图6-2-22）。从现状水塘周边平面图可以看出，水井可视为宗祠与水塘之间的功能性构筑物

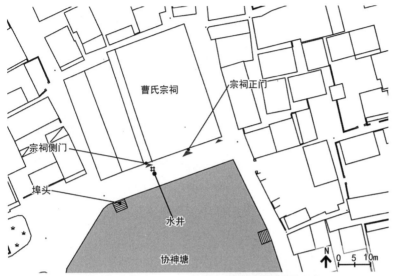

曹宅村
曹氏祠堂前水井平面图

图6-2-23 曹宅协神塘水井周边平面图及实景

（图6-2-23）。水井与水塘岸线相距4.7米，紧邻宗祠侧门门口位置。虽有水塘岸线上的20世纪80年代新植柳树的遮挡，但水井和水塘属于同一空间范围内，在水井周围目光所及是大型水面旷远的空间效果。孝顺原本也有两处临近水塘的古井，在孝川古宅图上有所显示。

水塘内水井也是义乌江流域常见的水井形式，水井位于水塘中，距离临近驳岸有2米左右的距离，与岸线之间有石板桥梁相连通，井水和水塘水不相干扰。例如锁园村村东的寒食塘的塘中水井（图6-2-24），为水塘中凸出的圆形石台，井台总体宽5.6米，面积24平方米。井台距离水塘岸线2.9米，有三块石板并置的石桥相连接。水井自远处望去，近似一座小型的水中岛屿。在空间效果上起到分割水面空间的作用。如今水井中的水已不能饮用，只做栽植水中植物使用。古井所在的临近水塘岸线是锁园村民取水用水的重要地点，古井所选位置正位

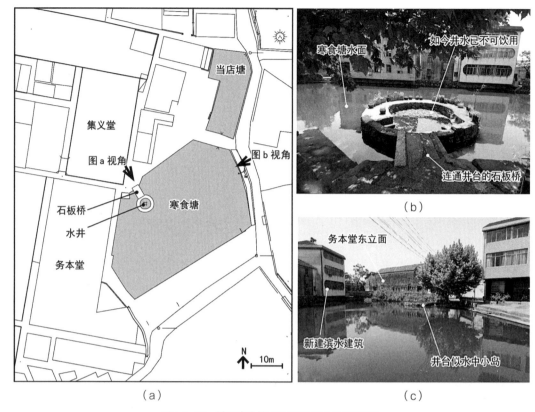

图6-2-24　锁园寒食塘水井周边区域平面及实景

于锁园村东侧一处重要的公共活动中心地带。虽然如今的寒食塘周边已被新建的现代建筑所环绕，但古井与邻近的务本堂相呼应，仍能使人感受到此处悠久的历史感。

塘雅村中央的大型水面东池中有一口八角水井，被记载于东池《黄氏宅舆图》中，也属于此类水塘中水井类型。从宅图上可以看出塘雅古井与锁园村的水井相似，同样位于水塘内部（图6-2-24），是原本东池水面北部，近似小型湖心岛的存在，在北岸上远眺，水井恰好可以与南岸的林带构成对景。古井所在位置也正是塘雅北部巷弄密集的交通枢纽区域，水井服务于整个塘雅村北部区域。（图6-2-25）

（3）井台样式

规则的几何形状是义乌江下游流域古井井台的最大特征。义乌江下游流域古井井台主要有圆形井台、方形井台、六角形井台、八角形井台等几种类型（图6-2-26）。但无论具体形状如何，义乌江下游流域井台都有着规则的中心对称形式。据记载，民国期间澧浦村"有古井，圆形者一，砌方式者四"，[①]可见就井台形式而言，圆形与方形是最主要的井台形式。此

---

① 方少白. 澧浦街市记. 民国三十五年. 原载于澧浦王氏宗谱，现宗谱已失，见于金华市金东区澧浦镇党委、政府等编. 积道山下澧浦镇[Z]. 内部发行。

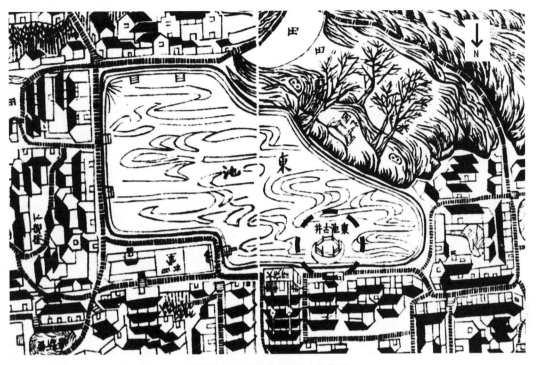

图6-2-25　塘雅古宅图上古井位置
（底图来源：东池黄氏宗谱，民国十二年（1923），原图旋转180°）

雅湖村方井　山头下双井　岭五村八角井　傅村八角井

图6-2-26　义乌江下游流域常见井台样式

外，义乌江下游流域水井以直取井为主，台阶下井调研中仅见两处，分别是傅村镇的八角井和仙桥村的二仙泉井。

　　现存可见的义乌江下游流域传统聚落的古井井台样式主要有三种形式，圆形井台是义乌江下游流域较为常见的一类井台，井口为圆形，凸出于地面，井台由一块完整石材打磨而成。圆形井台井口小，通常每次仅能容一只水桶探下取水。井口小因此容易遮盖，圆形井台上常设盖子遮掩井口，以防止外来的灰尘或脏污落入水中。方形井台在义乌江下游流域地区也十分常见，此类井台几乎与地面持平，井口由四块条石拼合而成，井口面积大于圆形井台，可供多人同时打水。蒲塘村的上泉井和下泉井井台均属于方形井台类型。

八角形井台仅见于傅村一处。八角井位于村西北角，进村主路东侧。八角井如今又名八角塘，近似一口小型水塘。水口成规则的正八边形，邻路一侧有台阶向下伸入水面。傅村《傅氏宗谱》中描述："族之北阜有井曰八角，方广二十尺，有奇深十五尺，东至屋勒，南至祠基，西至天溪，北至秧田。自宋逮元迄明仍其旧名而不敢改易也[1]。"曾经整个傅村居民都主要引用此井之水"族食指曰几万余皆取给于此水，大旱不竭，大涝不盈"。[2]八角井属于台阶下井类型，更常见于浙江嵊州、台州地区。义乌江下游流域传统聚落中更多其他水井均为竖直提水井。

随着历史变迁，义乌江下游流域地区的地下水情况也发生了巨大变化，很多古井已经废弃不存，一些水井有水，但水质已经远不如以前，无法作为饮用水源，只能供平日洗衣之用，如雅湖村的古井，井水泛黄绿色，仅作为偶尔洗衣和向游客展示井口取水使用。

而此地区仍有一些古井始终作为饮用水源使用，为保证水质不受污染，以及实现自动化供水的需求，通常在此类水井上加盖简易房屋，将水井改造为服务村内饮水的小型水站，郑店村明堂地北侧的古井就是这样的一例。义乌江下游流域其他仍用作饮用水源的水井，也都一定会在上方加盖严密的金属井盖，下方有管道和水泵，直接引水至临近的住户家中。井盖仅在必要时开启。

水塘、碑渠、河溪、水井是义乌江下游流域传统聚落四类空间形态各不相同的滨水空间。其中水塘尤其是义乌江下游流域水系中最主要的组成部分，与传统农业紧密相关。碑渠是连通各块状水塘的水系网络，河溪构成了聚落的常见边界。由于义乌江下游流域私家井较少，水井作为公众使用的主要饮用水源，在此也依据其功能划分为生活空间中的滨水空间一类。

6.2.2   生活广场——"明堂地""基"与晒谷场

义乌江下游流域的广场空间主要包括"明堂""基"与晒谷场三种类型。广场空间的存在满足了不同类型的生活需求。明堂地主要是出于风水考虑而构建的广场空间，是聚落主体建筑与水体或道路之间的缓冲空间。"基"与晒谷场是金华地区对于除明堂以外其他广场的称呼，主要提供给居民晾晒衣物、谷物，日常交流休憩等使用。因为义乌江下游流域对日照和晾晒谷物的需要，生活广场是居民日常使用频繁的空间。

6.2.2.1   明堂地

明堂地是义乌江下游流域各村普遍存在的广场空间。大型的村落明堂地见于郑店村、雅湖村、曹宅村、山头下村、下潘村等地，是宗族聚居村落的重要生活空间。

---

[1] 徽仕郎祠长成哲撰. 八角井记. 崇祯四年. //东山傅氏宗谱：卷二文集，2006年重修。
[2] 同上。

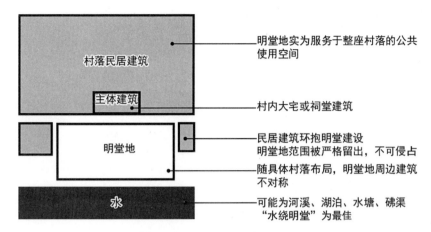

图6-2-27　明堂地基本模式图

明堂地有着明确的布局和方位规则（图6-2-27）。明堂通常朝向南方或东方，面朝水体，后方紧邻主体建筑。出于明堂地的特殊性，明堂地的存在在建村之初就经过了严格的考量和划定，之后的宅地均不可侵占宗族氏族所定下的明堂地空间。此场地供村民或大宅族内民众共同使用，所以多数明堂地空间被较好地保存至现代。

就明堂地的平面交通而言，通行路径环绕明堂布置。明堂地空间是毫无遮掩的一整块平展土地，实际使用中本可自由跨越通行，但在风水意义上明堂属于一整块完整区域。村落的大明堂空间通常临近区域性的主要交通车马道。从山头下村的舆图中就可以看出山头下村东南侧的主要驿道从明堂地的西北经过。塘雅镇的上明堂有区域性的主要道路环绕明堂的南、北、东三个方向。王畈村和郑店村都有主路自明堂地与后方主体建筑之间通过。由于明堂地的体量巨大，以及服务于村内居民日常生活，明堂空间通常有两条以上巷弄直达明堂。例如郑店村大明堂地（图6-2-28），区域主要驿道通过明堂的南部和西部区域，村内有三条巷弄经过主体建筑的两侧，伸向郑店村内部。雅湖村的大明堂坐北朝南，位于村东南角（图6-2-29）。明堂南侧区域主要是东西向驿道通过。雅湖的明堂地的东侧和北侧均有路径经过，向西连通雅湖村的主要巷弄——通天巷，向北连通村外侧山地的外围道路。

就平面形态而言，明堂地空间是村内大尺度的广场空间，明堂地面积通常在500～2500平方米，下潘村上顶厅前的属于小明堂的明堂地，面积也有706平方米。郑店大明堂面积原本2100平方米，民国后缩减到1524平方米。雅湖村明堂地1074平方米。空间D/H比例大于3，是村中视野最为开阔的区域，和民居内的小天井、狭长的巷弄空间都形成了鲜明的对比。

明堂地空间具有强烈的领域感和向心性的空间特点。明堂地空间又介于村落大型厅堂宅院建筑和边界水体之间。即使是位于村中部的明堂，也只服务于村内部分区域，与聚落其他区域通过砩渠水体和主要道路进行间隔，这样的边界特点使明堂地空间具有了明确的领域

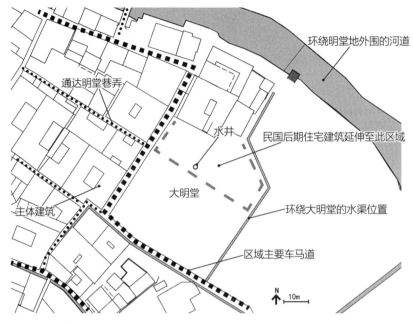

图6-2-28   郑店大明堂及周边复原平面图

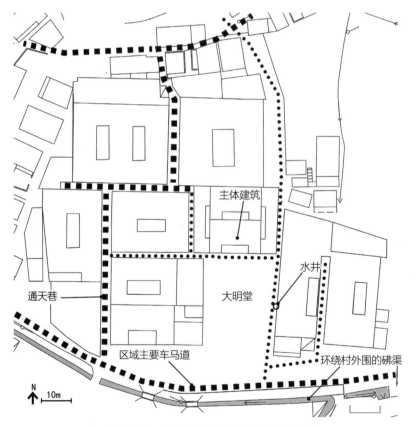

图6-2-29   雅湖村明堂及周边区域复原平面图

感。使人身处其中能明确感受到进入此村落或此部族的领域范围。而明堂地的向心性主要由主体建筑产生。虽然明堂地空间的平面上与其后方的主体厅堂建筑不是完全正对，但在空间效果上，由于主体建筑自身明确的中轴对称效果以及建筑高于周边其他民居的制式和外观，而构成了明堂空间内最明显的视觉焦点。尤其郑店村大明堂旁的主体建筑位于场地偏北侧，但空间上仍能起到领导全局的作用。主体建筑宏大的规模和体量也为整个空间提供了稳定感和聚合感。不过比较可惜的是就目前明堂空间的现状来看，由于主体建筑立面损毁严重或早已损毁不存，很多明堂地空间的向心感已不复存在。加上周边民居建筑的肆意改造和新建，明堂地空间多数已沦为一块普通的村内空地。（图6-2-30～图6-2-32）

6.2.2.2 "基"

"基"是义乌江下游流域传统聚落中另一类重要的广场空间，在聚落落成发展过程中与区域宅基地同时规划而出。其具体起源与来历已详述于4.2.2.4 "义乌江下游流域村庄聚落的广场核心"章节。就其具体空间形态而言，"基"的形态与布局远比"明堂"要灵活随意，更少受到风水等理论的制约。就其空间形态而言，也与明堂地一样是一整块平整的空地，无任何植物栽植，地面通常为素土夯实的普通土地，部分富庶聚落可能采用条石和卵石进行镶嵌。郑店村的"基"（图6-2-33）位于聚落中部，从宅图中可以看出这块空地原本为方形，是西侧"西郑"郑氏宗族分支营建聚落的环绕核心。后由于周边建筑增多，民居建筑朝向与郑氏最初建立的住宅有所偏斜，以致此块广场空地最终发展为建筑四面围合的不规则四边形。

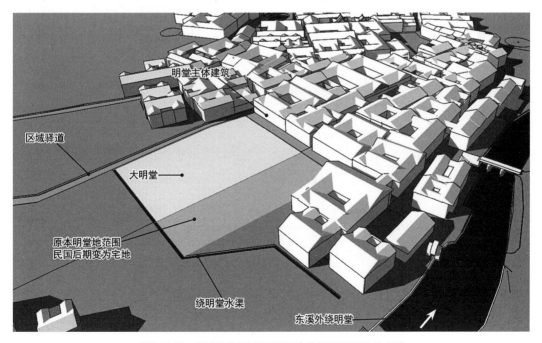

图6-2-30 郑店大明堂复原效果图（对应平面图图6-2-28）

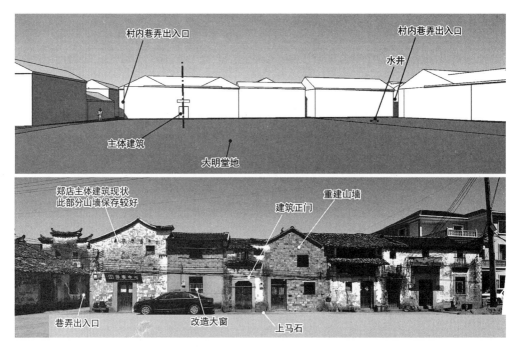

图6-2-31　郑店大明堂西侧正面界面复原效果与实景（对应平面图图6-2-28）

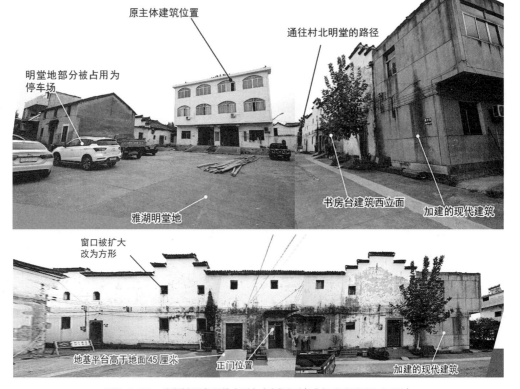

图6-2-32　雅湖村明堂现状实景与东侧界面（对应平面图图6-2-29）

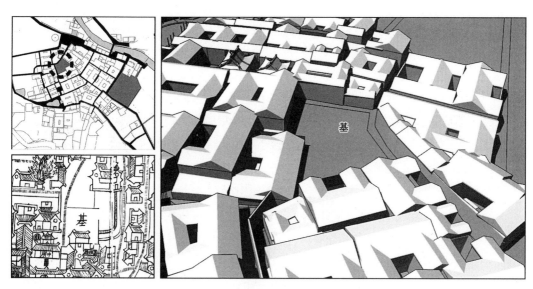

图6-2-33　郑店村"基"广场空间分析

"基"的平面交通上承载了至少三个方向的交通。其本身是一块平整宽阔的场地，在无谷物占用的情况下可由居民随意穿行。但场地周边也多设有半环绕的巷弄路径。"基"的空间尺度大，通常面积在400平方米以上，为满足充足的日照条件，广场的D/H比例至少大于3。与周边狭窄的巷弄对比，具有豁然开朗的空间效果。

6.2.2.3　晒谷场

此类空间主要用于晾晒谷物、衣物等活动而自发演化形成。义乌江下游流域地区日照强烈，而宅院内天井仅不足10平方米，因此村中的晒谷场是村民主要利用日光能源服务于日常生活的场所。在晾晒功能方面，"明堂地""基"与晒谷场的功能完全一致，但晒谷场的位置随机，通常无明显的风水学意义。

（1）晒谷场的形成

晒谷场主要由不适宜耕作或建设房屋的闲置土地及建筑损毁后的建筑基地构成。

①闲置空地。历史上村外围的农田始终是最为宝贵的土地资源。而最为次要使用功能的晒谷场则利用村旁不适于耕种且风水上不适宜建造住宅的部分土地夯实后建成。这类地块可能是村周边瘠薄的砂石土地，或水体周边的浅滩区域。部分河道干涸后化为多个水塘，水塘周边的干涸区域常被抚平作为广场使用。村落的田地和房屋建设是最重要的两项活动，相比较而言，晒谷场空间并不是必须存在的，因此除风水考量的明堂之外，村内能够建设房屋或变为田地的土地会不断被村民侵占使用，只有完全不适合耕种和建屋的地块才始终作为"基"被保留了下来。

②历史建筑损毁后基址。建筑损毁后的基址是另一类极佳的晒谷场所。义乌江下游流域

聚落多始建于宋元两代，受历代朝代更替、战乱等影响，不断有民居建筑荒废或直接焚毁，沦为废墟。此类建筑基址本身被清理之后就是极佳的晒谷场。建筑基址平整宽阔，而且本已做夯实处理，又采用多层砖石铺设而成，不宜滋生杂草。在清末的太平天国时期和抗日战争中，义乌江下游流域大部分村落都经历了战火的洗劫，大量房屋建筑遭到损毁。在战争之后部分住户在原本建筑基址上重建家园，而部分建筑基址就作为晒谷场保留了下来。孝顺、山头下、曹宅等村大多如今所见的晒谷场都属于此类情况，自原本建筑基址改造而成。

（2）晒谷场的空间形态

晒谷场空间与"明堂地""基"的空间相仿，但因其布置位置更加随意，周边不一定有水体出现。通常为三面或四面民居建筑环绕布局形式。晒谷场所在位置的随意性也决定了此类空间可能出现在村内中央位置，也有可能位于村的边缘地带。

晒谷场空间的界面由周边建筑围合而成。这些构成晒谷场空间界面的建筑立面相对于明堂地存在很大差异。明堂地和基是建村初期规划出的预留区域，而晒谷场属于村落建成后形成的空间，因此晒谷场周边建筑的立面缺少装饰，远不及明堂地周边建筑立面整洁明确。很少有民居建筑面向晒谷场开设正门，仅有原本巷弄上部分建筑开设的侧门可能恰好面向晒谷场方向，部分建筑基址形成的晒谷场，可以从场地后方看到原本晒谷场位置的建筑在临近建筑墙面上留下的痕迹。（图6-2-34）

图6-2-34　义乌江下游流域建筑损毁形成的晒谷场

建筑损毁而形成的晒谷场则完整保留了原本此处建筑周边的交通布置。建筑基地稍高于周边巷弄地平，起到一定路径限定的作用。闲置土地形成了晒谷场，也因为周边路上地面铺设方式的不同而能够明显区分晒谷场部分和巷弄的分界。广场内通常完全无绿化设置，为避免挡光，必无大型乔木的栽植。少数晒谷场周边区域有村民自建的小型菜地，可视为晒谷场周围的一抹绿色。也因为晒谷场作为晾晒使用，空间旷远，烈日下广场常见晾晒着谷物或衣物，居民则躲在场地周边阴凉的墙下通行，多聚集在巷弄出入口位置乘凉。

广场空间内部少有特定的装饰性构筑物，唯有场地边界处可能设有条石坐凳，供居民休息使用，场地上遗留的部分石块都被用作晾晒活动中的镇石使用。为满足就近村民的用水需求，部分村落在晒谷场周边开凿水井，这样的水井开设在空地广场形成之后，为满足使用需求而添加。

义乌江下游流域聚落中的明堂、地基或晒谷场在当代仍继续被用作广场空间，是社区公共生活的重要组成部分。居民晾晒谷物、衣物以及活动需求和以前并没有太大差异。2000年以后的美化乡村运动中，很多广场空地被加上了凉亭、健身器材、花坛绿篱等构筑物，地面浇筑水泥进行了硬化处理。将整座广场打造成和现代城市广场相近的现代化广场绿地。笔者认为，这样的广场处理虽然初衷是为了更好地服务于民众的日常生活，但广场过于千篇一律，缺少地方特色，也消减了传统聚落整体的历史氛围。如何设计出既符合当代居民公共使用，又不破坏原本传统聚落整体风格，是需要进一步探讨的重点内容。由于居民私家车使用的大幅增加，部分核心广场被用作停车场，对于原本空间性质有较大影响，维护生活广场空间的正常使用涉及现代机动车道及停车场空间的规划管理以及村民共同的维护和保持。

6.3　贸易空间

义乌江下游流域聚落的贸易公共空间主要由街市、市基广场两部分组成。贸易公共空间主要存在于义乌江下游流域具有贸易职能的市镇聚落中。街市是最主要的贸易活动场所，同时具有交通功能，属于聚落甚至整个区域车马道的一环。市基广场具有临时性的贸易市场作用，部分市基广场由原本的生活化广场明堂地或者晒谷场演化而来。贸易空间是五类公共空间中公共性最强的空间类型。生活空间和仪式空间都属于限于本村居民使用的公共空间，而贸易空间服务于整个地区的多个村庄，周边村落的居民在集日都可前来街市或市基进行交易活动。

6.3.1　街市

街市又俗称为老街，是各市镇聚落的核心骨架，两侧店铺林立，是传统商业空间的重要组成部分。因为具有贸易功能，是不同于其他巷弄的单独一类线性公共空间。

6.3.1.1　街市总体形态

街市空间总体形态为带状廊道式空间。为符合风水上"藏风聚气"的要求，通常总体上曲折绵延，身处其中无法望见尽头，如图6-3-1所示。街市中途以巷弄、祠庙建筑、河道作为中部的间隔。主街与两侧巷弄垂直相交，整体展现出鱼骨的形态，巷弄之间的间隔平均在30～40米，间隔最近处仅相隔13米，相隔一栋建筑即有两条巷弄，最远的间隔为70米左右，连接成片的商业建筑仅指向内部院落的出入口。巷弄是联系街巷与其他区域的必要交通，巷弄的存在使得街市界面呈现出断续的韵律感。跨过的河道也是打断街市空间的间歇位置。含香镇中途有鹊尾桥横跨香溪，跨桥处道路发生112°折拐。仙桥村有二仙桥跨越赤松溪，桥两端与主街成116°折拐，连接河道两岸平行但不在同一直线上的两段街道。孝顺镇中间原本有西寨桥和义济桥两桥跨越溪流，都是商业空间中央的间歇位置。（表6-3-1）

6.3.1.2　街市空间特点

义乌江下游流域街市普遍以两侧两层商铺建筑所围合的空间结构为主，少有一层与三层建筑。具体而言，义乌江下游流域街市空间总共有四种模式。其中模式A两侧均为二层商铺的情况最为普遍，占据此区域总体街市的80%以上。部分街市上存在一层商铺的位置通常呈现

图6-3-1　街市绵延曲折的总体形态
（图片来源：孝顺镇复原模型）

义乌江下游流域街市长宽数据统计　　　　　　　　　表 6-3-1

	街市宽度			巷间隔距离			街市总长度
	平均宽度	最窄处	最宽处	平均	最窄	最宽	单位：米
孝顺	9，3.3	3.3	11.7	31	27	49	584
低田	4.5	3.3	5.4	35	23	67	250
澧浦	4.1	2.7	8.1	45	21	70	511
洪村	3	2.3	3.3	32	20	43.8	130
曹宅	3.5	2.6	4.5	31	21	66	380
岭下朱	3.5	3.2	4	30	16	68	310
含香	3.6	2.5	3.9	25	13	41	280
二仙桥	3.4	2.6	5.2	42	24	56	234
横店	3.9	2.65	4.8	33	15	46	295

注：数据来现场自测及金东区各镇规划所测绘地形图。

出模式B的断面形式。此外存在一侧为商铺，另一侧为民居建筑的情况（模式C），多为原本村落演化为集镇而导致。模式D二层建筑与三层建筑共同围合的街市形态较少出现。三层商铺建筑仅见于孝顺镇与横店村，据孝顺镇村民讲述，在民国时期还有另两座三层商铺建筑位于义济桥西岸，毁于日军轰炸。（图6-3-2）

　　就空间比例而言，D/H比例通常在1/2～1。孝顺、澧浦等部分路段街巷宽度可达8米以上，D/H比例大于1。在街市空间中，人的视线主要聚焦与两侧商铺，宽阔的街道也满足了大量车马人流的通行需求。

　　街市由两侧商铺建筑构成侧界面。商铺建筑横向上以五开间和三开间居多，也存在一开间、二开间、七开间等情况，随具体场地宽度灵活变化。两栋建筑间隔处共用一座防火山墙作为隔断。因巷弄通行需要，商铺建筑低层会设有通行廊道，构成侧界面中的间隔和变化。地面原本铺装为条石板与卵石共同构成，可惜由于现代通行需求都在20世纪70年代进行了水泥浇筑。街市的顶界面主要为半围合的形式，由两侧商铺屋顶的延伸组成。街市通常还会出现临时性的顶界面，商家为遮挡烈日或雨水，在街面上悬空挂黑色或白色的遮光布，从而改变了原本的空间感受。（图6-3-3、图6-3-4）

6.3.1.3　街市节点空间

　　街市与巷弄交会路口的位置，常见上方有过街门楼的廊道形式连通后方巷弄或院落。二层为临近商铺建筑的延伸，一层不影响主街与巷弄之间的联系。如图6-3-4孝顺西段南立面中所示，廊道空间有两种情况，一种是跨过小巷的过街门楼，位于商铺建筑的一端，横跨宽

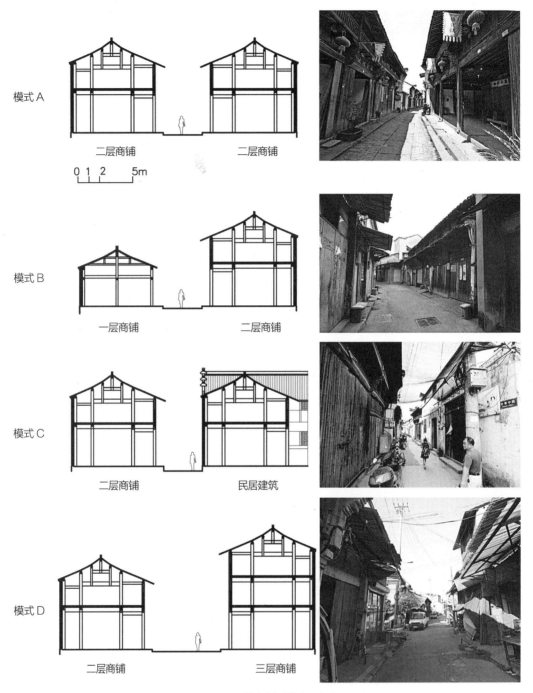

模式 A

二层商铺　　　　　　二层商铺

0 1 2　　5m

模式 B

一层商铺　　　　　　二层商铺

模式 C

二层商铺　　　　　　民居建筑

模式 D

二层商铺　　　　　　三层商铺

图6-3-2　街市剖面模式及实景

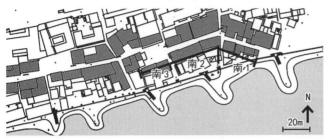

（a）低田村街市复原平面图　　　　　　　　　　　　　（b）低田村街市实景

（c）低田村街市南立面实景1

（d）低田村街市南立面实景2

（e）低田村街市南立面实景3

图6-3-3　低田村街市立面实景

度1.5米左右，与小巷相连；另一种在商铺建筑正中位置开设通道，形成跨过约3~4米的中央通廊连通后方生活区域。

　　街市中主要的空间节点还包括两端入口位置以及中央主要街巷交叉口处。这些位置的商铺建筑会随道路形态而改变，临界路口的建筑通常还会营建朝向路口或另一条道路的店面入口，商业气氛浓郁。低田老街东端的商铺界面成圆弧状，既满足通行需要，又增加了店面的宽度。曹宅坦溪老街东段与市基广场交会位置，商铺呈"之"字形折拐，是市基广场与街市的巧妙衔接点。澧浦镇东端成双岔路形式，空间平缓增大为三角状，与财神庙共同构成令人印象深刻的广场式空间。洪村老街两端出现的"U"形折拐均用依附在后方建筑上的一层低矮建筑实现。外凸的一层建筑与另一侧内凹而成的建筑相呼应，构成了洪村老街两端的过渡性空间。（图6-3-5）

孝顺镇靠西段南立面片段

过街楼通道空间

通道空间

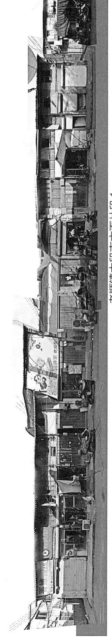

孝顺镇中段南立面片段1

三层商铺建筑

孝顺镇中段南立面片段2

孝顺镇中段北立面片段

图6-3-4　孝顺镇衢市实景立面拼合

跨过小巷的过街门楼　　建筑中部的过街楼通道　坐凳

图6-3-5　街市中的过街门楼

6.3.2　市基

市基广场主要存在于市镇之中，是临时性的贸易空间，每处集镇自行定有集日，每旬逢五逢十，或逢三逢七，设集市。在集日，市基广场允许任意摆设摊位，热闹非凡。平日，也会有部分流动商贩在此铺设摊位。

市基广场空间选址位置通常是最主要的交通人流密集区域，与街市直接相连。随着市基广场上贸易的进一步发展，广场周边建筑也陆续建设为与街市相同的商铺店面形式，以便于长期进行经营活动。市基广场与街市的店面连接成片，成为一体的贸易空间。孝顺镇的市基广场主要考虑水运交通而设立，其北侧紧邻原本通航的后溪支流，并有可以停泊船只的水湾。市基广场南侧由通市巷与孝顺主体街市孝顺老街相连通。民国后期，后溪水位下降已不具备通航条件，主要交通方式转为陆路运输，但市基广场的位置仍然保留下来，至今仍是孝顺镇一处主要的农贸市场（图6-3-6、图6-3-7）。

曹宅村的市基广场位于主街中央位置，市基所在位置向东连接协和街，向西连接拱坦街，与两端街市共同构成一体的商业贸易区域（图6-3-8）。如上文所述，由原本聚落的明堂地和席田改造而成。周边商铺建筑环绕，至今仍是集日重要的贸易活动场所。广场中央有古井一口，名为有孚井，开凿于光绪癸卯年春（碑刻为证），当属市基形成同期，供路人打水休息。此外曹宅村整体地势上具有东西高、中间低的特点，市基广场正位于低洼地点，市基东

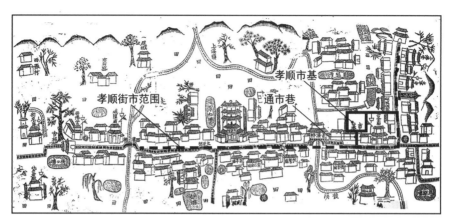

图6-3-6 孝顺古宅舆图上描绘的市基与街市位置关系
（图片来源：孝川方氏宅舆图，孝川方氏宗谱，光绪二年重修）

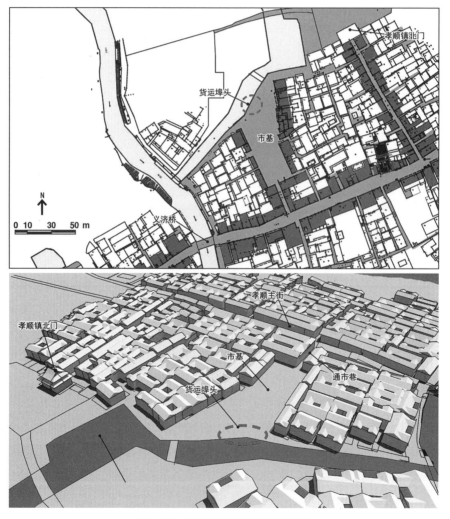

图6-3-7 孝顺市基平面与复原鸟瞰图

曹宅市基广场平面图

曹宅市基广场实景

有孚井

排水砩渠

曹宅市基广场南侧界面实景

曹宅市基广场东侧界面实景

图6-3-8 曹宅村市基平面及实景照片

侧的砩渠为村内主要的汇水排水通道。

　　义乌江下游流域很多市基广场使用至今，继续服务于当代的商贸活动，孝顺镇、傅村镇、含香镇等地的市基如今都作为农贸市场使用，在场地上搭建高敞棚架，便于贸易活动的遮阴。不过由于频繁的贸易活动需求，市基广场周边建筑更替频繁，多在周边建设了多层的钢筋混凝土建筑，已经很难找到原本历史街区的空间印记。

6.4　仪式空间

义乌江下游流域传统聚落中仪式公共空间主要由宗祠、庙宇、祖坟、风水树、水口共同构成。仪式空间几乎全部分布于村庄的外围区域，属于村落边界空间中的一环。

6.4.1　宗祠

宗祠通常是义乌江下游流域各传统聚落中规模最为宏大的建筑，是血亲宗族综合财力及权威的体现，也是全族民众精神生活的中心。义乌江下游流域单姓聚居的村庄通常只有一座宗祠，而多姓混居的部分市镇聚落有宗祠2~3座。

6.4.1.1　宗祠的文化内涵

据现有宗谱等资料记载，义乌江下游流域聚落中的宗祠兴建活动开始于宋代，但为数不多，宗祠建筑也相对简单。元代义乌江下游流域地区宗祠的发展已初具规模和制式，但仅限于贵族上层士人阶层的宗祠。明代广泛推行朱熹理学中《家礼》中有关祠堂的内容正式列入国家典制，成为明清以后宗祠建造的主要依据。徐一夔等人撰修的《明集礼》，比较详细地概述了明代初期祠堂建设和祭祖的情况。至明万历年以后，庶民也被允许建设祠堂，此后义乌江下游流域地区多数宗族都在各自宗族聚落外围选址修建本族的宗祠，在清代260多年的时间里，浙中地区建祠之风盛行，大部分宗族出于各种动因，举全族之力修建宗祠，共修建了1000多个规模不一的宗祠。宗祠的规模、形制被认为是展示宗族势力与地位，团结族人的重要工程。

6.4.1.2　宗祠的空间形态

宗祠的制式在朱熹《家礼》中有明确记载，义乌江下游流域对于宗祠制式的讲究均遵照于此：即"祠堂之制三间外为中门。中门外为两阶，皆三级。东曰阼阶。西曰西阶。阶下随地广狭以屋覆之。令可容家众叙立……"依据这样的定式，义乌江下游流域传统聚落中的宗祠通常为典型的三进院落，从前到后，一是大门门屋，二是拜殿，或者叫享堂、祀厅，是举行祭拜仪式的地方，三是寝室，是从《礼记·王制》里说的那个"庶人祭于寝"的"寝"字引发出来的名称专为供奉祖先神位。

作为仪式性公共空间的宗族祠堂是严谨的多重公共空间序列，由前广场空间、门殿、天井、正殿、天井、寝殿构成。祠堂门外场地及门殿空间是宗祠体现仪式性的主要部分。宗祠建筑的门口立面集中体现了一个宗族的社会等级、财力和审美意趣。宗祠前通常有一定的平台空间作为进入宗祠前的缓冲空间。在风水上讲究堂局最宜开阔，但义乌江下游流域宗祠的实际情况中，有很多宗祠门前空间并不充足。傅村的傅氏宗祠、山头下村的沈氏宗祠、蒲塘村的王氏宗祠等祠堂的门前空间有较大的堂局。横店村的项氏宗祠朝北临界村内东西向主街，街道与宗祠大门没有任何缓冲空间，大门呈"八"字形向内凹进，才使得门口与大门之间有一定的距离。曹宅村和含香村的曹氏宗祠正面与水岸之间仅相隔不足5米，而且临水设有照壁，进一步阻隔了宗祠大门与外围的边界距离。曹宅的曹氏宗祠据曹氏宗谱上描绘的宗祠图来看，清乾隆年间重新修缮后的宗祠两侧向前延伸，与其临水的照壁墙共同构成了一进墙体围合的空间，两侧巷弄位置设有门洞，水井、旗杆、石狮子等构筑物全部被囊括在墙内。在宗祠正对水塘的情况中，水面构成了门口空间视线上的延伸，郑店村的郑氏宗祠、畈田蒋的蒋氏宗祠、岭五村的朱氏宗祠、蒲塘村的王氏宗祠都因为水面空间的存在而使空间有所伸展，位于宗祠的门廊位置向外观望，可以有更加广阔的视线。（图6-4-1~图6-4-4）

旗杆、石狮子、抱鼓石是宗祠门口最常见的构筑物。抱鼓石属于门殿的必备构筑物。旗杆代表了一个宗族的仕途情况，一人中举才可设立一对旗杆。像协和《曹氏宗谱》上记载的曹宅村的曹氏宗祠门前的四对旗杆、郑店《郑氏宗谱》上描绘的宗祠门前的三对旗杆都代表了一个宗族曾经的仕途成绩。

门殿是宗祠建筑的入口过渡空间。中央为通行使用的门厅，两侧及厢房是用作储物等功能的辅助用房。正殿及其前方的天井是宗祠内的主要公共活动空间。正殿具有祭祖、议事、集会等重要作用。

部分宗祠门殿向内设有戏台，面朝后方寝殿，作为村内主要的娱乐空间，会在每年的重要节日以及春秋两次祭祖时演戏敬神。演戏可以团结族众，宣扬忠孝节义，演戏唱戏也是村民娱乐、宣泄和展示的舞台，所以义乌江流域才有大量宗祠中搭设戏台。

义乌江下游流域每个聚落的宗祠兼有处理族内纷争的评判场所，族内有对外的大事发生也都在宗祠内在族长主持下共同协商解决。这些活动都集中在宗祠的正殿中解决。而宗祠正殿相应也是宗祠三进中规模最大的建筑，能够容纳多人共同集会议事或举办大型的仪式性活动。

寝殿及其前方天井空间对比正殿而言显得更加狭窄局促，但建筑制式等级更高，义乌江下游流域宗祠三进建筑的面阔宽度一致，但寝殿通过缩小每开间间隔的方法通常凑出比前方正殿多一进的建筑形式，例如门殿和正殿的面阔为五开间的情况，后方寝殿为七开间，门殿和正殿为三开间的情况，后方寝殿为五开间。

义乌江下游流域有很多宗祠经历了"文化大革命"和现代化建设的洗礼仍幸存了下来。宗祠建筑体量宽大，内部冬暖夏凉，很多村落中将宗祠改造为老年活动中心或村内的文化礼堂，继续作为村落的精神文化中心而存在，可谓是非常可喜的现象。值得一提的是很多宗祠为保证人流疏散的需求，将最后方的寝殿改为戏台，而将门厅部分的戏台拆除，对于原本宗祠特有的严谨礼制格局产生了极大改动，对于历史建筑保护而言是一大憾事。

6.4.2 庙宇

6.4.2.1 庙宇的文化内涵

庙宇的常见类型包括本保殿、胡公殿、关公、大王殿、城隍庙、土地庙等。义乌江下游

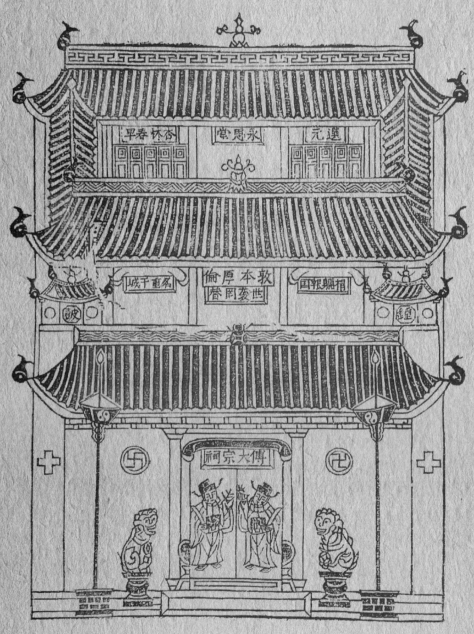

图6-4-1　义乌江下游流域宗谱上的宗祠建筑制式——傅村傅大宗祠
（图片来源：东山傅氏宗谱，2006重修：卷首）

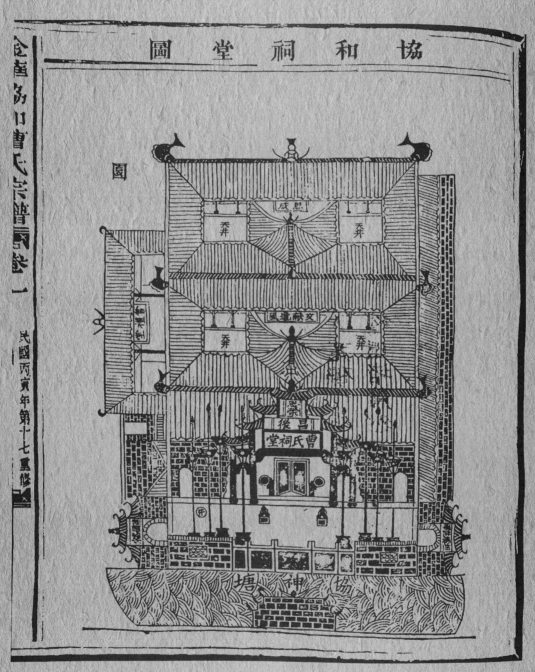

图6-4-2 义乌江下游流域宗谱上的宗祠建筑制式——曹宅村曹氏祠堂
（图片来源：坦源曹氏宗谱，民国丙子重修）

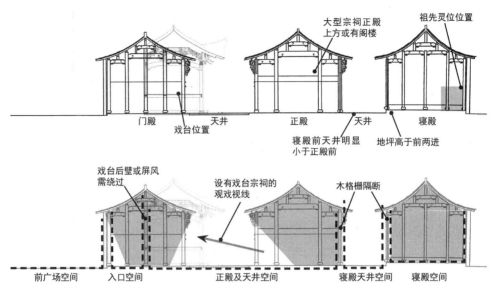

图6-4-3 义乌江下游流域宗祠剖面示意图及空间光影分析

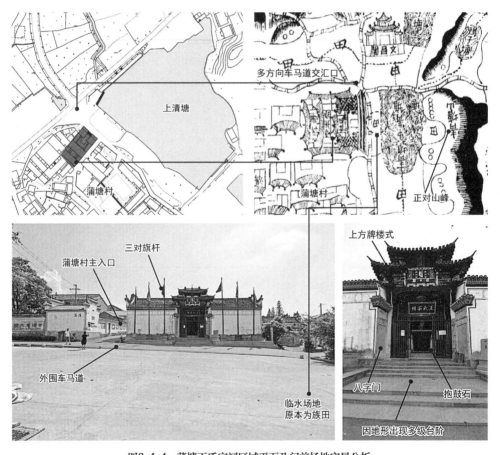

图6-4-4 蒲塘王氏宗祠区域平面及门前场地实景分析
（左上底图来源：蒲塘宅图，蒲塘凤林王氏宗谱，2013年增订，180°旋转）

流域地区普遍在民间流行泛神崇拜的信仰文化。金华的"三佛五侯"是在义乌江下游流域主要信奉的地方性神明，都是出自义乌江流域的传奇人物。"三佛"包括傅大士、定光佛、慧光佛。"五侯"指邢刚应侯、胡赫灵侯、卢灵贶侯、陈铁应侯、钱火应侯。其中以邢侯[①]位居其首，民间"水旱、疾疫、火盗，祷之即应[②]"，尤其驱虫保稻，六月初一是主要祭祀邢侯的节日，而且"其灵尤显于水，故舟行者辄奉之[③]"因此也被视为水神。"五侯"位列第二的为胡侯[④]，主祠在永康方岩，义乌江下游流域有不少奉祀胡公的庙宇，如曹宅的神塘殿、岭下的葛周庙、孝顺的楼下殿等。除"三佛五侯"外，在义乌江下游流域最为普遍的庙宇就是本保殿，几乎每个村都有，主要供奉本村的保护神——本保老爷。各村的本保老爷各有不同，通常会有庙王菩萨神农氏、文宣王孔子、千灵圣王黄天化关圣帝君关羽、毛令公张巡、钱王钱镠、杨令公杨业、胡公大帝胡则、岳武穆岳飞、白娘娘白素贞等。义乌江下游流域传统上还可能供奉道教赤松黄初平、黄初起，还有一些名人，如宋左丞相王淮、南宋名臣郑刚中等。

义乌江下游流域传统聚落周边的庙宇通常依靠村中的捐赠和村内宗族划出的田产进行供奉及维护。例如，义乌江下游流域浦口俞氏宗谱中有重建本保庙、重建黄龙庙的记载。"土穀捍卫一方灵爽宜有所寄尔。俞氏里中有本保一祠盖历岁远矣客岁毁于灾，族父老暨诸文士咸集欲起而新之所以迓神庥重农业也"。[⑤]"圣人云鬼神为德其盛矣乎又曰敬神如神在是知神明为四方之保障亦为吾人所有事也。"[⑥]明显将庙宇的修建于维护视为本族人们应当共同出力的分内之事。

6.4.2.2　庙宇的空间形态

庙宇的分布位置如前文所言，位于聚落外围区域。一些重要的庙宇尤其偏好选址与大型水面与河道边缘，靠近主路的位置。这样的位置有四个优势：一是处于风水考虑，这样的位置通常属于"水口"位置，庙宇的存在具有"关锁"的作用，能够改善空间的风水格局。二是邻近水体，便于防火，以免香烛引发火灾。三是邻近主路位置，人流往来频繁，也更容易得到供奉和香火。四是邻近水面的位置，也构成了非常出众的进出聚落的入口景观。孝顺镇的城隍庙、含香村原本的文昌阁、二仙桥村的黄大仙寝陵、下潘村的胡公殿均位于桥头溪岸上，属于此类型的空间形式。例如，二仙桥村的黄大仙寝陵，坐南朝北，临赤松溪西岸，与东北侧的桥梁形成夹角，且成逐级升高的模式坐落于北向的山坡上，面朝仙桥老街。

---

① 邢侯讳植，北宋时金东赤松山口村人，庆历年间应试武科不第，叹道"大丈夫生不逢时，当食庙百世"，卓立而卒，绍兴、开禧年间先后敕封为忠佑、广裂、刚应三侯。世称邢公大帝，乡民立庙祀之，其庙在东紫岩，俗称康济庙。载于邓钟玉. 金华县志. 民国二十三年（1934）. 铅印本.

② 邓钟玉. 金华县志. 民国二十三年（1934）. 铅印本.

③ 同上.

④ 胡侯讳则，永康人，宋端拱进士，累知州郡，曾因大旱奏减衢婺二州人丁税，惠及金东，民间深感其德，立祠祀之，尊称胡公。载于邓钟玉. 金华县志. 民国二十三年（1934）. 铅印本.

⑤ （明）俞帅众. 重建浦口本保庙碑记. 天启元年//浦口俞氏宗谱，2005年重修：卷廿六.

⑥ （明）俞怀侣. 重建黄龙庙记. 嘉庆戊寅//浦口俞氏宗谱，2005年重修：卷廿六.

义乌江下游流域的大多数庙宇相比宗祠建筑，通常十分矮小简单。很多仅是一间或三间正殿加一圈围墙，前面开一个随墙门。两进的庙宇包括曹宅的东方六庙、蒲塘的本保殿、岭下镇的观音殿。义乌江下游流域传统聚落内三进院落，调研中所见仅有仙桥村的黄大仙寝陵和孝顺镇的城隍庙现存。有严谨的山门、大殿、寝殿区分，整体布局形式与宗祠建筑的规律近似。（图6-4-5）

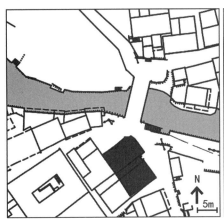

仙桥村黄大仙寝陵

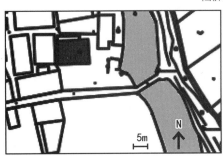

下潘村胡公殿

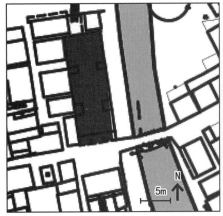

孝顺镇城隍庙

图6-4-5　义乌江下游流域桥头庙宇平面与实景

6.4.2.3 义乌江下游流域宗祠和庙宇的区别

宗祠和庙宇是义乌江下游流域广泛存在的两类公共建筑。两者有很多共通的特征，又存在巨大的区别。共同点主要包括：（1）宗祠和庙宇都是以祭祀为主要用途的公共建筑，内部塑像，重要日期举行祭奠仪式。（2）选址方面宗祠和庙宇都选择远离居住区的位置设置。（3）对于公共空间使用上，都对义乌江下游流域民众的情感及信仰起到重要影响，与其他公共场所不同，祠庙的存在涉及精神层面的依托。（4）重要的宗祠和庙宇是一座聚落的最重要标志景观。不同之处在于：（1）义乌江下游流域村庄聚落中宗祠的规模及形制都远远高于庙宇。（2）宗祠的选址更加慎重，立基更注重风水学理论。庙宇所选之地可以为风水不好的险恶地带，还能起到震慑的作用。（3）宗祠前面通常设广场明堂空间，庙宇可以随街建设，没有对周边空间的限制。（4）宗祠色彩朴素，不上油彩，而庙宇多整体砌为黄色或红色。（图6-4-6、图6-4-7）

图6-4-6 蒲塘村文昌阁实景照片

图6-4-7 义乌江下游流域常见寺庙外观
（左图仙桥村黄二仙庙，右图曹宅村太祖庙）

6.4.3　祖坟

祖坟也是聚落公共空间中仪式空间的组成部分。祖坟被视为是义乌江下游流域传统聚落外围重要的仪式空间，也具有明显的娱乐性质。在义乌江下游流域地区，上坟祭祖是带有出游乐趣的家庭成员共同进行的集体活动，史料中对于祭祖上坟活动的描述，大多带有一种轻松游赏的气氛，如畈田蒋氏谱序的开篇"恺一日与和兄投闲于东山墓所徘徊感激兄谓予曰……"，[①]去往东山墓属于非正式的"投闲"活动。

祖坟位置必位于村落风水最好的位置，为保护陵墓不受侵扰，有的宗谱上甚至规定了以后的宗族子孙不得葬于此祖坟及周围地区。祖坟平日生活中并不涉及，但又是重要祭奠时必到的仪式性场所。为保护墓地的整洁，族内会让全族壮丁轮岗进行墓地的维护和清理工作。祖坟的完好保存，在族人眼中是祖宗庇佑、一切安好的象征。

义乌江下游流域的各姓氏宗谱中多绘制有大量的墓图，记录本族祖人祖坟的具体位置和方位信息。从几例墓图可以看出，虽然祖坟周边的环境各不相同，但整体上均有前水后山的环绕结构。墓葬的规模制式有所差异，主要取决于墓主人生前的官职地位。多数墓葬仅设有墓碑，而部分祖坟周边镶嵌汉白玉栏杆。虽未在墓图中标出，但墓穴前方通常设有"明堂地"，这块明堂空间也是祭祖活动和出游活动中人们最主要的活动停留空间。部分墓葬前方还设有牌坊，开辟有方形的风水池。左下制式最高的祖坟外修建围墙，内中翠竹，前方依次有风水池、厅堂院落、牌坊及牌楼大门。（图6-4-8）

6.4.4　风水树与风水林

6.4.4.1　风水树

（1）风水树的文化内涵

义乌江流域多数传统聚落都拥有一棵或几棵大树，位于村口或水口位置。树种通常为樟树。当地有"有村就有樟，无樟不成村"[②]的民谚流传。樟树姿态挺拔，寿命长，对水土要求不严，因此被普遍视为具有生命力的象征。同时樟树还具有医药价值，《本草纲目》记载："樟材气味辛、温、无毒。主治恶气中恶、霍乱腹胀、食宿不消、常吐酸臭水。"因此更为樟树附上了消灾治病的神秘色彩。

樟树在此地区被视为家园的标志，并与祖先荫庇联系在一起。尤其樟树通常栽植于村落落成初期，后世子孙通常将樟树留下的荫凉直接看作祖先荫庇的直观体现。义乌江下游流域地区还有认樟树为干娘的习俗。为保佑刚出生的孩子平安健康长大，让其认樟树为干娘，以

---

① 重修谱序. 九世孙蒋恺、蒋和，十世孙蒋伯荣、蒋伯豪同修. 隆庆壬申年仲秋曰谷旦. 畈田蒋氏宗谱，2009。
② 金华市文化志编纂委员会. 金华市文化志[M]. 杭州：浙江人民出版社，1991，9。

外炉塘山之墓
东山傅氏宗谱，2006 重修：卷之八

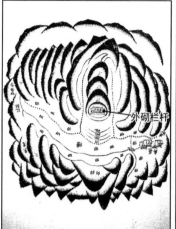

秀岚公寿壙
凤林王氏宗谱 2013 重修

成琪公府君之墓
东山傅氏宗谱，2006 重修：卷之八

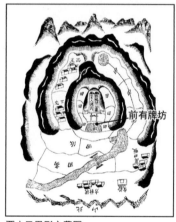

栗山凤凰形之墓图
凤林王氏宗谱 2013 重修

礼一四零君之墓
东山傅氏宗谱，2006 重修：卷之八

三分里苍头花坟头阡四二府君之墓
东山傅氏宗谱，2006 重修：卷之八

图6-4-8　义乌江下游流域宗谱中的墓图实例

求庇佑，每年要在孩子生日时供奉樟树，在樟树下贴红纸、供香烛。村内也通俗地将单独一棵樟树称为"樟树老娘"，将两棵相距较近的大樟树称为"樟树老爹、樟树老娘"，视它们为一对夫妻。

（2）风水树的空间位置

义乌江下游流域聚落的风水树通常位于传统聚落外围，村口和寺庙旁是两类最常见的空间布置位置。在大树位于村口的情况中，高大的树冠是整座村落明显的标志性景观，也是进出聚落必经的仪式性空间。此外，位于祠庙邻近位置也是常见的风水树空间。大树通常被视为祠庙的一部分，更强化神圣的空间氛围。曹宅村东西两端各有一棵大樟树，配植于方六庙①旁边。大树树冠现已高达15米以上。庙宇本身体量很小，西方六庙仅单进一开间，东方六

———————————
① 所供奉的"方六"相传为当地历史上一位有名的兽医。

庙为二进三开间。低矮的庙宇反而更衬托出了樟树的高挺和壮观。东方六庙位于村东进村必经的车马道旁，也是聚落东侧主要的入口景观。两庙宇所在的河岸位置原本在中华人民共和国成立以前，完全未建设任何其他民居建筑，原本大树与小庙映衬在郊外田野远山之中，会是更加优美的景致，只可惜如今随着曹宅村的扩张发展，两庙周边早已被大量新建住宅所包围。（图6-4-9、图6-4-10）

图6-4-9 东方六庙与大樟树
（左下图来源：坦源曹氏宗谱，民国丙子重修）

图6-4-10 西方六庙与大樟树
（左下图图片来源：坦源曹氏宗谱，民国丙子重修）

中柔村宅图上完整描绘了原本中柔村周边乔木的位置与形态。除一棵大树位于宅院花园以外，其余三棵大树均位于村落外围。村西中柔孙氏宗祠旁共两棵大树，西侧的这棵设有神龛享有供奉。从对树形态的描绘中也可看出孙氏宗族对此树的重视程度。（图6-4-11）

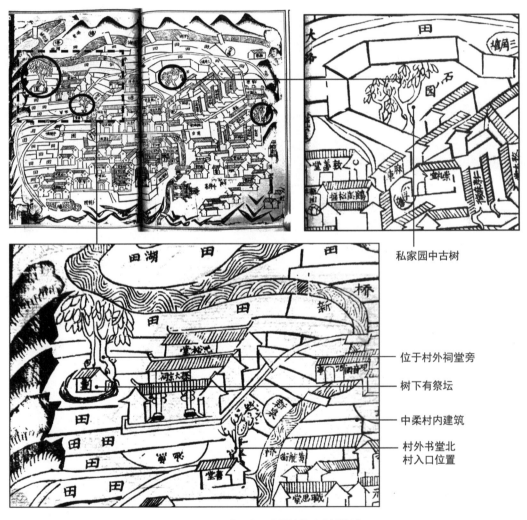

图6-4-11 中柔宅图上描绘的风水树位置
（图片来源：中柔孙氏宗谱，2015重修）

6.4.4.2 风水林

风水林是当地传统风水观念的产物，是在传统聚落周边或宗族祖坟等周边位置，为改善和保证吉祥的风水形态而保留下来的林带。义乌江下游流域大多传统聚落，尤其是村庄聚落周边都存在一定面积的风水林，被视为庇护全村安全的绿色屏障和心理慰藉。例如山头下村北侧山岗上的狭长林带，是对于祖坟和本村聚落的重要风水林，对于山头下村沈氏的民居和

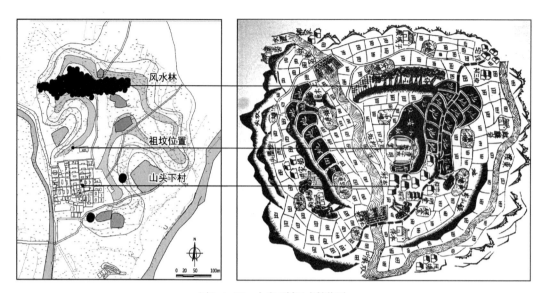

图6-4-12　山头下村风水林位置
（图片来源：右图山头下村宅舆图，载于山头下务本堂沈氏宗谱，民国三年（1914）重修）

祖坟都起到护卫作用。在实际生活中，这片位于村北高地上的林带还具有防风和改善村内小气候的作用。（图6-4-12）

　　历史上，传统聚落居民对木材的消耗极大，建造房屋和日常生火都需要大量的木材。而风水林之所以可以保留下来，依靠的是宗族对于林带的保护和管理。例如蒲塘村宗谱卷首清乾隆时期的禁约中明确写出"族内有祖墓数处，土名栗山狮子岩－峰山駃山头大碗蓄养树木荫蔽风水，至今数百余年，墓木已拱郁然成林，子姓当保养之以垂永远"。[①]对于族内子孙有私自"锯截斧砍，掬拙生根以及刀砟钩拔剥削树皮"[②]的情况"此设席演戏再行加禁，尚复有犯规者分别轻重坐罚，罚例开列于后，或有持强不遵者，定行革祠，如再肆行无忌，会众赴公究治，决不轻宥，派下子姓撞获不报者，罚与本犯同例，恐口无据，立条约示禁"。[③]已将对风水林的保护上升到"赴公究治"严惩级别。

6.4.5　水口空间

6.4.5.1　水口空间的讲究

　　"水口"在聚落选址中至关重要，过去的聚落建设者和居住者认为其关系到一座聚落的财运和未来，因此在义乌江下游流域地区格外受到重视，是传统聚落最关键的公共空间节点。水口空间的处理可以总结为三条原则，即弯环屈曲、迂回深聚、关拦重叠，也可总结为

---

① 乾隆三十年十一月禁约. 蒲塘凤林王氏宗谱，2013年增订：卷首。
② 同上。
③ 同上。

"曲""静""关"三个字。

（1）弯环屈曲

风水上，将水视为财富的象征。水口需要弯环屈曲，迂回深聚，并且推举有罗星、游鱼、北辰、华表捍门等关拦重叠的砂在周围的情形。以曲水为吉的观念源远流长，如《博山篇·论水》中所说："洋潮汪汪，水格之富。弯环曲折，水格之贵"。蒋大鸿《水龙经》："自然水法君须记，无非恳曲有情意。来不款冲去不直，横须绕抱及弯环。"《水龙经·论形局》中："水见三弯，福寿安闲。屈曲来朝，荣华富饶。"《阳宅十要》："河水之弯曲乃龙气之聚会也。"总之，对水流的要求是要"弯环绕抱"，讲究"曲则有情"。

（2）迂回深聚

除弯曲环抱之外，迂回深聚，即水在出口处汇集成大型湖泊或水塘，也是推举的形态。"水体本动而流，若是静聚，则有变化，生气止息，山峦交锁，地势窝蓄，最吉之地也。吴景鸾曰一潭深水注穴前，不见来源与去源；巨万赀财无足宝，贵入朝堂代有传。"

（3）关拦重叠

除弯曲和汇入静水以外，留住水，还应有"关锁"。即通过在水口筑堤坝（罗垡），种树木（风水林），以及修筑桥、亭、楼、台等建筑物以"锁住水口"。唐代卜应天《雪心赋》云："大约神坛佛庙，宜居水口镇塞地户，以关锁内气为妙也。"而且水口营造时推举最好的三种情形都被应用，有多重的水口设置才能更全面地守住水口，义乌江下游流域各村镇中水口的营造都广泛应用了上述三种风水营造手法。

6.4.5.2　具体水口布局

从义乌江下游流域各村镇宗谱上的宅图可以看出各村在建设之初，即对水口有着认真考量，在聚落外围应用多重水口的处理手法。例如曹宅东西两侧均有溪流流过，因而水口也分东西两处。两侧河道均在出口处人工改造使其产生弯折，以保证去水的曲折环抱之势，在东西两侧各有一座方六庙和大樟树，并各有两座主要桥梁，是桥、大树、庙宇和弯折的去水共同构成的水口公共空间。（图6-4-13）

蒲塘的水口营造从"蒲塘宅图"的描绘可以看出，蒲塘水口位于下清塘一带。水口的修筑时期为明代末期。原本"地形高踞，水口直倾，所以屡遭囸禄，财产两耗"。[1]得王永祀户捐赠才得以"动众搬运堆土植木牢笼一族水口"。[2]后又在下清塘周边修筑文昌阁、本保庙、定真寺（经堂）和财神庙，种植大樟树，强化水口的"关锁"程度。（图6-4-14、图6-4-15）

郑店的水口主要由风水林、水堰、义和桥、法华庵共同构成。曲折的河道、守护作用的林木，桥、堰，寺院一应俱全。郑店水口北临东溪，东溪于西北角发生自然弯折，折拐位置

---

① 议约[Z]崇祯九年十月//蒲塘凤林王氏宗谱，2013年增订：卷首。

② 议约[Z]崇祯九年十月//蒲塘凤林王氏宗谱，2013年增订：卷首。

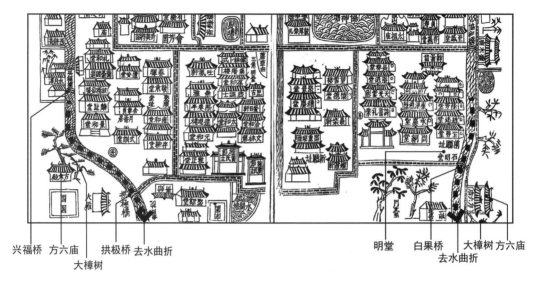

兴福桥　方六庙　　拱极桥　去水曲折　　　　　　　　明堂　　白果桥　　大樟树　方六庙
　　　　　大樟树　　　　　　　　　　　　　　　　　　　　　　　　去水曲折

图6-4-13　曹宅水口
（底图来源：坦源曹氏宗谱，民国丙子重修）

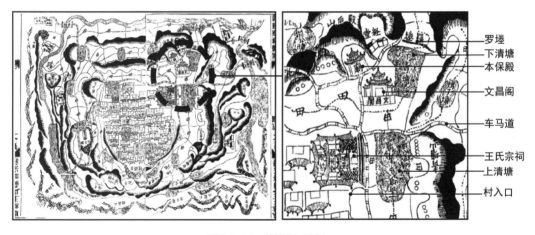

罗垯
下清塘
本保殿
文昌阁
车马道
王氏宗祠
上清塘
村入口

图6-4-14　蒲塘水口分析
（底图来源：蒲塘宅图，蒲塘凤林王氏宗谱，2013年增订，180°旋转）

西侧种风水林，以起到护坡作用。在折拐上游还有人工水利设施八石堰和义和桥作为关锁，村隔溪流北岸还兴建有法华庵，与水岸北侧的郑店集镇部分遥相呼应。（图6-4-16）

　　义乌江下游流域现状水口空间由于大规模的河岸以水塘堤坝建设，现代居住区的扩张，使很多水口空间原本空间序列的格局已发生较大改变。例如孝顺的水口转弯处，已由原本庙宇、古树的组合变为工业用厂房和水泥堤坝。大量水口历史建筑的消失不存，也让水口空间原本层层关锁的格局不复存在。开发建设者对于村口意义及历史文化观念的缺失也加剧了对水口空间的破坏。岭五村水口洋埠塘沿岸的朱氏宗祠已完全损毁，文昌阁建筑仅剩最上方的

图6-4-15　蒲塘水口平面布局及实景图

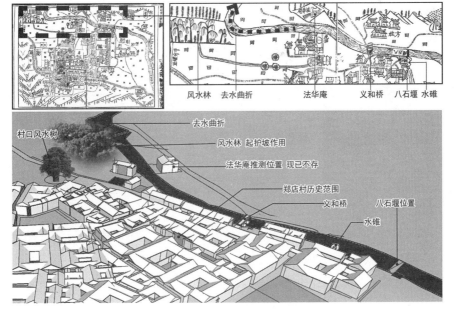

图6-4-16　郑店水口
（上图来源：东溪郑氏宗谱，光绪丁酉统翻）

孤亭。而文昌阁前两进历史建筑的拆除，仅仅因为有人认为"建筑挡着看不见亭子"。可见，向更多当地人普及自己家园的历史文化背景知识也是义乌江下游流域传统聚落下一步水口空间保护工作的重点之一。

6.5 娱乐空间

主要的娱乐空间包括郊野山林、斗牛场、戏台场地三类。娱乐空间具有明显的临时性、时间性，并与仪式空间与贸易空间关系密切。娱乐活动的发生具有明显的日期限定，如清明节出游踏青、元宵节赏灯、各类庙会期会等。在此特定日期人流涌动，热闹非凡。在活动举行之时，戏台可临时搭建、斗牛场临时开辟，而娱乐活动地点通常是周边市镇聚落地点或周边山中的著名寺庙，村庄聚落的宗族也会组织春秋两祭和元宵赏灯等活动，皆具有娱乐性质。因此，娱乐空间与贸易空间、仪式空间重合非常明显。

6.5.1 郊野山林

郊野山林是义乌江下游流域地区最常见的娱乐场所，义乌江下游流域外围作为屏障的山体北山（金华山）和东山，都早在宋代修筑有登山步道。对于金华山有唐代诗"金华山色和天齐，一磴盘纡尽石梯。步步前登清汉近，时时回首白云低，风偷药气名何限，水泛花光路即迷，洞口数声仙犬吠，始知羽客此真栖[1]。"对于东南侧的积道山，也有大量关于登山出游的诗，例如，杜旂登松溪积道山诗：高山环拱一山尊，一水盘旋万水奔，日映楼台三里廊，春藏花柳数家村，白云洞府身堪托，碧汉星辰手可扪，况是重阳无十日，好携佳友对方尊。陈京登积道山诗：晓出城东门，遥望松溪道。有山奇且高，乱石亦奔峭，乘间试一登，渐拟入云昊，肩舆屡回环，直上转山坳，众山俯全低，平畴绿浩浩，图画忽天开，红尘查雞到，古刹虽未宏，静境自幽妙，安能遂忘情，终日此舒啸。[2]登山出游活动是士族阶层的重要娱乐活动，也是很多官宦家族定居的主要原因之一，例如含香的王氏宗族，"以芗溪之土可稼，族可居，山水可玩，至正间择居于迭池之滨焉"，[3]其中"山水可玩"是仅列于"土可稼，族可居"之后的重要因素。山林中的祖坟和寺庙所在地，也成为出游过程中的主要休息平台。

各聚落大量八景诗和十景诗中，山是主要的赞美对象。平山八景中，"曰平山春晓、北陇云林，于以纪其春日载阳，云霏开霁，景明物丽之时也；曰南村烟雨、松岩瀑布，于以书其灵雨，既降山泽通气，时和年丰之微也；曰"东溪明月""石湖秋光"，于以状其金气澄清，水光月色而可揽可抱也；曰"梅原雪霁""西岩落照"，于以见其梅雪清瘤，暮景苍茫而可吟

---

[1] 唐刺史袁吉[Z]//光绪金华县志：卷一形胜。
[2] 两诗均[Z]//光绪金华县志：卷一形胜。
[3] 曹义复. 王氏刊宗谱序[Z]. 乾隆岁次丁亥年麦秋浴佛节//含香王氏宗谱. 民国辛未年续修：卷一。

可咏也。宗表当风清日丽之时，陟降原陇，徘徊徙倚于水光林影间，以极游骋之美，而适其所适，其亦可谓善取乐于山水者矣。"①仅有"东溪明月""石湖秋光"为水景，其他均为山林景观。对于以周边水景为荣的塘雅村"东池十景"中也包含"杨尖山麓"一景，诗中还有"会有登临兴，何妨尽日酿②"一句，写有兴致时哪怕傍晚也可出游。蒲塘村十景诗中的"向晚登高有所思，徘徊四顾邈难期。流观云物开胸臆，凭吊荒墟悯乱离"③描绘的也是傍晚登高的活动和感悟，可见文人阶层普遍对于登山出游的热衷。

对于平民阶层而言，郊野同样是娱乐活动的发生地点。山头下村的沈氏宗谱就记录了夏季村中老幼一同乘凉休息的情景"甲寅之夏傍晚间予乘凉与凤鸣岗之侧眠牛形之前少长咸集，杂坐其间，四顾苍范畅谈风月"。④可见近郊的活动不仅限于文人与贵族。而《畈田蒋氏八景》诗中所描绘的"莲池浴鹭，细看玉羽扬波，柳岸啼莺，静听笙歌聒耳；西周牧唱，扣角声闻原野；后岭樵歌，烂柯兴咏，潜滨洋塘晚钓，闲观鱼浪翻腾；禅定晨钟，忽聆鲸音警省"⑤也都是乡村最为常见的，能够雅俗共赏的乡野景致。义乌江下游流域地区清明时传统的踏青活动，妇女幼童均可以参加。孝顺镇春季还有盛行放风筝等传统活动。此外，义乌江下游流域盛行的赌博活动，因被多数宗族所禁止，也多发生在郊野地带。

6.5.2 戏台

义乌江下游流域戏台主要有三种形式，与祠堂或庙宇结合、独立设置在广场空地上和临时搭建三类，有"草台庙台祠堂台"⑥的说法。戏台主要出演金华地方传统的婺剧曲目。供具体戏台演戏时的布置仅一桌二椅，无布景。戏台建设程度是一个聚落财力的体现，傅村、蒲塘村、锁园村等大型聚落的宗族祠堂内才设有戏台。很多村落在重要节庆时，或在村外空地临时搭建戏台，请戏班前来演出，戏台的建设程度会因戏班的游走而不断比较。

戏台具有明显的娱神功能，不仅仅是表演给普通百姓，更是表演给神明、祖先。因此，戏台的位置通常与宗祠或寺庙的正堂神龛具有明显对应关系。义乌江下游流域最常见的情况是戏台坐落于宗祠的第一进建筑中，背对大门面朝正殿与寝殿，节庆时宗祠高敞的正殿及前院都是看戏的观众位置（图6-5-1）。

义乌江下游流域横店村项氏宗祠与傅村傅氏宗祠中戏台的形式和规模不尽相同。横店村的项氏宗祠是突出于门殿建筑独立的歇山顶亭台式建筑。而傅村的傅氏宗祠戏台为门殿建

① （明）俞恂. 平山八景诗序[Z]//平山杜氏宗谱。
② （清）黄俞平. 东池十景[Z]//塘雅黄氏宗谱。
③ 《棋盘晚眺》蒲塘十景诗[Z]//蒲塘凤林王氏宗谱，2013年增订。
④ 山头下沈氏宗谱[Z]. 清道光五年//山头下务本堂沈氏宗谱编纂. 金华傅村山头下务本堂沈氏宗谱[M]. 长春：吉林文史出版社，2013：卷一。
⑤ 八景诗序[Z]. 畈田蒋氏宗谱，2009重修。
⑥ 金华县文史资料. 3：172。

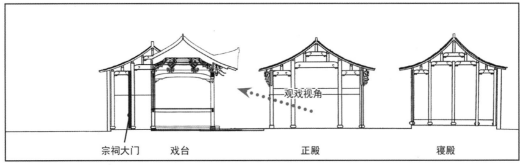

宗祠大门　　戏台　　　　　　　正殿　　　　　　　寝殿

（a）宗祠戏台剖面示意图

（b）横店村项氏宗祠戏台实景

（c）傅村傅氏宗祠戏台实景

图6-5-1　义乌江下游流域宗祠戏台剖面示意图及实景

筑中央的附属部分，戏台没有构筑物凸出于门殿之外。两例戏台代表了义乌江下游流域两类常见的宗祠戏台样式。虽然形式有所差异，但如图6-5-1所示，因为戏台的布局位置基本相同，实际在正殿观戏的视线与宗祠前院空间感受基本一致，并没有太大区别。

　　义乌江下游流域另有部分戏台坐落于庙宇或宗祠外，独立设置于村口广场空地之上。但此种情况下戏台也常与祠庙具有中轴对应关系，在开戏的节庆时还有从祠堂或庙宇中"请神"出来一同看戏。白溪村的古戏台就是单布置于广场上的单体戏台。从20世纪90年代的卫星

（a）白溪村戏台布局　　　　　（b）白溪村戏台正面实景

（c）白溪村戏台广场全景

图6-5-2　义乌江下游流域广场戏台布局及实景

图中可以看出，此戏台实际坐落于村口主路的东端位置。邻近十字交会的两条主要区域车马道。戏台坐南朝北，隔广场空间与南侧白溪村的严氏宗祠成中轴对称的形式。戏台建筑本身成"凸"字形，前方突出部分为戏台演出部分，后方为供演出准备使用的后台。（图6-5-2）

6.5.3　斗牛场

斗牛场是位于义乌江下游流域郊野位置的临时性剧院式空间。

斗牛是此地区盛行的娱乐活动，从春耕插秧结束开始，称为"开角"，一直延续到次年春耕之前"封角"。除农事繁忙时期有所间隔之外，每月一大斗，半月一小斗，很少停顿。[1]清末进士王廷扬"斗牛诗"小序称金华斗牛"始于赵宋明道年间（1032~1033年）"。《庸间斋笔记》记载："每逢春秋佳日，民氓祈极祭赛之时，辄有斗牛之会。""此日至之时，国中千万人往矣"足可见景象之盛大。东紫岩牛相抄每十年一转，每十年举行一次，秋天起案，次年冬天出案，每十年抄一角，农忙和春节暂停。斗牛时远近乡民争相赴会，各小贩、摊户、杂

---

① 金华市风俗简志[Z]：54。

要应有尽有，百货辏集，买卖兴旺。[①]

　　义乌江下游流域大部分斗牛场具体选址和布局有相似的特征，多选址于邻近主要寺庙的山脚位置，周边的山丘是天然的看台。斗牛场地由水田改造而成，占地约四五亩。斗牛场是一丘大田，灌一层薄水，耖平软糊，四周打桩围绳防止观众入场。[②]两端各设旗门，是斗牛进场处。其他对于斗牛的风俗都有近似的记载："斗牛场位置在何力垅的一丘大田里，今何力垅水库大坝脚位置。场地开阔，两边是丘陵土坡，层层台地是天然的观众席，可容纳数千人同时观看"。[③]"斗牛场地，方整的大稻田，灌满水，犁耙一遍，清除稻根和杂草，田里仍有适量的水，一平如镜。大多选址在周边有几座小山坡的低洼处，以便容纳更多观众，老弱妇孺得以登高观看。斗牛场出入场处的两对角上，各用竹竿扎成拱形旗门上悬挂'风调雨顺、五谷丰登'等条幅"。[④]

6.6　公共空间界面及要素

6.6.1　建筑界面

　　义乌江下游流域传统聚落公共空间的竖向界面主要由民居建筑、商铺建筑和祠庙建筑三类建筑组成。

6.6.1.1　民居建筑

（1）民居平面形式

　　义乌江下游流域的民居宅院尤其以三合院和四合院建筑形式居多。三合院平面呈"凹"字形，四合院为"回字形"，中空部分为天井。主体建筑为二层，环绕中央天井建设。富贵人家宅院可建为"日"字形的组合院落，分前后三进，只有进士宅第才可以建造"田""冊"字形等重厢房平面形式的大型民居建筑。[⑤]在森严的封建等级制度制约下，建筑的规模体现着家族的社会身份和地位。唐代规定"庶人所造堂舍，不得过三间四架。门屋一间两架，仍不得辄施装饰。"[⑥]宋代"庶人舍屋许五架，门一间两厦而已。"[⑦]明代洪武二十六年定制公侯前厅七间两厦，九架，中堂七间九架，后堂七间七架，门三间五架。[⑧]明正统十二年（1447年）政令有所变通，但仍规定庶民庐舍不得超过三间。清代仍沿用明代旧规。三合院或四合院依据

---

① 金华斗牛俗[Z]：129金华文史资料四。
② 《千古仙乡赤松镇》编委会. 千古仙乡赤松镇[Z]. 2006：193。
③ 《千古仙乡赤松镇》编委会. 千古仙乡赤松镇[Z]. 2006：193。
④ 金华县政协文史资料委员会. 金华县文史资料第三编[Z]. ，1990，11。
⑤ 金东区古建筑遗存[Z]：6。
⑥ 舆服志[Z]//唐会要：卷31。
⑦ 舆服志[Z]//宋史。
⑧ 舆服志四[Z]//明史：志44。

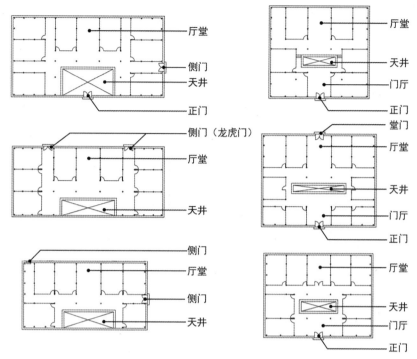

图6-6-1 义乌江下游流域常见三合院与四合院具体平面布局举例
（测绘数据：山头下村保护规划图集）

规模大小，具体形式上有所区别。三合院依据规模，按面积房间数目被俗称为五间头、七间头、九间头等，四合院通常是"十四间""十八间"。规模宏大的大型宅院实际是多个三合院和四合院并排组合而成，仍遵循中轴对称的模式，每进院落之间由廊道连通，构成整座建筑院落。（图6-6-1）

义乌江下游流域的宅院通常都具有中轴对称的布局形式，一层正中间明间为民居的厅堂，是家族公用的议事厅，厅堂正中央会供奉本家族的祖先牌位。两侧厢房成对称模式，一层和二层的房间对应走廊位置均面向天井开窗。整体建筑为砖木结构或泥木结构，建筑内房间隔断以木板或编板为材料。楼梯通常设置于建筑正房两侧的走廊位置，楼梯所对应的外围墙面开设有圆形小窗。

（2）义乌江下游流域民居宅院内部空间

三合院和四合院中都以天井为中心布局。天井同时也使外部自然空间向建筑内渗透。天井空间的存在使得宅院中正午可以射入日光，下雨时承接雨水，天井周边仰头就可以望见自然天光的变化。视线上来看，三合院空间的天井一侧为院墙，此墙是整个院落公共空间的视觉焦点。另三个面的走廊及其他部分成"凹"字形环绕天井，在绕天井的一层走廊每个位置都能够享受天井带来的户外空气和阳光，在二层天井位置也能在每一开间的窗口位置向外平视，看到墙面上方的绘画或雕刻以及天空白云飞鸟等上方自然风景。天井包括一层走廊空间，就宽度而言D/H比例在1/2左右，是稳定的长方体空间。中央厅堂空间的进深大约是天井进深的2～3倍，厅堂后方不开窗，仅有天井反射进来的天光作为自然光源，空间昏暗，与明亮的天井空间形成鲜明反差。厅堂正中央供奉家族先祖牌位，具有仪式空间的性质。二层走廊也是狭小昏暗的通行空间，天井方向的各窗户为主要自然光源。四合院空间构成环绕天井的走廊空间，中央厅堂与门厅相对应。四合院的天井没有三合院中聚焦视线的围墙，因此视觉焦点主要集中于天井的地面之上。（图6-6-2、图6-6-3）

进入四合院或三合院的过程有着相似的空间序列，必先经过一段昏暗的门廊再抵达明亮的天井空间。虽然随建筑与周边紧邻建筑关系和面朝街巷的方向不同，门口位置有在建筑多方向开设的可能，但就其具体空间过程都是相似的，唯一有区别的空间组合是大型三合院正门进入的经过序列，直接从巷弄步入天井之内，但实际上，传统而言中间正门仅在极少数日子开放，例如官员到访、婚丧嫁娶等仪式时，平日自家主人也主要使用侧门出行，基本的空间模式并无太大区别。

义乌江下游流域民居建筑的天井都有着相近的处理手法，整个天井通常由石板铺设，整

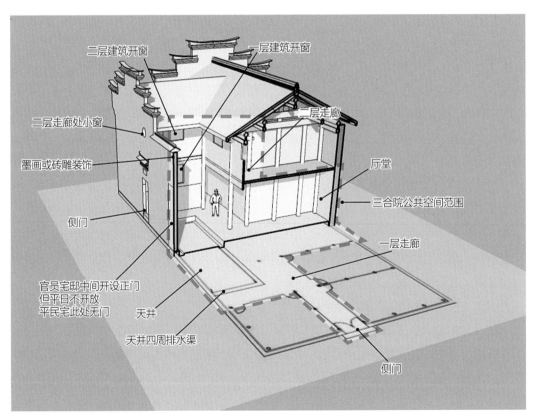

图6-6-2 三合院内部空间分析图

图6-6-3　四合院公共空间分析图

体低于建筑地坪30厘米，外圈临近建筑边界处设排水沟，被喻为"四水归堂"。宽度通常为20~25厘米，排水沟沿线每隔2米设置一道小型水关，具有分流雨水的作用，水关由厚度在5厘米左右的薄石板组成，下方水口还可能呈现出桃形、圆形或方形等吉祥图案。天井有着明显的中轴对称形式，天井中央处铺设着最大、最好的石材。天井中可能沿中轴对称布置两口水缸用于存续雨水以及观赏使用，也可能布置两株盆景。条石桌台是金华地区天井中常见的构筑物，用于陈列物品，体现了主人的生活情操。

　　义乌江下游流域现存划为文物保护民居宅院，有很多都完好地保存了下来，并经过妥善地修复。但一些宅院因家族分家之后分属多户人家使用，而在院里修筑了围墙，另开设门窗，这样的自发改造活动对于民居内的天井公共空间形态造成了极大影响，一些民居内将天井空间处加建厕所，导致天井空间变为气味污浊的卫生间，天井空间原本的观赏性荡然无存。曹宅村大量民居都将天井空间上方加盖屋顶，化为内部住宅建筑部分，改变了原本的历史空间结构。

　　义乌江下游流域民居宅院内部构造形态也是公共空间体系形成的原因之一，因为宅院内部小天井的布局模式，才使得取水用水相关的滨水空间和进行晾晒活动的广场空间布局在宅院外围，促使邻里交往活动更频繁密切。

（3）民居建筑立面

义乌江下游流域传统聚落的居住区域公共空间几乎全部由高耸的民居建筑外墙构成。聚落中的巷弄空间、滨水空间和广场空间的空间氛围都得益于古朴的传统民居建筑外墙景观。当地民居建筑多为二层，高度为5～6米。灰白墙面，山墙面上方有马头墙作为收口，纵墙面只可见黑色瓦片构成的挑檐，无法观测到上方的坡屋顶。墙面外层为灰白色，墙面上最明显的装饰为入户大门。墙面上开窗很小，通常仅有0.4～0.5米见方。地基部分采用大粒径石材交错堆叠而成。因巷弄宽度通常在2米以内，墙面与下部地基的材料质感是构成巷弄空间感受的主要元素。

构成空间的界面主要有山墙面和纵墙面的区分。两类界面所带来的巷弄整体空间感受相似，但不同的建筑立面，界面形式上稍有区别。

山墙面，在建筑山墙位置上方有马头墙装饰作为上方收口，建筑宅门通常位于马头墙下方偏内侧位置，连通宅内廊道。三合院或四合院的正立面，正中央设有入户正门直通民宅天井位置。三合院的正门位于宅院院墙的墙面上，大宅院墙上方设有浮雕石刻作为装饰，墙檐出挑及作为正门的雨棚。大型三合院两边山墙下方还会对称设有边门，使整个墙面上呈现出三门并置的形式，如图6-6-4a所示。三合院侧立面通常仅有一座宅门位于马头墙下方，建筑中部位置，作为此巷弄上建筑的唯一入户大门，如下图6-6-4b所示。图6-6-4c为典型小型四合院的正立面，仅正中央开设一座宅门，马头墙下方一层位置设小窗。大型四合院的侧立面，设两座大型边门位于马头墙下方，偏内侧位置，侧立面建筑中央位置不设门户，如图6-6-4d为锁园显呈堂侧立面。

纵墙面上不设马头墙，巷弄上仅能望见上方黑色瓦片挑檐封顶。建筑一二层均开设有小窗位于每开间中部位置，纵墙面为建筑正立面的情况中，正中央常设入户大门（图6-6-4e）。纵墙面为建筑侧立面情况中，通常不设门，立面上仅有小窗座为装饰。

一层建筑也有纵墙面和山墙面的区分。纵墙面上通常仅设有1～2座小门。因建筑主要面向邻近的大宅建设，沿巷弄极少开窗，如今窗户多为方便现代居住新开凿而成。一层山墙面上方也有封火墙做法，多与依附的大宅山墙面上方风格相一致。（图6-6-5）

义乌江下游流域聚落巷弄界面主要由建筑石墙面构成，但巷弄局部区域，建筑纵墙面也会出现木板门面的形式，此类板门面建筑主要用于村内公共使用而存在，可能是贸易经营活动或公共仓储空间，如山头下村车门旁板门面建筑一层设有麻车磨坊，或是大型宅院的辅助用房空间。巷弄空间中板门面界面所占比例极少，并不对整体村落巷弄空间感受产生过多影响。

村内建筑布置有着基本一致的朝向，因此巷弄空间的一侧界面通常是一致为建筑山墙面

正门上方门额砖雕装饰

边门　　　三合院正门　　　边门

（a）三合院山墙面1正立面

三合院正门

（b）三合院山墙面2侧立面

四合院正门

（c）四合院山墙面1正立面

边门　　　　　　　　边门

（d）四合院山墙面2侧立面

正门

（e）纵墙面1正立面

改造窗

（f）纵墙面2侧立面

图6-6-4 义乌江下游流域常见民居建筑外立面类型

（a）一层建筑山墙面

边门

改造窗

（b）一层建筑纵墙面

图6-6-5 一层建筑巷弄界面类型

或一致为纵墙面的情况。山墙面构成的巷弄界面通常因为有上方马头墙的变化，而整体界面轮廓形态相对于纵墙面而言更有变化（图6-6-6）。纵墙面构成的巷弄界面通常轮廓更加平直，巷弄空间界面主要由均置的小窗构成韵律感。部分巷弄也有一侧为纵墙面，一侧为山墙面的情况。身处巷弄空间之中，最直观的印象来源于墙体高度构成的空间感受、墙面质感和入户大门位置的装饰，对于所在界面是山墙面或纵墙面其实并无明显的察觉。山头下村南门

图6-6-6　山墙面组合构成的巷弄空间界面——锁园怀德堂朝东立面

图6-6-7　纵墙面组合构成的巷弄空间界面——山头下村南门巷北段朝东立面

巷南段空间的一侧为山墙面、上方有马头墙凸起,一侧为纵墙面(图6-6-7、图6-6-8),小窗间隔出现构成序列,但整体空间中主要的感官感受来源于入户宅门和墙面整体质感。

6.6.1.2 商铺建筑

商铺建筑是构成街市和市基广场的主要界面,是贸易活动的主要发生场所。商铺建筑归属于各个商户所有,出于经营需要,通常向所有往来购物者敞开大门。

纵墙面

山墙面

街门

纵墙面上的山墙间隔

二层小窗

一层小窗

入户宅门

墙面是巷弄空间感的主要来源

大粒卵石铺设路中线

水渠边缘条石镶嵌

建筑地基部分

排水沟

卵石铺地

宅邸门前圆形卵石图案

入户台阶体现宅邸等级

图6-6-8　具体巷弄空间界面构成分析

义乌江下游流域的商铺建筑形式十分统一，建筑正立面多为木板门面，整体多为二层砖木结构，也有些商铺建筑建为三层或一层，主要由商家的财力所决定。店铺地基通常高于街面地坪40～50厘米，为保证建筑首层不受雨水侵扰。整体布局通常为前店后堂的模式，临街为店铺，也是建筑中主要的公共空间部分，铺面内设有高高的柜台。后方为商家的内院，供家居会客或作为作坊、客栈等使用。义乌江下游流域的商铺建筑通常为四合院的形式，临街为店铺经营的主要空间，后方的天井空间依据具体场地条件有多种变化，可小可大，不像民居建筑有着固定的程式模数。商铺部分为扩大经营范围，多有大于8米的进深，采用后方延伸屋面和构架的形式，前方店面高，和周边店面保持一致，而且显得规整气派，后方低矮，但贸易空间得到了极大延伸。一层为扩大店面进深，临街一进建筑常做成勾连搭的形式，两栋建筑沿山墙方向并排建设，两部分木构架之间不设墙体阻隔。

商铺的临街立面是构成贸易空间界面的最主要组成部分。商铺的开间布局通常灵活随

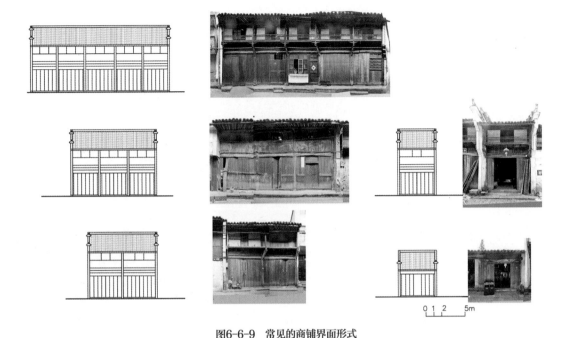

0　1　2　　　5m

图6-6-9　常见的商铺界面形式

意，如图6-6-9所示，以五开间、三开间最为常见，也存在一开间、两开间的情况。建筑外立面为清一色的木板门面。每一开间可能为一户单独的商铺，每个商铺之间由木墙隔断。也可能整座五开间或三开间建筑全属于一家大型店铺，全由商铺财力和经营形式所决定。

在建筑二层栏杆部分各户商家有不同的做法。存在不出挑、二层整体出挑、二层阳台部分出挑、阳台栏杆外挂等常见样式（图6-6-10），构成了义乌江下游流域贸易空间界面细部丰富的变化。具体形式上二层出挑的形式更为常见，出挑的阳台或窗台部分能够成为下方商铺的遮阴廊道，为经营活动便利，也更易于悬挂经营宣传相关物件。二层不出挑的情形多是由于建造者的财力局限所致。

义乌江下游流域很多街市临街的商铺建筑都作为传统街市的一部分被很好地保存了下来，是宝贵的历史文化遗产。现在一部分传统街市所在地理位置因为现代交通环境的改变显得门庭冷落，多数商铺已然关门歇业，部分商铺被改作民居使用，外围浇筑混凝土石墙。部分市镇繁华地段的老街建筑仍有部分店铺经营旧业。澧浦镇澧浦村和孝顺镇孝顺村中街部分都有老人经营的剃头铺、打铁铺、面馆仍然对外营业。商铺建筑将是打造历史街区旅游并带来经济效益的重点内容，闲置的商铺建筑也会是继续进行旅游商业贩卖的极好场所。岭五村的坡阳老街商铺已经改造为文物展览馆、书画馆等用途，是很好的尝试与探索。

6.6.1.3　祠庙建筑

祠庙建筑也是义乌江下游流域传统聚落空间竖向界面的组成部分之一。虽然数量稀少，但由于形态或色彩与周围建筑存在明显差异，而通常构成传统聚落中明显的视线焦点。

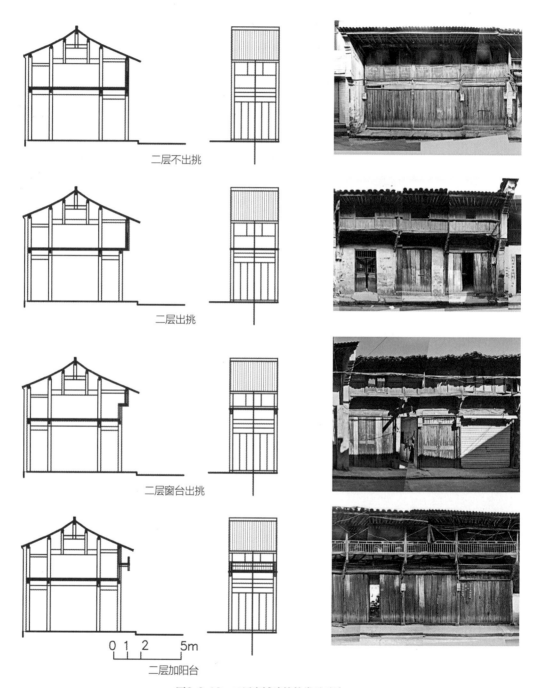

二层不出挑

二层出挑

二层窗台出挑

二层加阳台

图6-6-10　二层商铺建筑的常见手法

宗祠建筑通常有着严格的制式要求，建筑规模宏伟壮观，门楼形式尽显宗族财力和地位等级。也缘于宗祠建筑高大的体量与丰富的门楼变化形式，宗祠建筑可构成传统聚落视觉上以及精神上最重要的宗族公共活动中心。

庙宇制式相对简单，规模较宗祠小得多，但装饰上更不受限制，多为红色或黄色油彩粉刷外墙和木构架，使庙宇建筑在朴素砖木本色的传统村镇中显得格外醒目。具体红色还是黄色，也有一些约定俗成的讲究，孝顺的城隍庙为黄色，关帝庙必然为红色，文昌阁为红色，观音殿为黄色，本保殿红黄两色均有可能。黄大仙庙为黄色，也许跟姓黄有关。庙宇建筑除颜色鲜明之外，由于财力限制通常装饰构造较为简单，少有精巧的木雕等构件。

6.6.2　铺装

义乌江下游流域传统聚落原本地面的铺装遗存不多，大多只能从文献与村中老人的回忆中获得。据民国十六年（1927年）省建设厅布置全省各县对所有道路进行调查显示，浙江省常见的路面形式主要包括：泥石、石板、石子石板、石子、泥、砂、砂泥七种路面种类，前四种路面占全省范围总道路的79.5%。[①]据村中老人回忆，义乌江下游流域传统聚落内部路面以卵石立嵌最为普遍，其次也有条石铺地和砂土地的情况。

卵石就地取材于旁边的溪流，透水性好，而且因为有很好的防滑效果，所以很适于徒步行走。义乌江下游流域卵石铺装的粒径在5～12厘米之间，由村落临近溪流所产生卵石的粒径大小而决定。具体铺装形式通常朴实简约，中央中线用大粒径15厘米左右的卵石砌出，两侧横向排列小粒径卵石。很少出现浙北、浙东地区地面变化丰富的纹样。

但也由于卵石铺地不适于橡胶轮胎的各种车辆通行，与村落居民的正常现代生活有着较大矛盾，很多村落均于20世纪七八十年代用水泥浇灌巷弄路面，覆盖住原本的卵石铺地，使整体历史风貌造成了很大破坏。仅有山头下村、畈田蒋等部分村落的巷弄还保存着原本的卵石地面。锁园、蒲塘等村为了重塑古村落街区，斥巨资重建了部分卵石铺地。（图6-6-11）

青石板铺装也是铺装的重要组成部分，常见于部分区域干道和宗族最重要的明堂地、大户宅院门前的位置。青石材料价格昂贵，而且搬运耗费人力物力，通常作为村中少数地方的装饰之用。如傅村镇原本宗祠前的明堂地就是青石铺装。宗谱上记载为了维护此块明堂地，石材还挪用了原本准备修葺井台的石料。"康熙二十八年己巳祠理将训二十府君派下钜六九九官所备青石长短共十三块以为砌井之需，事工未起，而身故，祠理权借以砌祠前明堂，康熙二十八年因祠前明堂北面尚未方正，伯五府君派下沛九二府君子孙助出荷花塘角，并原墩石而森一四三官独巳顾工填平砌石加塲所费四金。"[②]

---

① 金华县交通局史志办公室. 金华县交通志[Z]. 杭州地质印刷厂，1990：73-74。

② 东山傅氏宗谱. 2006重修. 卷三文集二百一十七. 创修计事。

图6-6-11　卵石铺地的常见样式

6.6.3　植被

义乌江下游流域村镇植物布置的普遍规律是，孤植大型乔木在村口及村旁祠庙、水塘旁位置，树种选择尤以樟树为主。村外农田环绕，村外河道或有列植乔木。村落内部极少树木，少数大宅庭院中有乔木。村外设风水林。金华地区传统聚落所选树种尤以樟树、松树、柳树居多。

传统聚落对于树种的选择可以以现存古树名木的种类和民国后期《金华县志》中的记录作为依据。古树名木是指树龄在一百年以上，或具有重要历史价值与纪念意义的树木。古树名木综合反映了一个地方原本适宜的常见树种，以及古人对于树种的偏好和选择。据《金华续志》中1988年、1992年、1996年和1998年先后四次对金华县[①]古树名木的调查统计结果，金华县全县共有古树名木2144棵，涵盖36科57属81种。其中，数目最多的前五位为樟树、苦槠、枫香、南方红豆杉、柳杉。古樟树共为1003棵，占截至1998年现存古树的46.78%，具有压倒性的数量优势。

义乌江流域每个聚落几乎都有一棵或几棵大树作为村庄的标志，古树的存在已成为每座村庄的家园象征。金华县现存的1003棵古樟树中，树龄在500年以上的有110棵，树龄在300～499年的有176棵，树龄在100～299年的有717棵。（表6-6-1）

---

① 金华县区域范围包括现金华市婺城区、金东区、开发区范围。

金华县古树名木种类统计 表6-6-1

	学名	数目（棵）	所占比例
樟树	Cinnamomum camphora	1003	47%
苦槠	Castanopsis sclerophylla	176	8%
枫香	Liquidambar formosana	178	8%
南方红豆杉	Taxus wallichiana var. mairei	130	6%
柳杉	Cryptomeria fortunei	112	5%
其他		545	26%
金华县古树总数		2144	

注：此范围包括金东区与婺城区。依据金华市金东区《金华县续志》编纂委员会. 金华县续志[M]. 北京：方志出版社，2005：346古树名木数据

　　义乌江下游流域传统聚落的植物配植主要呈现出村内几乎无树，村口大树孤植的规律。村内仅在大型宅院中偶配有大树。根据1998年金华县古树名木调查统计，义乌江下游流域范围内共有古树名木281棵，主要分布在宅院、寺院、村旁、大路旁、水旁、田旁、山坡的位置。其中聚落内部主要分布在宅院内部，共有古树113棵，占总数的41%；村旁位置共有古树87棵，占总数的31%。此外水旁也是常见的古树分布位置，水旁古树义乌江下游流域共有26棵，占义乌江下游流域古树总数的19%。进一步佐证了此区域乔木的普遍种植规律。无论村庄还是市镇通常都有大型乔木配植在村落外围，构成进村过程中重要的入口景观。（图6-6-12）

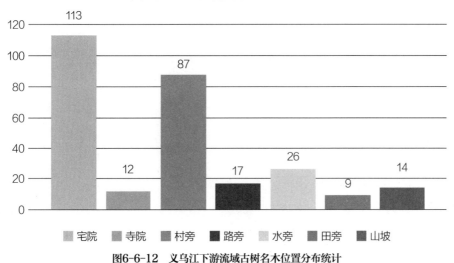

义乌江下游流域古树名木位置分布分析

图6-6-12　义乌江下游流域古树名木位置分布统计

（数据来源：金华地方志编纂委员会. 金华市志[M]. 杭州：浙江人民出版社，1992）

6.6.4　构筑物

6.6.4.1　亭

义乌江下游流域作为公共空间的亭多建于聚落以外的郊野区域，主要有景亭和路亭两种类型。亭在聚落内部并不常见，而且作为小型木构建筑，未经修缮很难完好保存至今。如今浙江名镇内尚存的古亭案例屈指可数。亭可分为路亭、碑亭、景亭三类。

（1）路亭

路亭又称茶亭、凉亭，建设于区域性的主干道上，供人旅途中短暂休息使用。旧时有"五里一短亭，十里一长亭"的建制规定。义乌江下游流域路亭平面多为四方形，四周有围合遮蔽风雨。路亭由周边村镇居民自发集资兴建，义乌江下游流域的部分路亭中还摆有清茶和常用药物，供路过旅人免费使用，称"施茶"和"施药"，由周边聚落的村民自发捐出，当地有民谚"施舍弗落空，子孙弗会穷"，对于路亭的茶、药贡献被当地普遍视为会积攒功德的善举。义乌江下游流域民间好赌博，而赌博地点也多集中在村外路亭之中。目前此区域现存路亭仅十余座[①]，亟待保护及修缮。

义乌江流域的路亭通常为三开间单层小型传统建筑，可能山墙面开设门洞，驿道从山墙上两门洞之间穿过，含香村鹊尾桥头的留憩亭就是位于村口的一例路亭。从图6-6-13可以看

| （a）留憩亭在含香村位置平面图 | （b）留憩亭东侧隔桥相望实景 |

| （c）留憩亭内部 | （d）留憩亭西侧 | （e）留憩亭东侧 |

图6-6-13　义乌江下游流域常见路亭样式——含香村追远亭

---

① 金华区教育文化体育局. 金东区文物古建筑精粹[Z]. 2012：23.

出，留憩亭所在位置与邻近的鹊尾桥存在空间上对应关系，留憩亭的位于含香村的东端入口位置，可作为村口的公共活动空间，又能为驿道上旅人的休息停留提供便利。

（2）景亭

景亭是指以成景、赏景为主要建造目的所设置的亭子。义乌江下游流域遗存景亭极少，但从古籍文献中可以看到一些对于景亭的记录。此地区普遍以郊游登山为乐，尤其在郊野山林风光秀美的地点常建造有景亭供文人墨客停留休息。例如，吕祖谦的《游金华赤松记》中提到的御风亭、冷然亭，王柏的《长啸山游记》中提到的玉乳亭、枕流亭、雷音亭，陈樵有的《金华清隐亭悦心亭记》中提到的清隐亭、悦心亭等。亭子的形态和具体样貌已很难考证，但从这些游记的描述中可以推测这些凉亭都必然位于风光、视野极好的位置，为欣赏周围郊野山林的景致，也供文人墨客休息会友而使用。（表6-6-2）

史料中的义乌江下游流域景亭 表6-6-2

亭名	地点	出处
通波亭	通济桥	绍兴中，令朱冠乡建《光绪金华县志》
池亭	金华山智者寺有碑刻	陆游撰池亭记《金华杂识》
御风亭 冷然亭	赤松山	吕祖谦《游金华赤松记》
玉乳亭 枕流亭 雷音亭	赤松山	王柏《长啸山游记》
椒亭	金华县三洞下洞之右	《名胜志》
极高明亭	丽泽书院后，元代建	《万历金华县志》
清隐亭 悦心亭		陈樵有《金华清隐亭悦心亭记》
平远楼	州东清河馆后，尽见溪山	《金华府志》
邀月楼	赤松山	王柏《长啸山游记》
玻璃阁	金华山智者寺后	
蓬瀛台	金华山二仙祠，有碑刻	《金华杂识》

6.6.4.2 桥

桥梁形式以平桥为主，三跨梁桥在义乌江下游流域尤为常见。仙桥村的二仙桥、含香村的鹊尾桥、郑店村的桥、山头下村西北的仁寿桥、锁园西郊的古桥、孝顺城隍庙东临的桥梁全部都为三跨梁桥，桥面宽度在2~2.8米，具体跨度依据河道而定。义乌江下游流域平桥桥墩很有特色，柱体截面近似船形，桥墩迎水方向为三角形，顺水方向狭长，后方是平直的界面收尾。能够极大地减少水流冲刷桥墩的阻力，可谓优秀的古代智慧。桥墩上方有类似斗栱的桥墩支撑，桥面由3~5块条形石板并排搭成。通常桥上两侧仅有低矮的石栏，或完全不设防护栏杆。如图6-6-14山头下村的仁寿桥，"位于山头下村西南潜溪之上，务本祠左前方，青

图6-6-14 山头下村三跨平桥——仁寿桥

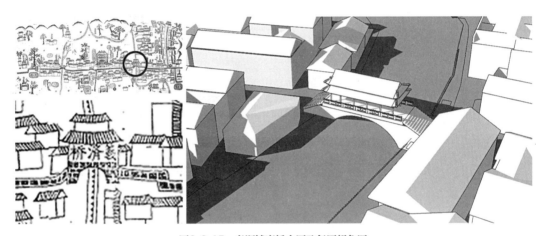

图6-6-15 孝顺镇廊桥古图及复原想象图
（左图来源：孝川方氏宅舆图，孝川方氏宗谱，光绪二年重修）

石桥墩，青石桥面宽二米，长二十米，兴工于道光。"[①]

  桥还有廊桥、拱桥的形式，曹宅村东西两侧坦溪河道平均仅有8米宽，跨溪桥梁主要以单拱孔桥为主。如图6-6-15的曹宅村西侧水口临近处的拱极桥与村东侧跨溪的白果桥，均是跨过较窄河溪的常见拱桥形式。桥梁形式与浙江绍兴、嘉兴等地并无太大区别。孝顺村的孝顺溪河道位于整条街市的中心地带，原本有一座精美的覆廊重檐拱桥，可惜毁于抗日战争的炮火之中，仅存在于孝顺古宅图上以及村内老人的记忆之中。根据现状基址和村民描绘，笔者特意建模复原此桥的推测模样如图6-6-16所示。此类精致的重檐拱桥必然花费大量的财力物力，也仅有孝顺镇这样义乌江流域最为繁茂的市镇才能有足够的财力集资修筑而成。此桥位于孝顺街市东段的中央节点位置，又为满足下方通航而抬高成拱形，推测历史上必然是孝顺

---

① 感卿公仁寿桥告成序//山头下务本堂沈氏宗谱编纂. 金华傅村山头下务本堂沈氏宗谱[M]. 长春：吉林文史出版社，2013：卷一。

图6-6-16 曹宅村的拱极桥与白果桥

镇街市中集通行、点景、赏景于一体的当时重要的景观节点。

6.6.4.3 牌坊

牌坊是为宣传表彰传统礼教思想而建立的仪式性构筑物，主要类型包括节妇坊、孝子坊、功德坊等。为保障牌坊的经久保存，义乌江下游流域的牌坊多以青石为主要材料。其形式以"三间四柱五楼"最为常见，也存在"单间二柱三楼"的形式。据《金华县志·卷四》记载，明清时期义乌江下游流域曾建有大量青石仿木牌坊，至今尚存牌坊共12座，其中青石牌坊11座，木质牌坊1座。

牌坊的设立位置通常位于聚落外围的村口或大道上，尽量选择过往行人众多的地点，以便强化宣传表彰的作用。如澧浦村曾有村外牌坊明显位于村口百米开外的车马道上，"至下街出村数百步有石牌坊，一座祠宇三楹，缭以垣墙者，是往代儒林郎朝模公元配严氏夫人旌节所在"。[①]中柔村现状保存完好的两座节妇坊均立于穿村而过的柔川两侧，属于原本村落边界的位置，也是聚落重要的汲水地点。从中柔《孙氏宗谱》中描绘的宅图看来，原本牌坊一侧临水，一侧面向聚落空地，偏南的牌坊立于柔川西侧，其另一侧空地名为川停基，是中柔聚落东区的重要公用晒谷场。（表6-6-3、图6-6-17）

义乌江下游流域现存牌坊信息　　　　　　　　表6-6-3

牌坊名	所在地	制式	建成年代	建立缘由	题字
方氏旌节牌坊	施村	单间二柱三楼	清乾隆五十七年	为故民施沛仁之妻方氏立	圣旨 恩荣 旌节
乐善好施坊	东藕塘村	三间四柱五楼	清乾隆二十年乙亥	为浙东善士金律立	恩荣 乐善好施
王氏旌节坊	东关村	三间四柱五楼	清雍正十一年三月	为故民姚弘佐妻节妇王氏立	圣旨 旌节 节孝流芳
鲍氏贞烈坊	月潭村	三间四柱五楼	清乾隆廿六年辛巳八月	为故童俞文枝未婚妻鲍氏元官立	贞烈
盛氏旌节坊	东上叶村	三间四柱五楼	清乾隆十九年秋	为故生员叶种泰之妻盛氏立	清标彤管
楼氏节孝坊	中柔村	三间四柱五楼	清乾隆二十五年庚辰八月	为故监生孙应维之妻楼氏建	奉旨 恩荣 清标彤管
郑氏旌节坊	中柔村	三间四柱五楼	清乾隆廿七年壬午五月	为故监生孙玠之妻郑氏建	恩荣 旌节
邵氏旌节坊	洞井村	单间二柱三楼	清道光五年乙酉四月	为故儒童曹奇孝之妻邵氏立	圣旨 旌节 心同金石
陆氏旌节坊	泉塘村	三间四柱五楼	清嘉庆五年庚申	为故民徐廷佐妻陆氏建	圣旨 恩荣 旌节 清标彤管
黄氏旌节坊	锁园村	三间四柱五楼	清乾隆五十二年丁未孟冬月	为故民严锡佩妻黄氏建	圣旨 恩荣 旌节 清标彤管
贾氏宗祠五代同堂坊	雅金村	单间二柱三楼	清乾隆五十年		圣旨 钦此 大清乾隆五十年桂月吉旦圣世瑞微五代同堂钦宝贾国相立

数据来源：《金华县志·卷四》、《金东区文物古建筑精粹》P286-296

---

① 方少白. 澧浦街市记[Z]. 民国三十五年（1934）. 原载于澧浦王氏宗谱，现宗谱已失，见于金华市金东区澧浦镇党委、政府等编. 积道山下澧浦镇。

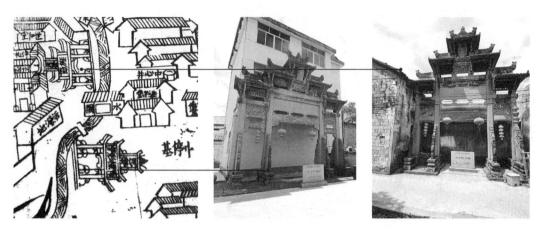

图6-6-17　中柔村现存两牌坊
（左图来源：中柔孙氏宗谱，2015重修）

6.7　本章小结

　　义乌江下游流域传统聚落公共空间可分为交通空间、生活空间、贸易空间、仪式空间、娱乐空间五类。交通空间包括巷弄、车马道、出入口，生活空间包括滨水空间和生活广场，贸易空间包括街市和市基，仪式空间包括宗祠、庙宇、祖坟、风水树、水口，娱乐空间包括郊野山林、斗牛场、戏台，这些具体公共空间组成部分的空间形态各具有自身的特征。义乌江下游流域传统聚落公共空间界面由民居建筑、商铺建筑、祠庙建筑组成的侧界面和铺装组成的底界面组成，主要的构筑物包括亭、桥、牌坊等。上述这些各具特色的组成部分共同构成了本地区传统聚落公共空间的独特风貌。

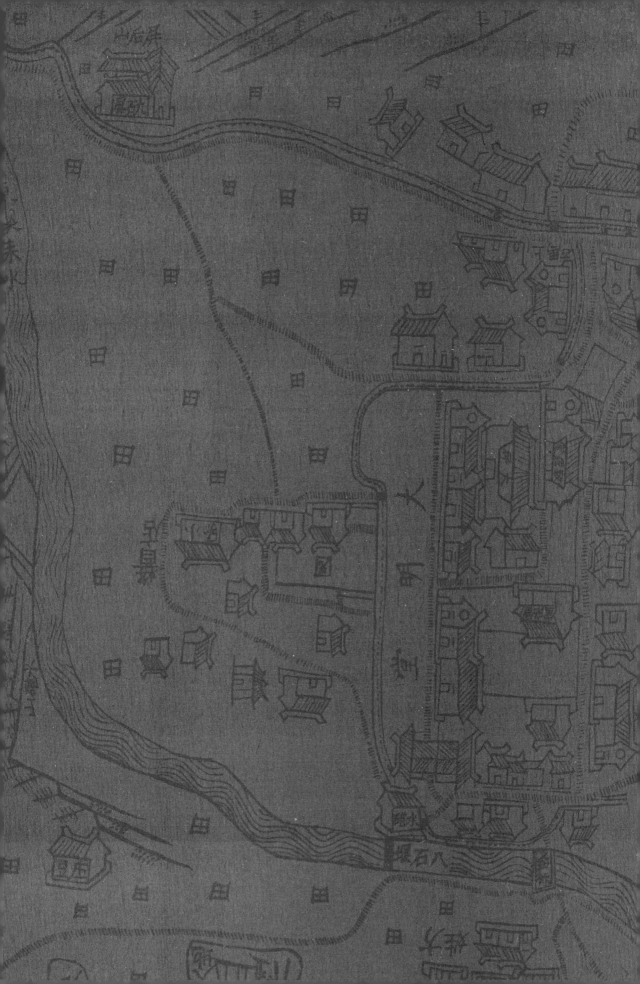

第 7 章

义乌江流域传统村镇聚落
公共空间个案研究

 本章通过三个义乌江流域传统聚落个案分析以呈现在义乌江下游流域特殊背景下，传统聚落公共空间的实际样貌。所选三个传统聚落，包括山头下村、郑店村、岭五村，分别代表了义乌江下游流域不同类型和不同地点的传统聚落形态。其中，山头下村位于义乌江北，是建于明末清初，形成较晚，规模较小而聚落形态模式清晰的典型村庄聚落案例；郑店村坐落在义乌江南，始建于明成化年间，于清末出现集市和店铺，是后期开始向市镇聚落转型的村庄聚落案例；岭五村位于金华至永康陆路交通要道之上，街市形成于清康熙年间，一度毁于清末太平天国战火，于民国时期又迅速重建，是街市现存最为完好的市镇聚落案例。三个传统聚落位于义乌江下游流域的不同位置。山头下村位于义乌江北，邻近义乌县域边界；郑店村位于义乌江南岸灵岳山脚下；岭五村位于流域南部武义江东岸积道山下。通过对三个传统聚落案例形成演化模式、选址山水构架特征、总体形态布局特点、公共空间形态的分析，勾勒出义乌江下游流域传统聚落公共空间的基本样貌。

7.1 山头下村

 金东区傅村镇山头下村位于金衢盆地中部，义乌江流域北岸，邻近原金华县与义乌县域边界位置。聚落始建于明末清初，是其东北侧沈宅村分迁出的沈氏宗族聚居地。山头下村是义乌江下游流域村庄聚落格局保存最为完好的传统聚落，于2010年被列为第五批中国历史文化名村。山头下村因为形成相对较晚，规模较小，受后期改造影响小，有着更纯粹、明确的聚落形态结构，能够清晰反映出村庄聚落最初形成发展的脉络，展现出义乌江下游流域典型村庄公共空间的普遍样貌。（图7-1-1）

7.1.1 山头下村历史沿革与聚落演化——广场为核，规则生长

 根据《山头下务本堂沈氏宗谱》记载，山头下村沈氏宗族以南朝沈约[①]为始祖。沈氏一族于宋代从苏州迁居至金华境内后聚居于距离山头下村北六百余米的沈宅村。"至宋庆元初徙居苏州之阊门，由苏州阊门迁金华孝善里后沈之阳，伊子咸宁府君名窦卿字节之，伊孙曾十九府君名明善字允臧，丰资雄伟，积善好施，阴德动天，咸淳初昌仙指以胜地，转徙义乌双溪之上，乡人以其地之高，姓之著，遂合而名之曰山头沈。"[②]

 山头下村沈氏宗族是于明景泰七年（1456年）从沈宅村迁徙出的沈氏分支。当时迁出的

---
① 沈约（441-513年），字休文，吴兴郡武康县（今浙江湖州德清县）人。南朝政治家、文学家、史学家。
② 傅文荣. 山头下沈氏宗谱序[Z]. 清道光五年//山头下务本堂沈氏宗谱. 民国三年（1914）重修。

图7-1-1　山头下村历史区位示意图

沈约三十一世孙沈永安、沈永进、沈永计兄弟三人被视为山头下村的开创始祖，此后随着沈氏子孙的继续繁衍，聚落不断发展壮大。"咸族居双溪，自成二府君兄弟三人始迁居于山下，一传而德，再传而田，三传而鸾，四传而凤……瓜瓞绵绵，子姓蕃衍。"[1]

　　山头下村于清末至民国年间出现沈氏后人承办的手工作坊，最主要的包括染布坊和蜡烛作坊。后成为金华义乌地区主要蜡烛生产基地，位于山头下村临潜溪的西南部。有"兰溪价钱看佛堂[2]，佛堂价钱看山头下"的民谚。据村民描述至民国末期曾经还有馒头作坊、蜡烛作坊、粮油铺、当铺、榨油作坊（麻车）、炸红糖的糖车等出现。[3]山头下村在清末及民国时期受到战火波及。1862年太平天国兵乱焚毁潜溪便的和乐堂、和顺堂等四座厅堂及石蜡铺和蜡烛厂，沈氏宗祠务本堂一度被毁。

　　受益于作为国家历史文化名村的山头下村保护规划研究，山头下村各历史建筑的年代已被明确鉴定出来，以此为依据可清晰呈现出山头下村形成和演化的全过程。山头下村发展的

① 傅文荣. 山头下沈氏宗谱序[M]//山头下务本堂沈氏宗谱（清道光五年），1914。

② 兰溪、佛堂最大的商贸集镇。

③ 山头下务本堂沈氏宗谱编纂. 金华傅村山头下务本堂沈氏宗谱[M]. 长春：吉林文史出版社，2013：卷一。

第一阶段为明末至清初阶段，仅有零星的六座民宅，从这几座民宅的朝向与形式可以推断出聚落最主要道路和中央广场"基"①已被确定下来，仅有的几座初步建成的建筑呈现出沿道路或环绕"基"建造的形态。第二阶段为清中期，即康熙至嘉庆时期，聚落形态已完整呈现，巷为"H"形，核心广场区域被完好保留，广场西侧修建"车门"建筑作为全村的主要出入口，具有防御性与仪式性的作用。第三阶段为清末至民国时期，此阶段主要在原有建成居住区的外围发展，西侧建成大面积的新居住区域，并依潜溪河岸建有蜡烛厂等手工作坊。原有村中广场被明显侵占缩减，但仍在车门与内部建筑之间保留了一定的空地区域。清道光六年（1826年）在村南侧修建沈氏宗祠务本堂。此前祭祖等活动山头下村需前往沈宅村进行，山头下村沈氏宗祠的修建进一步标志了山头下村沈氏宗族从沈宅的附属聚落独立出来。此阶段山头下村还有沈氏子孙迁出至武义县八素山建村，宗谱中有记载此八素山沈氏民国时期也修建了属于自己的宗祠。（图7-1-2）

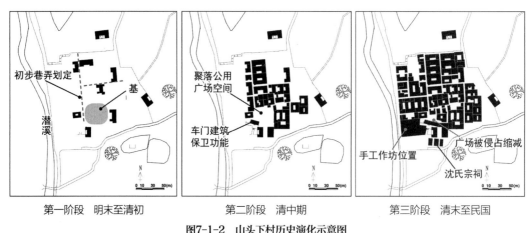

第一阶段　明末至清初　　　　第二阶段　清中期　　　　第三阶段　清末至民国

图7-1-2　山头下村历史演化示意图

7.1.2　山头下村选址与山水构架——临界双溪，巧用坡地

就区位交通环境而言（图7-1-3），山头下村是其北侧沈宅村的迁出分支，绕村东南有车马道连接沈宅村与西侧的杨村。此外，山头下距西北侧傅村至吴店之间的主路350米，从山头下西门沿潜溪向北即可与大路相通。所在位置处于距傅村落、吴店、蒋口市三处市镇等距的中央位置，这三处均是山头下村常去的贸易场所。山头下村毗邻的潜溪在汛期可通竹筏，进行货物运输，是清末手工作坊产生的前提条件。这样的区域环境给予了山头下村作为村庄聚落充分的发展空间和便利的生活条件。

---

① 金华地区民间普遍将传统聚落中原有的广场空间称为"基"或"明堂"，有贸易活动的称为"市基"。

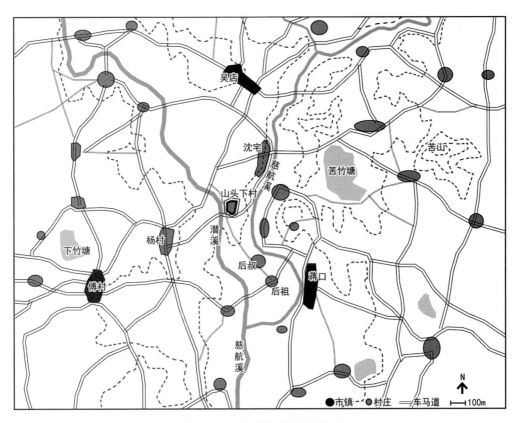

图7-1-3　山头下村历史区位示意图

就选址的自然山水环境而言（图7-1-4），山头下村的选址呈依山傍水之势，靠山面水，双溪环抱。在《沈氏宗谱》上被称为"经吕仙指以胜地转徒"[①]。

山头下村的地形总体上呈现出东北依山，西南面水之势。村落所在位置选址于丘陵的西南向缓坡之上，面朝潜溪及南面的平原田地。山头下村在村落房屋道路建设过程中，巧妙地将缓坡地形梳理为东北高、西南地的四级台地，在台地之上，建筑物以微偏东北的南北朝向布置，村内主要道路也呈南北东西垂直相交之势，在台地交界处，以多级台阶形式解决高差和通行问题。明确分出的四级台地，每层内部也有更详细的分级，每座建筑地基平面高层均不相同。

水文条件上，山头下村位于两溪之间，八口水塘环绕。西临潜溪，东有慈航溪，因而山头下村的沈氏又称为"双溪沈"。紧邻的西侧潜溪，可在汛季通航竹筏，运输货物，清代后期的蜡烛厂就凭借此便利条件建于临近溪岸处。周边水塘众多，有典塘、横塘、湾塘、安塘、柑塘、思姑塘、经塘、破塘等几口水塘，为山头下村居民生活与农田灌溉提供了充沛的水源。

① 傅文荣. 山头下沈氏宗谱序[Z]. 清道光五年//山头下务本堂沈氏宗谱. 民国三年（1914）重修。

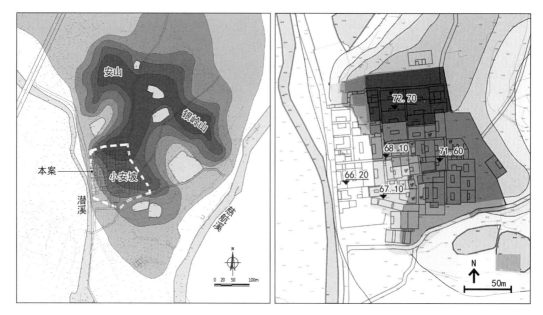

图7-1-4 山头下村地形分析图

7.1.3 山头下村总体布局——规则明朗，层层关锁

山头下村布局结构规整明朗。由纵横各两条街巷构成聚落的基本骨架。各主街巷出入口处设街门，构成对外封闭的村内空间。山头下村内部也有街门组合划分出同根但不同分支的各家族住宅区，出现多层的封闭嵌套结构。车马道绕村南侧与东侧而连通西北至东南的区域交通。东侧明堂出建筑外出口处仍保留有下马石墩作为见证，此部分大宅直接朝车马道开设门户。内部步行交通由五道村门连接五条主要巷。主巷宽度1.8～3.2米，所有巷弄均为鹅卵石铺地，并在地形高差变化处设置台阶。山头下村坐落于西南低、东北高的山地上，但通过巧妙地梳理地形，使得建筑全部以近正南北角度布置，构成多级的台地空间结构（图7-1-5）。村中建筑主要为西向与南向两种朝向。从山头下村复原剖面图中可看到山头下村明显的北高南低和东高西低的地形趋势。

图7-1-5 山头下村传统公共空间总平面图

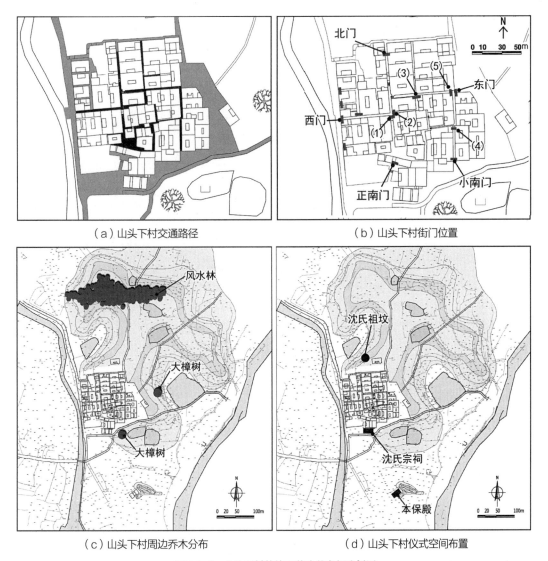

（a）山头下村交通路径　　　　　　　　（b）山头下村街门位置

（c）山头下村周边乔木分布　　　　　　（d）山头下村仪式空间布置

图7-1-6　山头下村传统聚落公共空间分析图

　　山头下村的仪式性公共空间即宗祠、庙宇、祖坟、风水林等均分布于聚落外围，与山头下村内的宅邸区域保持一定距离，可以通过宗谱上山头下舆图中的信息推断原本祠庙等空间的具体位置。山头下村的植物布置情况从舆图和20世纪60年代卫星影像中可以辨认得出，南侧和东侧村口位置都曾种植大樟树，作为村口的标志性景观。于村北的安山山冈上设风水林带，以强化高地地形，并作为村庄的依靠（图7-1-6）。从舆图上可以看出，山头下村对于祖坟、聚落、风水林、祠庙建筑的布局有着符合风水观点的考量。舆图本身以祖坟为中心绘制而成，山头下村与祖坟是相邻的两部分。村北侧安山上的风水林带是山头下村民居与祖坟共同的保障（图7-1-7）。

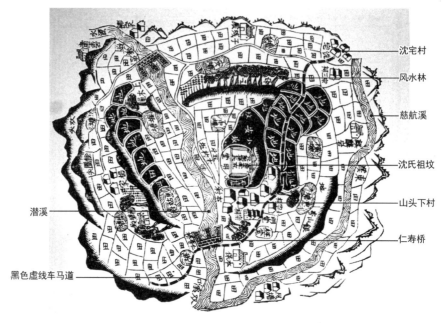

图7-1-7　山头下村舆图
（图片来源：山头下务本堂沈氏宗谱，民国三年重修：卷首）

7.1.4　山头下村公共空间——巷弄宗祠精致完好

山头下村的公共空间是山头下村沈氏族人共同生活使用的场所，满足了出行、生活、祭祀、娱乐等多重需求，尤以巷弄空间景观最具特色。

7.1.4.1　山头下村交通空间

山头下村内部有完整的巷弄步行交通体系，于南门、小南门、东门连接外部的车马交通。五个村门连接着五条主要巷弄。由原金华至义乌的官道通往村里，由南大门而入是南门街[①]，全长80米，街宽2.5米。由另一个村门小南门而入是南门弄，全长31米。通往潜溪的是西门，西门路全长51.8米，宽2.3米。通北门的是北门街，长82.5米。通东门的东门路，长67.5米，最宽处有3米，窄处为1.8米，山头下村巷弄空间宽度主要集中于1.8～2.5米范围内。仅有三条巷弄宽度小于1.5米。巷弄长度多在20米以上，有50米长以上的巷弄三条。

山头下村设有完善的街门系统，从各主体巷弄的分析图中可看出，村内各条主路两端均以街门作为收尾。全村共有五道门可对外出入，内部又另有五座门分割街巷空间，使内部构成彼此独立的区域。内部街门的设置多位于主街丁字路口位置，门内小巷本会和主街构成十字路口形式，为避免出现十字路口，也有用街门进行掩挡之意。（图7-1-8～图7-1-13）五个对外出入口，东、西、北各一个出入口，南侧两个出入口，五个出入口各设有一座街门把

---

① 五条主要的巷弄虽以"街"为名，但因其无法通车马，应视为巷弄，在此尊重村内现有巷弄名称而以"×门街"称呼。

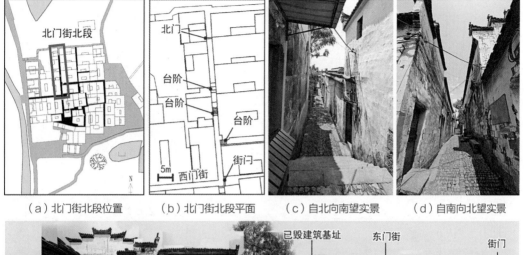

（a）北门街北段位置　　（b）北门街北段平面　　（c）自北向南望实景　　（d）自南向北望实景

（e）北门街北段东界面实景

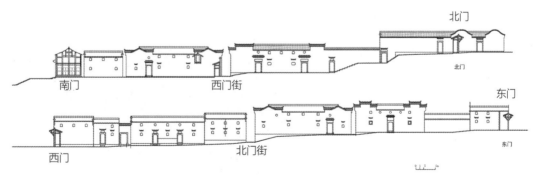

（f）北门街北段西界面实景

图7-1-8　山头下村北门街北段平面及实景分析图

图7-1-9　山头下村复原剖面图

（a）北门街南段位置　　（b）北门街南段平面图　　（c）自南向北望实景　　（d）自北向南望实景

（e）北门街南段东界面实景

（f）北门街南段西界面实景

图7-1-10　山头下村北门街南段平面及实景分析图

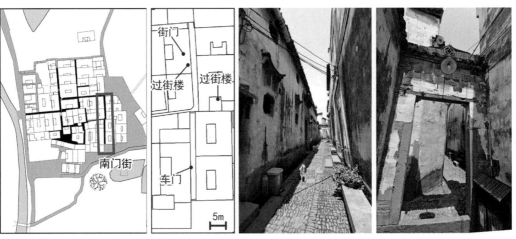

（a）南门街位置　　（b）南门街平面图　　（c）自南向北望实景　　（d）南门街中段拐点实景

图7-1-11　山头下村南门街平面及实景分析图

（e）南门街北段西界面实景

（f）南门街北段东界面实景

（g）南门街南段西界面实景

（h）南门街南段东界面实景

图7-1-11　山头下村南门街平面及实景分析图（续）

（a）西门街与东门街位置　　　　　　　（b）西门街至东门街平面图

（c）西门街自西向东　（d）西门街自东向西　（e）东门街自西向东　（f）东门街自东向西

（g）西门街北界面实景

（h）西门街南界面实景

（i）东门街南界面实景

（j）东门街北界面实景

图7-1-12　山头下村西门街与东门街平面及实景分析图

（a）北门外　　　　　（b）北门内　　　　（c）小南门外　　　　（d）小南门内

（e）东门内门内　　　（f）东门内门外　　　（g）东门两门中间　　　（h）东门外

（i）西门外　　　　　（j）西门内　　　　（k）双街门外　　　　（l）双街门1内

（m）街门3外　　　　（n）街门3内　　　　（o）街门4外　　　　（p）街门4内

图7-1-13　山头下村各街门实景

守。正南门为最主要的出入口，是车门门楼的设置，二层建筑，建筑中央设门洞，穿过廊道直达村内。

7.1.4.2　山头下村广场空间

从历史演化平面图中可以看出山头下村的广场空间是全村环绕发展的核心。随着山头下村的整体发展，在清代，这块场地面向村外一面修筑了全村正式的出入口——车门建筑。清末，随着村内宅地的紧张而被一些后建的民居建筑所侵占。目前所见的广场区域仅是原本建村初期所划出场地的四分之一。（图7-1-14、图7-1-15）

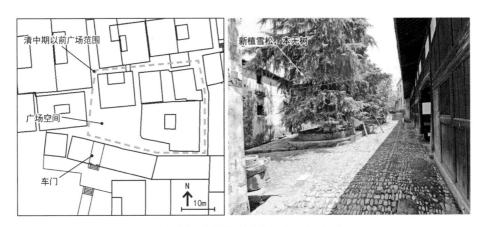

图7-1-14　山头下村中心广场平面图及实景

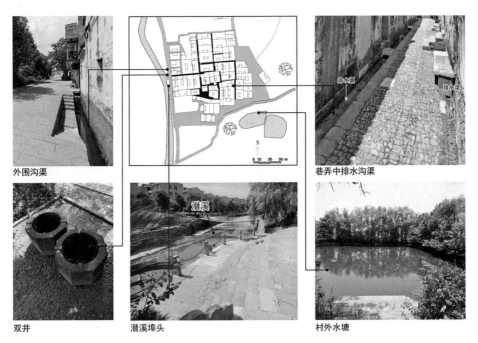

图7-1-15　山头下村滨水空间实景

7.1.4.3 山头下村滨水空间

山头下村的滨水空间全部位于村外部。内部的各条巷弄旁均设有排水沟渠,是与村西潜溪相连通的汇水泄洪通道。主要滨水活动空间集中在山头下村西侧,西门位置。有并排水井两口和抵达潜溪水岸边的埠头。山头下村周边的7口水塘均以农业灌溉为主。各块水塘边线并未用石材修葺,仅设一处或两处简易台阶抵达水面。

7.1.4.4 山头下祠庙空间

沈氏宗祠为山头下村最重要的祠庙建筑空间。山头下的沈氏宗祠规模很小仅为支祠,且建成年代较晚,为清道光六年(1826年),距今有近两百年的历史。《沈氏宗谱》上的"山头下沈氏创建宗祠记"中记载:"益见子姓之蕃衍,而且屋连云田,负郭饶裕百倍于前,非其祖宗积善好施,阴德动大之所至乎。爰是选胜于所居之南,水清于前,山秀于后,坐卯向酉,建寝室三楹,正厅三楹,而门楼如其数,以至垣墉阶级靡不整齐,堂室门楣,靡不丹雘①,因时立制,不陋不侈,经始于嘉庆乙亥之秋,至戊寅之春而告竣,祠既成乃卜吉于道光丙戌十一月初六日进主以祀之祖考位。"②见证了宗祠所在的相地选址,即"所居之南,水清于前,山秀于后,坐卯向酉"。位于山头下村南端主入口之外,面朝西侧潜溪,背靠山丘缓坡逐级升高。宗祠建筑本应不临界村中宅院建筑,但相地选址为先,邻近的沈氏民宅建成于明朝晚期,因而仅与此住宅建筑以小巷相隔而建设。沈氏宗祠为标准的三进宗祠院落,分门殿、正殿、寝殿三重建筑,随山势地形各进建筑地基逐级上升,中央有踏步解决高差。(图7-1-16~图7-1-19)

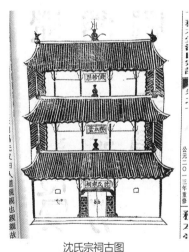

沈氏宗祠古图

沈氏宗祠现状实景

图7-1-16 沈氏宗祠古图与外观实景对比
(左图来源:山头下务本堂沈氏宗谱,民国三年重修:卷首)

---

① 丹雘:涂饰色彩。《续资治通鉴·宋孝宗淳熙七年》:"从至翠寒堂,栋宇不加~。"
② 山头下沈氏创建宗祠记[Z]//双溪沈氏宗谱,2013年重修版:卷一。

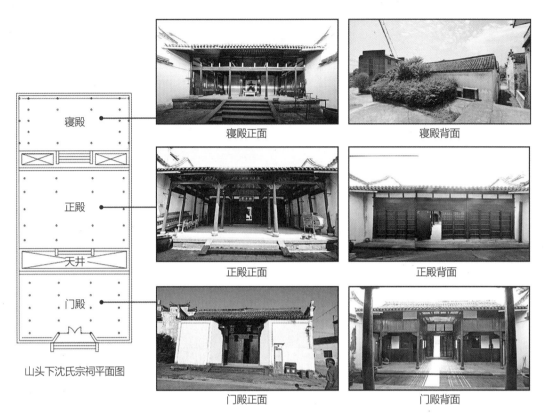

图7-1-17　沈氏宗祠平面图及各进实景

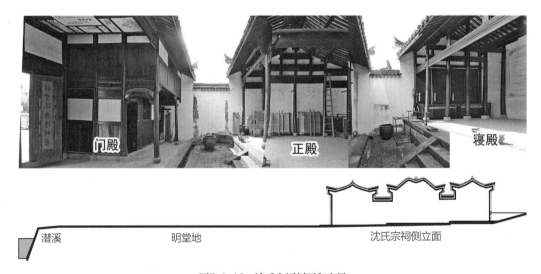

图7-1-18　沈氏宗祠剖面和实景

（a）沈氏宗祠正立面图（西立面）

（b）八字门

（c）沈氏宗祠入口向内望景象

图7-1-19　沈氏宗祠正门位置实景

7.1.4.5　山头下村风水树与风水林

山头下村原本有完善的风水树和风水林布置。从舆图和20世纪60年代卫星影像中可以辨认得出，南侧和东侧村口位置都曾种植大樟树，作为村口的标志性景观。与村北的安山山冈上设风水林带，以强化高地地形，并作为村庄的依靠。风水林与孤植于村口的大樟树，共同构成了村北、南、东三个方向的围合，成环抱之势。尤其北侧的树林成为整座村庄背靠的依靠，也有遮风挡雨，保持山丘水土的科学意义。可惜毁于20世纪80年代以后的村庄继续开发建设，如今风水林所在地以被现代住宅区所取代。

村口大树起到村口空间标志性的意义。此树历经数百年风雨沧桑屹立村头，是山头下村古老历史的形象见证。村民们至今仍常在树下休憩纳凉，集会游戏。现存于村东的古老樟树，树龄已达800余年，沈氏族人相传此树为三祖公所植，胸径2米，树高30多米，枝叶茂盛，如伞如盖，雄踞村头。原本另有一棵大樟树在村南破塘旁[①]，两棵树相距约150米远，树龄相仿，形态相似，曾被称为夫妻树，曾分别称为经塘樟树、破塘樟树，可惜因长期塘水侵蚀，于20世纪60年代倒塌。

7.1.5　山头下村小结

山头下村保存完整的传统聚落形态揭示了小型村庄聚落发展形成的普遍规律，即从简单主体巷弄与中央广场"基"的划定到完整聚落形成出现街门防御构件再到聚落进一步扩张和宗祠的兴建。山头下村的地形处理同样是义乌江下游流域聚落形态的一大特色，将自然缓坡地形修筑为规则方正的层级台地形式。巷弄空间、广场空间、祠庙空间以及风水树、风水林的布局展现了义乌江下游流域普遍的小型村庄聚落公共生活空间的历史样貌。

7.2　郑店村

郑店村隶属于金东区澧浦镇，地处义乌江南，澧浦村东，据《东溪郑氏宗谱》载，明朝成化年间，村祖郑桢从里郑村迁居于此，村名叫外郑，以姓氏及村落方位而得名。后在清后期[②]，因村中开设有店铺，逐渐形成周围村落的货物集散地，村名改称郑店村。

郑店村可以代表义乌江下游流域村庄聚落向市镇聚落转化的中间形态。整个聚落形态较山头下村更复杂，可代表中型村庄聚落布局模式，相对更大型聚落（如蒲塘、傅村等）而言又更容易解析出其发展演化形成的脉络。载于《郑氏宗谱》上的详细宅图与基本完好的聚落现状形态使针对郑店村的完整复原建模分析成为可能。

7.2.1　郑店村历史沿革与聚落演化——村落扩张贸易出现

郑店村地处澧浦村东，据《东溪郑氏宗谱》载，明朝成化年间，村祖郑桢从里郑村迁居于此，村名叫外郑，以姓氏及村落方位而得名。"由始祖如冈守治金华，第三子太学讳懋任学

---

① 山头下务本堂沈氏宗谱. 金华傅村山头下务本堂沈氏宗谱[Z]. 长春：吉林文史出版社，2013：卷一。
② 清光绪《金华县志》"金华县域全图"中已将村名注为"郑店"。

谕，遂迁于金华东溪秀屏之南居焉，及成化年间两次火燹（xiǎn三声，焚烧意），祯公配杜氏者乃迁于东溪谷口灵岳山下居焉"[①]。郑店村的郑氏来自我国北方河南郑州，"盖郑本周宜王同母弟 讳友者为周司徒受封于郑子姓因以为氏，应唐宋以下子孙蔓延与天下，伯定公讳凝道者自郑州来为处都郡守，因家于处都，其子讳自严公卜居于括苍之里三十一世孙有迁金华之长山"。[②]

郑店村的发展演化模式可通过现有聚落样貌及宗谱资料推断而出。在明成化年间建成之初郑店村"大明堂"广场空间确定下来，主体民居建筑"大厅""致孝堂"等建筑面向明堂，朝向东南而建。村落经历继续发展至清中期，明堂周边村落发展至一定程度，部分郑氏族众另在原建成区西侧建住地，此部分清代新建区域围绕广场空地"基"而建，并在此时期在聚落西南修建郑氏宗祠。发展至清末至民国时期，聚落扩张将宗祠与"基"均囊括在聚落范围之内，并在村东北角邻近河岸埠头位置出现商铺贸易。但至民国时期，郑店村的贸易仍处于初级阶段，据民国《金华县经济调查》记载至民国十四年郑店村仅有固定商铺2家，均为南货店[③]，经营资本总额1000元，全年贸易总额10600元[④]。对比邻近大型市镇聚落澧浦有商铺14家，经营资本总额9500元，全年贸易总额52960元[⑤]，郑店村的贸易额仅是澧浦的五分之一。（图7-2-1）

（a）第一阶段　明代成化至清初　　　（b）第二阶段　清中期　　　（c）第三阶段　清末至民国

图7-2-1　郑店村聚落形成演化模式图

7.2.2　郑店村选址与山水构架——灵岳山下，依山傍水

郑店地理位置位于义乌江南岸。西距澧浦市集4公里。北邻灵岳山山脚，是义乌江南岸区域主驿道上的一环，向东南连通山中各小型村庄，向西北可直达义乌江岸。周边区域村落密集，具有发育出贸易空间的前提条件。就具体山水构架而言，有东溪自郑店村北部经过。村

---

①《东溪郑氏宗谱》。光绪丁酉统翻。

② 郑崇义. 括苍郑氏宗谱旧序[Z]. 龙飞至正元年岁次辛巳//东溪郑氏宗谱. 光绪丁酉统翻。

③ 金华县商会. 金华县经济调查[Z]. 民国二十四年（1935）：62表101。

④ 金华县商会. 金华县经济调查[Z]. 民国二十四年（1935）：54表82。

⑤ 同上。

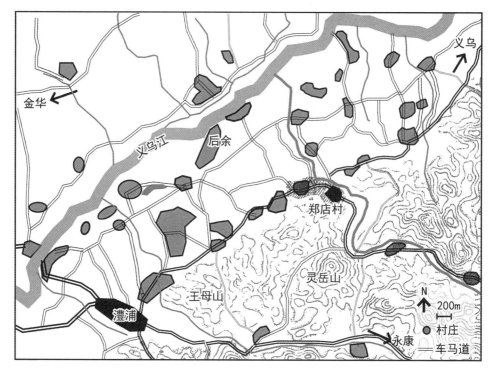

图7-2-2 郑店村历史区位示意图

南紧邻灵岳山山脚，是一面依山一面傍水的极好条件。唯一缺陷在于堂局有限，河溪和山体作为边界屏障严格限制了郑店村的继续发展。（图7-2-2）

7.2.3 郑店村总体布局——连廊窄巷，布局紧致

郑店村北侧临河、南侧靠山，构成了聚落的主要边界，就交通空间而言，车马道位于村南北两侧，呈东南至西北走向。内部巷弄顺应周边河道和地形走势，出现两个方向偏斜网格相交会的形式。村面向东、西两侧设多座街门出入口，巷弄内部过街楼林立。郑店村内有多座大型宅邸，民居宅门砖雕精美。生活空间中，滨水空间主要有砩渠、水塘、河道、水井构成。砩渠水系环绕整个郑店村。村北侧河道上有义和桥连通河北岸的交通。历史上的生活广场空间主要两处，一处位于郑店村东侧，为大型的明堂地空间，另一处位于偏西位置，是郑店村西郑部分的公共空间核心。仪式公共空间主要包括郑氏宗祠、法华庵、风水树等。贸易公共空间集中于河岸处。（图7-2-3、图7-2-4）

7.2.4 郑店村公共空间——砩渠绕村，明堂开敞

郑店村最具特色的公共空间是完整环绕村外沿的砩渠水系，以及开敞壮观的明堂地空间。（图7-2-5）

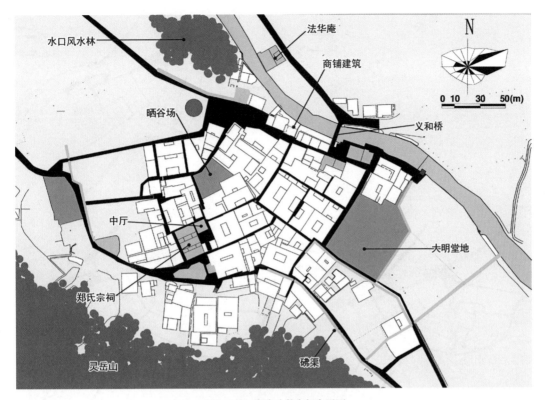

图7-2-3　郑店公共空间布局图

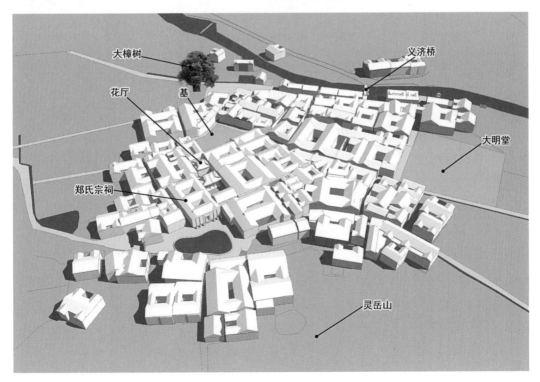

图7-2-4　郑店村复原鸟瞰图

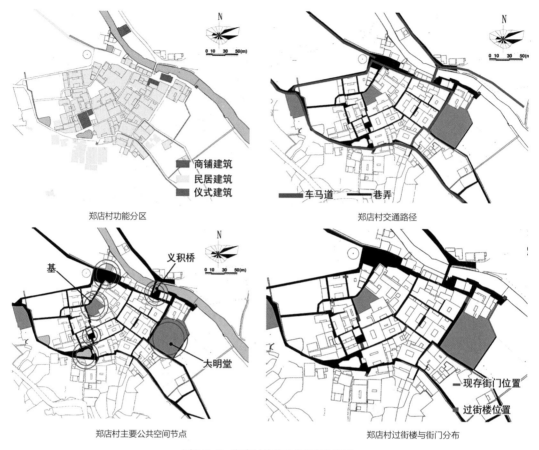

郑店村功能分区

郑店村交通路径

郑店村主要公共空间节点

郑店村过街楼与街门分布

图7-2-5　郑店村传统公共空间分析图

7.2.4.1　郑店村巷弄空间

郑店村整体交通空间呈现出内部巷弄连通，沿南北两侧边界位置车马道连接区域驿道的布局模式。巷弄总体布局因为地形的影响而呈现出两个方向网格布局相交错的模式。郑店村东部呈北偏东34°，西部呈北偏西23°，两个方向巷弄交会于郑店村中部，东南至西北34°的长巷弄之上，交会位置仍保持了巷弄之间的垂直相交。巷弄"丁"字形相交模式明显。全村有"丁"字形路口19个，占所有路口总数的70.4%。"L"形路口6个。四岔路口仅有两处，分别位于村东南和西北位置，均为一个方向路径通直，另一个方向巷弄彼此稍微错开2米多的模式，构成近似两个丁字路口相紧邻的布局。

郑店村巷弄空间宽度，在1～3米宽均有分布，主体1.8～2.5米宽的巷弄共12条，构成了巷弄空间感受的主要格局。1.5米以下宽度的小巷共6条，使郑店村巷弄具有窄巷密布的空间效果。巷弄宽度主要集中于20～60米之间尤其20～40米长度的巷弄共11条，占总数的一半以上，因而可视为郑店村巷段较短，折拐频繁，易出现迷宫式的空间感受。

郑店村为典型的同姓聚居村落，血亲宗族聚居，各户人家二层都彼此通达，使得郑店村拥有多处过街楼空间。郑店村的双过街楼为整个二层厢房彼此跨巷相连，就下方空间而言昏暗的门廊更加悠长，光线上构成了强烈的明暗对比。此类过街楼的双层叠加使得过街楼中央空间完全成了私家的领域性空间中部建筑有所退后，因而过街楼中间部分构成了近似院落天井式的空间效果。一层建筑出入口仍保持彼此相对。因为廊道过于狭长视线的双层框景效果极弱。

　　郑店村有出入口6个，分布在东、北、西三个方向上，南侧郑店村紧邻灵岳山脚，无主要出入口。通常居住型村落的主要入口设置在衔接区域驿道的位置，常与水口位置相重叠。除街门之外，义乌江下游流域部分村镇会有车门建筑作为主要出入口，郑店和山头下村都有这样的建筑作为中心入口景观，车门建筑还能作为停靠轿子，放置杂物使用。

7.2.4.2　郑店村滨水空间

　　郑店村的滨水空间主要包括砩渠、水塘、河道、水井四个部分。郑店村拥有明显的外部环绕的砩渠水网，以及砩渠环绕明堂地的清晰布局。砩渠与周边的湖泊、河道等自然水体相连通，共同构成了水流环绕的聚落水系。郑店村的宅图上详细描绘了村内砩渠的具体位置，以此为依据，可复原出原本的砩渠水网。村东侧有砩渠环绕大明堂空地，村西侧有砩渠连通西片塘水体。村北有沿古道进村的砩渠，是村内最重要的洗涤用水沟渠。村内连通砩渠位置，还有暗渠通达宅院内部，供宅内直接取水使用。（图7-2-6、图7-2-7）

　　郑店主要的水塘仅有一处，位于村西南角，原本郑氏宗祠正门前方，以南为丘陵山地，明显有着一定的风水考量。此处水塘是郑店村西侧和南侧砩渠水道的衔接点，是聚落此部分区域重要的蓄水空间。从《郑氏宗谱》上可以看出，水塘原本呈现出自然有机的曲线形态。水塘四周环绕贯通区域的主要车马道交通。邻近宗祠和车门出入口的存在，具有仪式性空间的特点，是宗祠前方空间视线上的延伸。水塘原本位于村落外围位置，车门及所在巷弄是清代以前的村落边界，由于后期村落向南扩张，有建筑陆续建于山脚高地之上，而使水塘四周被建筑所环绕，民国时期已发展为处于村落内部的水塘空间。水塘南侧映衬灵岳山上草木，是郑店村富有诗意的重要生活空间。（图7-2-8）

　　郑店村明堂地北侧的古井始终作为饮用水源使用，为保证水质不受污染，实现自动化供水的需求，通常在此类水井上加盖简易房屋，将水井改造为服务村内饮水的小型水站。（图7-2-9）

7.2.4.3　郑店村明堂广场

　　郑店村的大明堂地面朝村东侧的东溪，但主体建筑仍距离东溪仍有200余米的距离，位置相距较远，近处有绕村砩渠临近绕明堂地东侧相南汇入东溪河道，构成了双层水流环抱明堂的格局。大明堂旁的主体建筑位于场地偏北侧，但空间上仍能起到领导全局的作用。主体建筑宏大的规模和体量也为整个空间提供了稳定感和聚合感。详细分析及复原图见6.2.2.1明堂地部分。

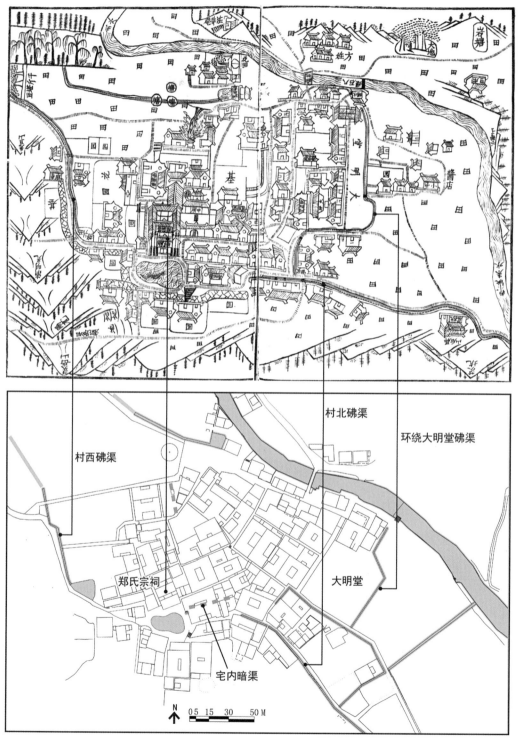

图7-2-6　郑店砩渠与古宅图对照关系
（上图来源：东溪郑氏宗谱，光绪丁酉统翻）

图7-2-7　郑店砩渠实景

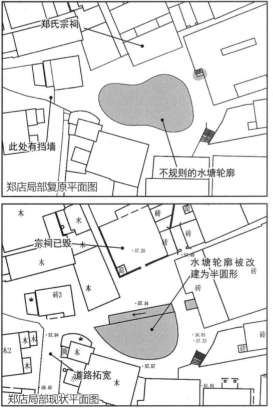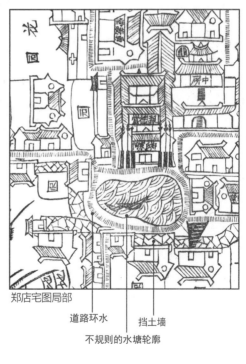

图7-2-8　郑店水塘历史复原图、现状平面图与古宅图对比

图7-2-9 郑店水塘朝北望实景

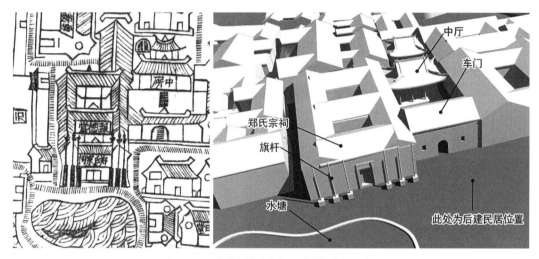

图7-2-10 郑店祠庙空间复原模型与古宅图对比

7.2.4.4 郑店村祠庙空间

郑店原本宗祠朝西南方向，正对水塘，水面构成了门口空间视线上的延伸，宗祠东邻中厅，是村内重要的举办活动的空间。郑店《郑氏宗谱》上描绘的宗祠门前的3对旗杆都代表了郑氏宗族曾经辉煌的入仕考学成就。因为郑店村西南临山，东北临河的地理位置，聚落发展空间扩张十分有限，相比义乌江流域其他聚落，郑店村郑氏宗祠的布局位置明显与村口正门及后来建设的村内建筑连接更加紧密。（图7-2-10）

7.2.5 郑店村小结

郑店村整体公共布局保存极为完好，有着完整的巷弄空间和碶渠水系网络，巷弄之间过街楼林立，村东侧大明堂地至今保留完好，跨溪古桥尚存，是分析义乌江下游流域传统聚落公共空间的极佳案例。郑店村宗谱宅图描绘详细，是复原历史公共空间的重要史料。

7.3 岭五村

金东区岭下镇岭五村位于义乌江下游流域南部，坐落于金华府城至永康县志的陆路交通要道之上。岭五村是义乌江下游流域市镇聚落的典型代表。其形成演化的历史过程、与山水地形的顺应关系、尚存完好的街市样貌、商业区域与居住区域的布局关系、水口序列的布置等方面内容均在义乌江下游流域传统聚落中具有代表性，可代表义乌江下游流域市镇聚落公共空间的普遍特点。

7.3.1 岭五村历史沿革与聚落演化——驿道成市，兴废簸荡

岭五村依托金华府城至永康县邑之间的陆路交通要道形成，其南部为岭下朱氏聚居地。岭下朱氏又称梅溪朱氏，始迁于北宋[1]，与义乌的赤岸朱氏同宗。岭下朱氏原著宗族的存在构成了岭五村街市形成的人口基础。

岭五村作为市镇聚落的发展形成，依据史料推断开始于清代初期。清康熙二十二年（1683年）《金华县志》中记载的"松溪市"即位于此地。随岭五村与南侧朱氏聚居地的扩张，两村逐渐连为一片。至民国时期岭五村与岭下朱已联合构成大型聚落，于民国二十一年（1932年）统称为"岭下镇"。

民国时期是岭五村街市最为繁盛的时期。据民国二十四年（1935年）《金华县经济调查》记载：岭五村当时有固定商铺6家（不包含餐饮、旅店、临时摊位），经营资本总额6300元，全年贸易总额21000元[2]。其中杂货两家，中药两家，南货两家[3]。对比距离岭五村仅2.5千米，作为武义江埠头的市镇聚落横店村，当时有商铺18家，经营资本总额6610元，全年贸易总额35240元[4]。仅有六家纳税固定商铺的岭五村经营资本总额逼近横店村18家商铺的资本总额，全年贸易销售额达到横店村的60%，可见当时岭五村作为内陆贸易集散地的重要经济地位。

1937年12月～1942年5月，抗日战争波及浙江省，浙江省政府迁至永康方岩，岭五村作为金华与永康之间的交通枢纽，更突显聚落商业上的重要地位，但也在1937～1939年战争期间，岭五村在战争期间遭到日军三次轰炸，岭五村东部街市部分区域被炸毁。

中华人民共和国成立以后，金华至永康高速公路于岭下朱北侧建成，原本繁荣的岭五村坡阳老街因经济地位的改变而迅速衰落。但也因此岭五村整条街市基本保存完好。2003年，岭五村被列入省级历史文化村落保护与利用重点村项目计划。2006年1月19日，金华市文化广电新闻出版局将坡阳老街公布为金华市第二批文物保护单位。截至2010年，全村现有农户

---

① 载于《梅溪朱氏宗谱·卷之三·行传》光绪壬午重修。宗谱中未明确记载始迁定居年份，但行传中记载一世祖朱肇，字世初，生于宋崇宁壬午（1102），卒于淳祐辛丑（1241），岭下朱始迁代应在此时间段中。
② 金华县商会. 金华县经济调查[Z]. 民国二十四年（1935）：83表83。
③ 金华县商会. 金华县经济调查[Z]. 民国二十四年（1935）：66表114。
④ 金华县商会. 金华县经济调查[Z]. 民国二十四年（1935）：54表82。

330户，总人口840人。

　　岭五村的历史进程完整体现了市镇聚落迅速发展壮大，迅速衰落的特点。其发展可分为三个发展阶段，第一阶段明末以前，岭下朱村初步发展，金永驿道的交通枢纽作用开始体现；第二阶段为坡阳街市初步形成阶段；第三阶段为岭五村贸易鼎盛阶段，坡阳街市与岭下朱氏聚居村落连成一片。岭五村东侧洋埠塘的水体变化也使坡阳老街与岭下朱氏村落相连提供了可能，原本洋埠塘为梅溪与武义江之间的连通溪流，后河水断流成为块状湖泊，聚落演化过程中，水面逐渐缩小，居住地面积逐步扩大，最终水体仅为沟渠相连的几块主要水塘。在第三阶段朱氏宗族也因居住地饱和而向外迁出人口，岭五村东侧的后方村即朱氏迁出而建成的小型聚落之一。（图7-3-1）

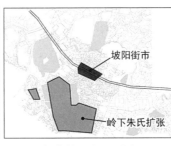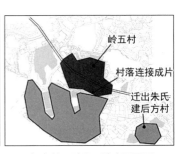

　（a）第一阶段　北宋至明末　　　　（b）第二阶段　清代　　　　（c）第三阶段　清末至民国

图7-3-1　岭五村聚落演化示意图

7.3.2　岭五村选址与山水构架——金永要道，积道山下

　　从交通区位看来，岭五村位于金华府城通往永康县邑的区域驿道上，向北距离义乌江岸4.8千米，向西距武义江岸2.5千米，与武义江岸的市镇聚落横店村有大路直接相连，两者共同构成金华、武义与永康之间的水陆物质集散中转站。岭五村周边除岭下朱以外，有后方、半田畈、畈田、周春、杨村、三文塘等村庄，属积道山下村落密集区域。（图7-3-2）

　　岭五村位于义乌江下游流域南部，地属积道山南麓，周边山峦起伏，积道山主山海拔304米，对聚落构成北东南三方向的包围之势。聚落地势西南低东北高，聚落主轴坡阳老街顺山势成缓坡形态。松溪自岭五村北1千米处环绕而过汇入武义江，岭五村向西北大路跨"松溪桥"通往金华府城。

7.3.3　岭五村总体形态——主街为轴，一字伸展

　　岭下镇以坡阳老街为轴线，平面成典型"一"字形。坡阳老街全长400米，西北至东南走向，以街东端坡阳岭得名。老街向南北两方向延伸出多条巷弄，包括横街巷、官路塘巷、后塘巷、观音阁巷等，构成整体鱼骨状交通脉络。（图7-3-3、图7-3-4）

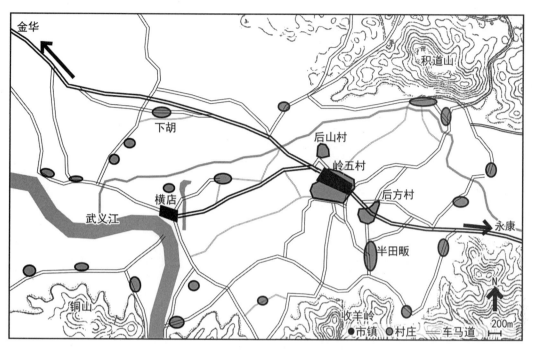

图7-3-2　岭五村历史区位示意图

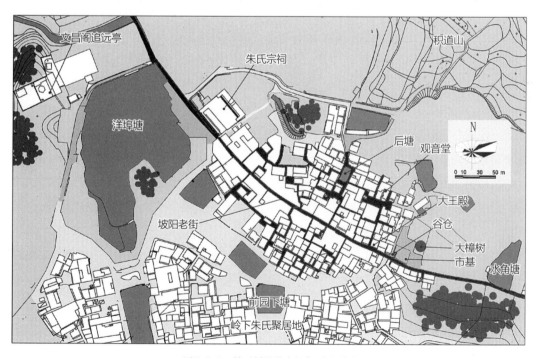

图7-3-3　岭五村公共空间复原平面图

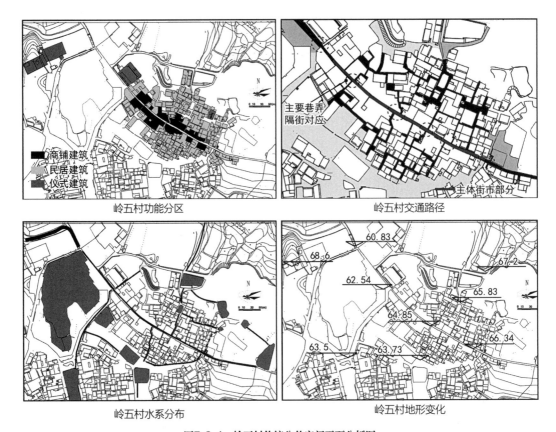

岭五村功能分区

商铺建筑
民居建筑
仪式建筑

岭五村交通路径

主要巷弄
隔街对应

主体街市部分

岭五村水系分布

岭五村地形变化

图7-3-4 岭五村传统公共空间平面分析图

坡阳老街中段为街市，街两侧商铺建筑林立。此区域外围南北两侧为民居区域。坡阳老街南侧为原本朱氏宗族聚居地，民国时期已与岭五村街市建筑连成一片，但两部分建筑朝向布局方位上存在明显差异，进一步佐证了岭五村坡阳老街部分与岭下朱原本为彼此独立两村的事实。

岭五村地势由西北至东南逐渐升高，传统建筑依势而建，道路顺势延展。整体街市成平缓的圆弧弯曲，加上纵向上的地势变化，使两端无法望见街市尽头，满足风水上藏风聚气的理论。

岭五村的祠庙建筑分布于坡阳老街的东西两端点位置，村东有观音阁、大王殿，村西有文昌阁与朱氏宗祠。祠庙建筑结合山水地形共同构成聚落东西两端的出入口景观序列。

7.3.4 岭五村主要公共空间——街市绵延，水塘为端

7.3.4.1 街市

坡阳老街既是金华之永康驿道的一段，也是岭五村街市的主体部分。完整保存的坡阳老街见证了历史上岭五村贸易的繁华。坡阳古街平均宽度3.5米，最宽处4米，最窄处3.2米。整

体街巷宽度并无明显变化，因而显得连绵统一。临街建筑以二层居多，仅有5处间隔出现1层建筑。除商铺建筑之外，还分布有多座民居宅院，民居建筑与商铺建筑的比例约为1：4，占街市全部建筑的35%左右。整体街市空间D/H比例在1/2～1之间。能让人将主要视线聚焦于两侧商铺建筑界面之上。巷弄空间对比街市，显得狭窄而纤细，平均宽度仅为1米。D/H比例小于1/4，仅能满足1人步行的通行需求。有约14条巷弄垂直与街市向两侧延伸。巷弄间隔平均值为33米。（图7-3-5～图7-3-8）

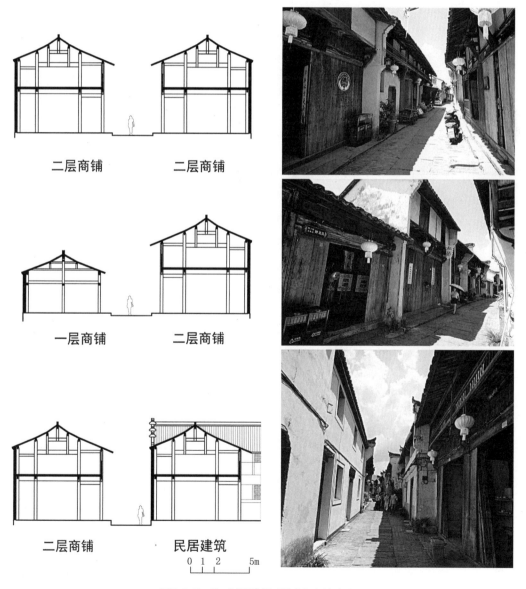

图7-3-5　岭下镇街巷剖面模式与实景对照

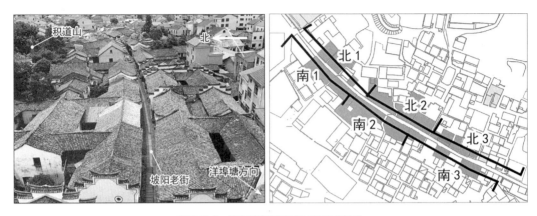

图7-3-6 坡阳街鸟瞰实景与平面示意图

7.3.4.2 滨水空间

岭五村的生活用水空间由多口水塘和水井组成。村西的洋埠塘是水域面积达两公顷。生活用公共空间主要以水源地为主，位于村口的洋埠塘和村内的清代古井长元井是岭五村重要的公共生活空间。长元井位于古街街头一小巷尽头，始建于清代乾隆时期。井栏一体成形，由一块巨大的青石凿刻而成，井圈为八角平面，栏周刻"元辰已造吉时新井"。据当地居民讲述：该井深数十丈，井内全用数米高的石板砌成。其井水甘甜可口，水温冬暖夏凉，在通自来水之前，一直是当地村民的重要饮用水来源。（图7-3-9）

7.3.4.3 祠庙空间

岭五村的祠庙空间主要包括大王殿、观音阁、朱氏宗祠和文昌阁等。坐落于坡阳街的两端。如今原本的朱氏宗祠与文昌阁建筑已不复存在，仅能从村中老先生凭回忆而作的书画作品中瞥见曾经的历史建筑的秀美。

岭五村的大王殿位于坡阳街东首，全称为"大王本保殿"。大王殿为一座小型一层建筑，一进三开间，整体装饰为红漆色。建筑面朝街市，稍有退后，距隔街建筑距离为5.2米，是岭下镇东端入口的标志性景观。

观音阁位于坡阳街北侧巷弄中，坐北朝南，始建于明初，为岭下朱第十世始祖俊六太公所建。其所处位置相传为原朱氏太公住所，朱氏村民祭祖处。如今每年农历二月十九的庙会相传为观音生日，前来参拜的善男信女络绎不绝，已成为岭下朱的传统节日。

朱氏宗祠位于坡阳街西端，是明代建筑，原为岭下朱最大最精美的古建筑单体，曾在20世纪80年代被改建为岭下镇中心小学。如今建筑已损毁不存。但从基址可以看出其背山面水的整体格局，背靠凤凰山，面朝洋埠塘。三进建筑借山体地形形成高差不同的三进阶梯。间隔洋埠塘与西北角的文昌阁遥相辉映，而且是整座聚落的西端起点，又是水口布局中的重要一环。

岭五村的文昌阁原为一组设计精巧的水口建筑群，坐落于凤凰山西南麓，洋埠塘北，因

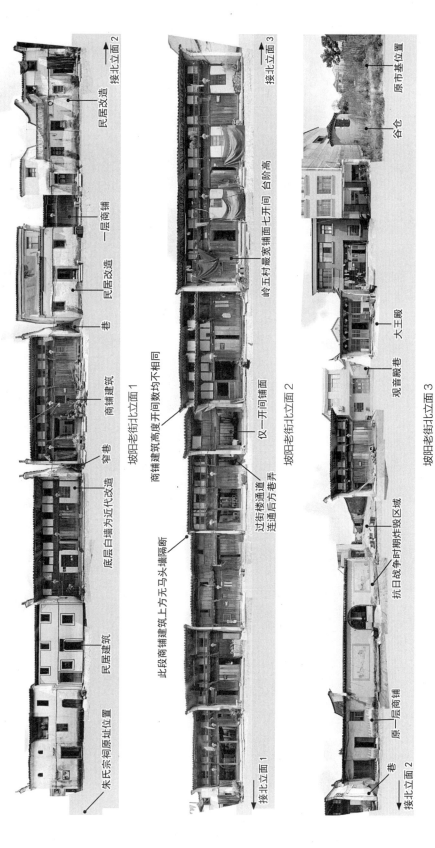

图7-3-7　岭五村坡阳老街北立面现状实景

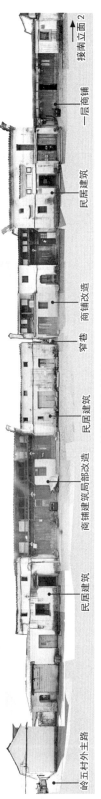

坡阳老街街南立面1

坡阳老街南立面2

坡阳老街街南立面3

图7-3-8　岭五村坡阳老街南立面现状实景

图7-3-9　岭五村长元井复原平面图与航拍实景

图7-3-10　岭五村仪式空间复原形态
（上图文昌阁与追远亭，下图岭下朱宗祠，图片来源：金华、朱华新 绘）

其主体建筑文昌阁而得名，是对岭下朱"文化兴盛发达""文昌星永照"的象征与祝福。原建筑群坐落于三层逐级升高的台地上，主体建筑阁楼位于最高点，为四面正方体，通高两层，黑瓦葫芦顶。民国初年曾改为金华县最早的六所公学之一，"大跃进"时期被改建，改革开放后遗址被填埋。（图7-3-10）

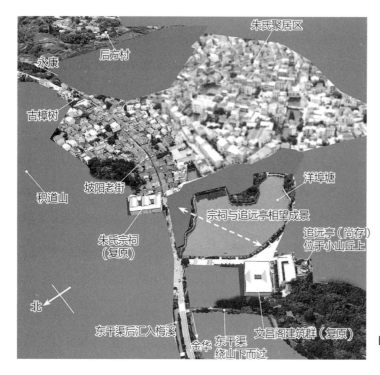

图7-3-11 岭五村复原鸟瞰示意图
（底图为现状航拍实景，2017年）

7.3.4.4 水口与村出入口空间序列

岭下镇的水口位于贸易型村落西北端，由洋埠塘和围绕水塘的文昌阁、朱氏宗祠构成。水口序列空间也是聚落西端的入口景观，从西端进入聚落的过程是从水塘景观缓坡向上，向街市景观和丘陵景观过渡的空间体验。洋埠塘作为水域面积在2500平方米以上的大型水面，浩瀚平静的静水，是极佳的水口形式。水塘临村一侧有原本的朱氏宗祠位于村口位置，积道山山脚下，向西与文昌阁建筑群正对。文昌阁是建于高台上的三进建筑。影响整个岭下朱氏聚落文运的风水构筑物，也在水塘西北位置构成了坡阳老街方向远望的主要对景。此外岭五村东侧出口位置也有另一个大型水塘与庙宇，恰好构成了村落两端空间景致上的呼应。（图7-3-11）

东端聚落入口景观序列内容包括水角塘、大樟树、粮仓、大王殿。翻过起伏的山丘，路过水塘，仰望到高地上的大樟树，再经过粮仓与大王殿、观音堂，进入街市并向平原及滨水景观过渡。整座岭五村恰好衔接了山景和水景。

7.3.5 岭五村小结

岭五村是义乌江下游流域市镇聚落的典型代表。其形成演化的历史过程、与山水地形的顺应关系、尚存完好的街市样貌、商业区域与居住区域的布局关系、水口序列的布置等方面内容均在义乌江下游流域传统聚落中具有代表性，可代表义乌江下游流域市镇聚落公共空间的普遍特点。

7.4　本章小结

本章所列三个个案分别代表了义乌江下游流域不同类型的传统聚落，揭示了义乌江下游流域村庄、市镇聚落的形成演化进程、总体布局特征与公共空间具体样貌。山头下村作为保存完好的小型村庄聚落，清晰地展现了义乌江下游流域传统村庄聚落常见的以基为中心的形成演化模式和巷弄通直、台地规整的结构布局。郑店村代表了义乌江下游流域村庄聚落向市镇聚落转化的中间形态，呈现出聚落各自围绕名为"明堂"与"基"的广场建造，并最终连接成一体的演化过程。郑店村总体布局也因此出现了两种轴线角度顺应山势流水方向的形式。岭五村代表义乌江下游流域市镇聚落的典型特征，形成于金华至永康的驿道中途，临近的岭下朱氏聚居地、周边密布的小型村落与1公里以外的武义江埠头横店村是岭五村坡阳街市形成的基础，随着聚落扩张发展岭五村最终与岭下朱连结成片。

三个聚落案例公共空间可以总结出相近的共性特点：居住区域内部巷弄交通与区域连通的车马道空间差异明显。聚落均存在一定面积的广场空间，且形成于建村初期。生活用水主要以水塘、水渠、河道、水井的形式存在。祠庙等仪式空间的布局在聚落外围，成为水口村口尤为重要的仪式空间。在相地择址、总体布局、公共空间具体形态等方面三个聚落均存在相近的讲究。

第 8 章

义乌江下游流域传统聚落
公共空间的精神文化内涵

　　从上文的叙述中已依稀可见，义乌江下游流域传统聚落公共空间能够反映历史上本地域的精神文化内涵。其流域传统聚落公共空间对历史上社会的平稳安定起到了明显作用，主要贡献在传统公共空间体系是充分的生活保障，对正统秩序起到了重要的维护作用等。此流域传统聚落公共空间也展现了深厚的历史文化渊源与传承和历史上当地传统的审美观。

8.1　义乌江下游流域传统聚落公共空间对历史社会稳定的贡献

　　义乌江下游地区是长久以来始终保持社会稳定、人民安居乐业的区域。虽然义乌江下游也在元末、清初、太平天国、抗日战争等时期遭受到战火的严重损耗，但从整体来看，绝大多数时间都处于稳固的战争后方位置，是北方士族向往并纷纷投奔的安定家园。义乌江下游地区始终保持着"安土重迁"的传统习俗，历史上的战争多来自外界入侵，极少出现民变和起义事件。《光绪金华县志》描述了义乌江下游流域人民的特点："士谦而好文，农愿而习俭，务本抑末重去其乡"[①]而也因此"商贾不如他邑之夥"[②]。还有称赞此区域"其民淳其讼简其丰裕，虽不及于浙右，而易理过之"[③]，"民朴而勤勇决，而尚气族，居岩谷不轻去其土，以耕种为生，不习工商。其富人雅好义喜延儒硕士爱诵读，历产名贤巍科执政踵相接也。登仕者多尚风节。"[④]是民风淳朴明晓礼义之地。公共空间是社会生活的主要载体，因此这样质朴的风俗与安定的社会环境与义乌江下游流域传统聚落公共空间体系之间必然存在着紧密的联系。具体而言，义乌江下游公共空间体系对于当地社会安定从多方面都起到了积极的推进作用。

8.1.1　充分的生活保障

　　社会稳定的前提是当地民众拥有基本生活的保障，义乌江下游流域为保障基本生活有着极其优越的环境条件，充足的土地资源、丰富的林木资源、适宜建造房屋的丘陵高地、潺潺的溪流，这些都是长久以来农耕生活生活的根本保障。优越的自然环境构成公共空间的基本框架，是当地人生产活动和休闲活动的主要场所。

　　义乌江下游流域公共空间中的生活空间与交通空间都对保障和改善当地人们的基本生活起到了非常重要的作用。宋代以后，人为疏浚的水塘和堆筑的水堰坝保障了农田灌溉与村内用水的基本需求，构成人们赖以生存的基础环境条件，也带来了作为补给食物来源的鱼类资

① 吴县钱等. 光绪金华县志[Z]. 清光绪二十年修. 民国四年（1915）. 民国二十三年（1934）重印版。
② 同上。
③ 王一宁送张宗原赴金华序[Z]//康熙金华府志：卷五。
④ 康熙金华府志：卷五。

源。架设的水碓可在旱季车水,实现水源的远距离迁运,解决此区域的严重干旱问题。聚落周边水井的开凿满足村民饮水需要。聚落建设之初就规划出的开阔广场能够满足晾晒以及临时集会的需求。同时,辐射整个金衢平原的陆路交通系统,提供了通往田地、山林、商铺以及周边郡县的路径。沿路建造的路亭、跨过河溪处修筑的桥梁都为当地居民生活提供了很多便利。聚落街道与巷弄明确的分别,过街楼与街门的布置,既满足了聚落居民的日常通行,又为聚落中的女眷、老幼提供了必要的家园安全感。

义乌江下游流域传统聚落的公共空间承载了人们的各项基本生活所需,这是社会稳定,农耕文明得以长时间内延续的根源。

8.1.2 正统秩序的维护

在保障基本日常生活的基础上,义乌江下游流域公共空间对于符合统治阶级管理秩序的维护方面同样起到了重要作用。义乌江下游流域的村庄聚落通常都为单姓氏宗族聚居形成,宗族依靠血缘与地缘组织聚落居民,使人们的生活在宗族管理下有序进行。俞氏宗谱《祠规叙》中提到:"从古风教之行必先乎宗族,夫祠规者所以维风俗而襄教化者也"[①],将宗族管理看作维系风俗教化的关键所在。宗族主要从事修建祠堂、编纂宗谱、组织春秋祭祖等活动,并负责组织开展聚落大型公共空间的修建工程。宗族对于族人的约束也与我国各朝代上层政治统治思想相一致,保障了传统的礼教秩序。

宗族强调"耕读",如《畈田蒋氏宗谱》所言:"耕读二事人家不可缺一,古云田不耕,仓廪虚,有书不读子孙愚"[②],"设若不干仕进者,只须专事农业,暇则读书明理学字以备其用"[③]。对于宗族及族人而言,"耕"是生活的基本来源,"读"是宗族全体的荣耀。而对于上层统治者而言"耕"是社会稳定的基础,"读"是向统治阶层的人才输送。耕读传统反映在当地传统村镇聚落公共空间上,主要出现了以农业活动为目的建设的生活公共设施和以表彰科举为目的的仪式性构筑物共同存在。这些构筑物从物质与精神两方面服务于当地人民,对于社会稳定均起到了促进作用。

宗祠是族内最主要的仪式性公共建筑,是宗族组织生活主要场所。宗族对于族人有社会性的赡养和表彰义务,主要包括"礼高年、旌节孝、奖贤良、赈孤苦"[④]。这些表彰与抚恤与主要的宗族仪式性活动都主要集中在宗祠进行。在统一的管理、公正的赏罚、保障性的抚恤下,宗族内部保持稳定和睦的状态。此外表彰旌节的牌坊、表彰学优登仕的旗杆等构筑物都对于当地民众都起到了重要的教化作用。

---

① 祠规叙. 民国十七年. //浦口俞氏宗谱, 2005年重修. 卷一:216家规。

② 《家规》. 载于《金华畈田蒋氏宗谱》. 2009重修:卷一。

③ 同上。

④ 倪懋祚. 康熙岁在己未年. 载于《傅村东山傅氏宗谱》. 2006年重修。

8.1.3 便达的贸易讯息网络

义乌江下游流域地区始终保持着古朴节俭的农耕生活，但此区域却不是闭锁隔绝的落后地区。此地区虽然"商贾不如他邑之夥"[①]，但贸易交流却来自四面八方，"第以商店，远有皖、赣、湘、鄂、闽来此者，近有金、兰、东、义、永、武、浦阳及各邑来此者。市尘栉比，阛阓林立，为邻近冠。"[②]市镇聚落中时常呈现出繁华鼎盛的景象。贸易产品种类丰富，"举凡谷米、菽麦、布帛、绸缎、农具、工具、磁具、铁具以及猪豕、牛羊、鸡鸭、鱼蟹、蔬菜果品，粗如草鞋、蒲席，细如麻缕、丝絮、纸箔、烛爆等言之不穷，举之不尽"[③]。来自多地的经营者为义乌江下游流域地区带来了丰富多样的物产和先进的工具及工艺，并且促使此区域始终保持与外界社会的密切联系，在古代的资讯层面上始终跟得上时代的步伐。因此，公共空间中商贸空间所承载的便利的贸易与讯息资源也是义乌江下游流域人民乐于安守现状的原因之一。

8.1.4 大量的交往机会

义乌江下游流域传统公共空间所提供的大量交往机会是区域和睦、关系融洽的重要原因。公共空间的各层级均倡导集体性的公共活动。就邻里层面而言，义乌江下游流域的民居天井空间较小，室内仅供起居饮食，除显赫大户之外，日常生活的取水、晾晒活动主要在村内集中公用的水井、水塘、和明堂地进行。这样集中式的日常活动给予此地区聚落居民更多的交流机会，进一步强化了聚落内部的亲睦关系。就宗族层面而言，更有在祠长及祠理事等人倡导下进行的春秋祭祖、赏灯、各家红白喜事等活动，族内成员每年有多次正式集会机会，以保证族内关系的融洽。在近郊和远郊层级，义乌江下游流域地区常见的娱乐及贸易活动，如斗牛、庙会、赶集等，都是周边区域村落共同参与的集会性娱乐活动。这些活动的存在进一步增加了区域内各村居民之间的交流和联系，促成整个区域和睦的邻好关系。这在视耕地林产为生命之本，所属土地广有争议的农耕社会极为难能可贵。

与人亲睦友善相处的观念也表现在各族的训诫之中，宗谱中多有对于处世切记"邻里和睦，少争讼"的训诫。例如，位于义乌江下游流域人口密集区域中央位置的畈田蒋村家规提及"我劝吾民睦乡里，自古人情重桑梓仁人四海为一家，何乃比邻分彼此，有酒开壶共酬酢，有田并力共耘耔。东家有粟宜相周，西家有势勿轻使。谚有言邻里和，外侮止，百姓亲，自此始亲睦，比屋皆可封"[④]。山头下家规中也讲"乡比屋而居交接既密，则衅窦易开，稍有不和

---

① 吴县钱等. 光绪金华县志[Z]. 清光绪二十年修. 民国四年（1915）. 民国二十三年（1934）重印版.
② 方少白.《澧浦街市记》. 民国三十五年（1946）. 原载于《澧浦王氏宗谱》，现宗谱已失，见于金华市金东区澧浦镇党委、政府等编.《积道山下澧浦镇》. 内部发行.
③ 同上.
④《我劝吾民睦乡里》. 载于《畈田蒋氏宗谱》. 2009重修：卷一.

便成吴越，安在缓急相济而处同乡也勉之。"①宗谱中将"和邻族"仅排列在"尊父母、敬长上、敦友于、正内外"②之后。并且鼓励和解尽量少去"争讼"："争讼可已则已，不可求其必胜，破家荡产皆由于此，能忍小忿，自有大益，思之思之"③。除对于和睦观念的看重之外，也从侧面说明此地区常有大量与它村见面交流的机会，这也是在各村单姓宗族闭守自家为常态的江南地区十分难得的现象。

8.1.5 广阔的娱乐平台

义乌江下游流域存在的娱乐活动有以郊野为主要活动平台的特点，而且活动丰富，各阶层人民具有适合自己的娱乐活动方式在郊野空间中展开。春季祭祖、赏灯、踏青，夏季山中乘凉、秋季登高、采菊，以及诸多的庙会、社戏、斗牛活动，都是金华地区男女老少均可参与的活动。社会各阶层均有符合自己身份的娱乐宣泄方式，文人雅士登高赋诗，平民踏青祭祖，富人养牛角斗，穷人赴会赌博。即使是女性，除寡妇、孕妇以外只要结伴均可参加庙会、出游等活动。戏台周边和斗牛场的外围还会有专为老幼妇女准备的座席。《光绪金华县志》中讲"农家终岁勤动尽耗于此，不止斗牛一事也，而迎灯又为年例焉。④"其指出了义乌江下游流域的娱乐活动是平民主要消费流向。而这些诸多大型娱乐活动是当地居民最为重视的活动。娱乐活动使得人们在情感上得到宣泄，精神上得到满足，而位于郊野的地理环境，使得庙会、节庆成为区域性自发形成的共同活动，极大地促进了各村之间的交流联系。

8.1.6 多层次的心理慰藉

对于义乌江下游流域的居民而言，聚落带给人的心理上的稳定安全感受对由于当地安居乐业生活起到重要暗示和安慰作用。义乌江下游流域传统聚落从物质和精神两方面构建出多层次的安全感受。此区域聚落内紧凑型的空间形式也与当地居民对于家园的认知相关。义乌江下游流域传统聚落内部巷弄狭长，建筑紧凑的聚合形态，这样的形态体现了人类群居的本能，以及当地人对于家园观念的体现。从此地区流传的传统习俗和传说故事来看，当地传统上认为村内是人以及所养牲畜生活的空间。村落各户人家有灶神、门神等神明守护，整座村子有本保老爷、土地公、财神爷、树神以及本族祖先所守护。村外是赖以生存的开垦田地，是男人劳作的活动空间，通常夜间不可独自出门。

---

① 山头下务本堂沈氏宗谱编纂. 金华傅村山头下务本堂沈氏宗谱[M]. 长春：吉林文史出版社，2013；卷二家规。
② 同上。
③ 山头下务本堂沈氏宗谱编纂. 金华傅村山头下务本堂沈氏宗谱[M]. 长春：吉林文史出版社，2013；卷二家规。
④ 吴县钱等. 光绪金华县志[Z]. 清光绪二十年（1894）修. 民国四年（1915）. 民国二十三年（1934）重印版；卷十六类要风俗。

8.1.7 明确的方向感辨识性

方向感和识别性有助于给人空间的稳定感，带来情感上的深刻记忆。整个义乌江下游流域地区就是一个具有明确方向感和辨识性的空间。受到本区域明显的东北—西南方向走廊式盆地地形限制，当地车马道具有明确的东西走向，可以明确地连通目的地。方向上，义乌江两岸区域均为东北—西南走向，积道山以西临界武义江区域为西北—东南方向；目的地而言，路径就近连通临近的街市，如义乌江南岸连接澧浦、让河、江北岸连通曹宅、傅村、孝顺、低田等，区域上连接金华、义乌等县，再向往可通往绍兴等地。整体区域路径明显的方向感强化了聚落居民的地缘观念，各村年迈的居民能自豪地告诉来访者"向何方向，在每月何日有集市"，"原本这条大路往西通往金华城，往东可到义乌、浦江、武义"等地等信息。

自然弯曲的道路以及其经过的古树、祠庙、牌楼等标志性构筑物强化了区域的可识别性和可度量性。由于义乌江下游流域地区起伏的丘陵地形限制，整体区域古道存在不间断的自然弯曲折拐，这样延伸的曲线渐变可产生运动方向上的不断变化，使视线角度随之不断发生改变，强化对于景物的感知。而整条路径，即使是郊外部分沿途也间隔设有许多人工构筑物，每隔五里设路亭一座，零星有庙宇、牌楼建造在大路沿途，每个村口有标志性的大樟树，都是路途上的清晰标识，标记路途长短以及将抵达的村落。金华民间文学中，有描写幼童独自赶集，走岔路，直到走到傍晚仍看不见应有的大樟树才知道自己迷路开始着急的描述，可见村落的大树对于当地人民来说是幼时对家园的标志记忆。

8.2 义乌江下游流域传统聚落公共空间所展现的文化渊源

义乌江下游流域传统聚落公共空间所展现的文化渊源主要包括上古农耕文明、儒家礼教传统、道家隐逸精神三方面内容。农耕文明是聚落形态形成的基础。儒家礼教传统造就了义乌江下游流域聚落长期演化而形成的传统形态。道家隐逸精神随北方士族的迁徙而带入本地区，是正统儒家思想之外在当地士族阶层普遍存在的思想观念。

8.2.1 上古农耕文明

义乌江下游流域聚落形态是有着近万年悠久历史的农耕文明的产物。早在八千年以前的新石器时期就已进入了农耕文明时期。义乌江下游流域属于上山文化范围，在流域以北的浦江县地区发现的上山遗址，鉴定年代为距今11400~8400年。上山遗址出土的夹炭陶片表面有较多稻壳印痕，而且胎土中有大量稻壳、稻叶，在遗址区域中还发现了明确的稻米遗存证据，证实此时期婺州先民已经掌握了水稻的驯化和栽种。本地区的农耕传统由来已久，源远流长。在地理环境条件上，义乌江下游流域土地资源丰富，两山夹一川的地势中，中部盆地地区地势平坦，土壤肥沃，是农耕文明得以延续的物质环境基础。在魏晋、唐末、南宋等北方战乱时期大量汉族宗族举族迁徙至此地安家落户，主要是看中此地具有广阔肥沃的土地资源。在不断的汉族迁入过程中，北方氏族不断与当地本土耕种习俗相融合，逐渐演化成适合当地环境及人民生活的农耕传统习俗。直至民国末年，义乌江下游流域本地所产稻谷始终能满足当地人口的自给自足。农耕文明作为此地区聚落演化发展的根源，具体在聚落的选址、聚落内外布局分别、具体空间形态方面均有所体现。

在聚落选址上，宗族所选基址周边首先必须有充足的农田资源。以满足最基本的饮食需要。在此基础上，所选居住地块以尽可能不占用耕地为主要原则。聚落内部巷弄满足基本通行即可，进一步促使紧致形态聚落的形成。农耕分明的男女社会分工也在聚落构成上有明确的体现。义乌江下游流域在漫长的历史时期中始终保持着男耕女织、男主外女主内的农耕文化传统。义乌江下游流域始终有着男主外女主内的上古传统。男人以仕途、耕种为主业。女子则在屋内以织布为主业，同时平民家庭的女子还需担负做饭、照顾子女、洗衣、饲养牲畜的重担。村外广阔空间均是男人的活动范围，耕种是主要的劳动内容，农闲时以斗牛、赌博为乐，而斗牛和赌博活动均开设在与村庄有一定距离的郊野进行。官宦大户人家中的男子以读书为业，求学书馆通常设置在村外围位置。而读书之余，由以登山出游为乐，所活动范围也以村外广阔的山林田园为主。而女子则由传统礼教及风俗严格约束在村内甚至家内活动。大家族的千金小姐禁出中门，遇人需掩面。女子从小以学习织布作为主要生活内容。义乌江下游流域禁婢习俗的存在也从侧面说明了当时女子的低下地位。

男外女内传统的存在是义乌江下游流域传统聚落内聚的紧致型形态产生的原因之一。聚落建筑密集、巷弄狭窄、过街楼林立均反映了男主外、女主内的传统思想。在义乌江下游流域，郊外的广阔场地足以满足男子劳动集会娱乐等活动需要，而村内空间主要留给妇女和老幼成员生活，因此村内除水塘和晒谷场外，全部由仅满足通行为最初建造目的的巷弄组成。同族大户人家在临近两民居间普遍搭设过街楼，也是在满足家中女子的交流使用，避免了女子出门避嫌的麻烦。

8.2.2 儒家礼教传统

义乌江下游流域聚落宗族聚居的特点是对正统儒家礼教传统的体现。"礼曰君子将营宫室宗庙为先，又曰人道亲亲也，亲故尊祖尊祖故敬宗，敬宗故收族，收族故宗庙严"[①]。"人之生也本乎祖尊祖之次莫过于重宗，由百世之下而心乎百世之上察统系之异同辩传承之久"[②]。"天地生物之性而贵乎人，人之所生乃赖乎祖。若夫配天地，立人纪莫过于孝。余意能尽所贵之

---

① 傅文荣. 山头下沈氏创建宗祠记[Z]. 道光五年岁次乙//山头下务本堂沈氏宗谱. 金华傅村山头下务本堂沈氏宗谱[M]. 长春: 吉林文史出版社, 2013: 卷一.
② 俞暄. 乾隆庚午东浦俞氏重修宗谱序[Z]. 大清乾隆十五年. //浦口俞氏宗谱. 2005年重修.

性，方知报本反始之义，而能珍重于谱。兹谱兴昭穆序世系明而人道备矣"[1]都是在强调宗族的尊卑亲疏长幼秩序是礼教传统的最首要地位。

宗族集体聚居的社会传统以父母和子女组成的小家庭作为最基本的生活单元。各家族宗谱中族规首条均以孝敬父母为开篇，承认父母，尤其家中父亲对于整个家庭的绝对领导地位。义乌江下游流域传统习俗中成婚习俗是整个家中最为重要的大事，整个婚礼从定亲到过门成家通常要筹备和庆祝三年的时间，婚俗的隆重程度也从侧面反映出传统思想上对于小家庭成立的重视程度。宗族强化小家庭内部以及家族整体的秩序。将婚配、葬礼两件本属于小家庭的事件上升为宗族需要涉及管理的重要内容。各宗族内部明确规定婚葬需注意的习俗，尤其将婚配看作延续宗族的最重要事宜。宗族对于族众生活各方面均有教导训诫作用"孝顺父母、尊敬长上、之后为和睦乡里、教训子孙、各安生理、毋作非为"[2]。

8.2.3　道家隐逸精神

自魏晋以来，北方诸多世家大族为躲避乱世迁居至金华地带，也为此地带来的当时主流哲学思想。义乌江下游流域的士族阶层受魏晋隐逸避世思想的影响，明显有着对山水情怀的向往。而且流域两侧山体高度适宜出游登顶活动的进行，也为士人的山水情怀提供了极佳的场所。上层文人以山水为情感依托和领会万物哲理的重要地点，如《平山八景诗序》中所言，频繁出游自得其乐，"宗表当风清日丽之时，陟降原陇，徘徊徙倚于水光林影间，以极游骋之美，而适其所适，其亦可谓善取乐于山水者矣"[3]而出游目的在于"惟达观君子则能寓乎物而契乎理，适其情而领其要。宗表之托物寓意，必有得于斯矣"[4]。关于山水赞颂的诗歌中多有对山林之美的向往，以及体现对于道家隐逸思想的体现。"夫林泉胜概，天地清淑之气所存，可以颐养性天，洗涤凡虑，故幽人韵士入而不出，而人每忽之者，盖其念虑多有所蔽而不察也。至于诗歌之作，不过文士一时之寄托，不足以穷天地自然之妙。"[5]

8.3　义乌江下游流域传统聚落公共空间所体现的审美价值

义乌江下游流域传统聚落公共空间所体现的审美价值主要包括致用之美、秩序之美、祥瑞之美三方面内容，基于生活所需、传统社会结构和精神慰藉三方面而形成，体现了当地传统生活中对美的追求。

① 钱颖. 郑氏宗谱序[Z]. 成化十三年岁次丁酉孟冬之吉书. //东溪郑氏宗谱. 光绪丁酉统翻.
②《畈田蒋氏宗谱》. 2007重修。
③（明）俞恂. 平山八景诗序[Z]//平山杜氏宗谱。
④ 同上。
⑤ 蒲塘十景诗序. 载于《蒲塘凤林王氏宗谱》. 2013年增订。

8.3.1　致用之美

义乌江下游流域地区传统聚落公共空间存在的初衷是为了维持正常的生活所需。实用性是义乌江下游流域传统聚落公共空间的最大特点，尤其交通空间与生活空间的形成发展与具体特征和农业生产以及日常生活息息相关，体现出功力主义之上的务实致用之美的特征。

传统聚落的公共空间在建设之初主要以其功能性为建造目的。多数景物在考究其美不美之前，主要考虑的是这样的构筑物是否实用。例如，传统聚落中大量民居建筑的建造主要都是为了作为阖家居住的住宅，能够满足一定数量的家族成员居住，能够有良好的遮风挡雨、通风换气条件，满足一家人或一个家族的人员生活和使用需要，并且也尊重传统的礼教习俗而营建的。而同样的道理，设河埠和井台的阶梯主要是为了方便下探至水面而设，路亭的设置主要是满足行人旅途中短暂的休息停留之用，传统聚落中沿街砩渠的开凿主要是为了灌溉周围农田并同时满足聚落内部的用水、防灾需求而建设的。

在最初建造时，在满足其功能性用途之余，有富足资金支持的情况下，才进一步进行符合当时审美意趣的美学考虑。以民居建筑为例，贫穷人家的住宅通常低矮朴素，几乎没有任何装饰，而大户人家的宅院则宏伟壮丽，门斗、梁柱上雕花繁琐，工艺精美。铺装上，卵石铺地是透水防滑的良好材料，义乌江流域传统聚落的卵石铺地通常仅为平铺成排的做法，仅一些大户宅院门前或宗祠门前地面才有卵石铺设的花纹图样。对比浙东地区的传统聚落中复杂精巧的卵石铺地、嘉兴流域大量条石铺地的情形，也能体现出义乌江流域由于财力局限而形成的景观质朴、务实的特征。

义乌江流域传统聚落的美就是这样源于生活的朴实致用之美。车尔尼雪夫斯基在其著作《艺术与现实的审美关系》中指出美的三条定义是："美是生活"[①]；"任何事物，凡是我们在那里面看得见依照我们的理解就当如此的生活，那就是美的"[②]；"任何东西，凡是显示出生活或使我们想起生活的，那就是美的"[③]。习近平总书记提到："要让人们看得见山，望得见水，记得住乡愁"。其中，有"乡愁"才是最灵动的所在。

8.3.2　秩序之美

秩序感根源于宗族伦理尊卑秩序，是聚落形态成形的根本法则。义乌江流域传统聚落的礼教尊卑秩序规范了聚落和民居建筑的规模格局外貌以及约定俗成的建筑形式。聚落整体布局模式得益于迁居始祖最初的相地与规划，后世对于自家先祖的最初布局予以尊重和保持，并在此基础上随着人口不断增加而予以加工完善，才逐渐形成后期所见的历史形态。在聚落

---

① （俄）车尔尼雪夫斯基. 艺术与现实的审美关系. 北京：人民文学出版社，1979：2。
② 同上。
③ 同上。

内部、宗族内部有明确的房系划分，房系之间划以高墙街门，以示分割。尊卑秩序是整个社会秩序的关键所在。如畈田《蒋氏宗谱》序中所说"盖天下之人熟无自出之祖，而人之并生孰无同姓之亲，故圣王制田里以厚其生，建学校以淑其身，立宗法以继其性，是天下之大犹一族也，一族之人犹一身也。自宋儒迭兴，窃宗法遗意而为谱牒，明世系以宗其始，联支派以合其离，正伦理以秩其序"[①]这是宗族续修谱牒和联宗溯源的目的，也是宗族最注重维系的基本伦理秩序。尊卑亲疏秩序也在聚落布局中有明确体现，官宦世家建筑院落通常位于村内核心位置，其他平民家庭及仆从等的住房以此为中心填充建设。宗祠的建设和春秋两次大型祭祖活动是宗族活动的重要强化。宗祠建筑作为聚落内最重要的公共空间，是儒家正统礼教的象征和体现。在市镇聚落中有模拟宗族聚落的相持亲疏尊卑秩序，外来经商家族处于边缘卑微地位，对于原本已存在的宗族领地予以尊重和不相侵扰的态度。

8.3.3　祥瑞之美

约定俗成的风水讲究和民间信仰构成了义乌江下游流域民众普遍的宇宙观。家族的昌盛、作物丰登、仕途顺畅、生意兴隆全都仰仗所选环境的优劣程度。风水与民俗相交织，体现了民众普遍对于世界的见解和认识，共同构成了审美上的美学观点。

对于笃信风水的义乌江下游流域而言，其聚落宅地有着固定的模式，体现了对于家园模型的传统认知。义乌江下游流域整体地形，中部地势平坦土壤肥沃，中央义乌江向西南流淌，外围北山与东山共同构成盆地的外围护卫，无论居住在江左或江右，都可以视为后枕高岗，面朝大水。流域局部小型丘陵起伏不断，多块状水体及小溪，就每处聚落基址而言，又可据此衍生出具体的堪舆形态，各村均有可自圆其说的尚好风水选址。

风水师在义乌江下游流域有着很高的社会地位。之后该户人家有义务赡养此风水师至终老。宗谱中也提及在重要的宗庙、大宅选址立基之前，会特意去金华城中请来有名的风水先生进行相地考察活动。

整体空间布局上，街市弧线曲折。巷弄十字路口多为丁字路口形态交织。明堂地宽阔平展为佳。水塘需要水质清澈不可轻易掩埋。而溪流以环抱为吉。水口空间为财源关锁……这些都是对区域审美上追求祥瑞之美的体现。

---

① 朱宪清. 重修谱序[Z]. 隆庆壬申年仲秋月谷旦//畈田蒋氏宗谱. 2009重修。

8.4　本章小结

　　义乌江下游流域传统聚落公共空间体系能够反映出与当地历史社会状况相符合的深厚精神文化内涵。此地聚落公共空间对社会稳定的主要贡献在于其是充分的生活保障，对正统秩序起到重要的维护作用，公共空间承载了便达的贸易讯息网络、大量的交往机会、广阔的娱乐平台和多层次的心理慰藉，并具有明确的方性感和辨识性。所展现出的文化渊源主要包括上古农耕文明、儒家礼教传统和道家隐逸精神三方面。公共空间是以这三类为主的深厚文化传承的载体。就当地传统的审美观而言，以致用、秩序、祥瑞为美，体现出了当地历史上质朴的民间审美意识。

第 9 章

义乌江下游流域传统聚落
公共空间保护与改善建议

9.1　义乌江下游流域传统聚落公共空间现状优势

9.1.1　已开展的历史街区与风景区建设

　　义乌江下游流域地区现已陆续开展传统聚落、历史街区以及风景区的规划建设。澧浦镇的锁园村、蒲塘村、傅村镇的山头下村、澧浦镇郑店村、江东镇雅湖村、赤松镇二仙桥村等均已由村委会出资，委托浙江当地设计院所进行了历史街区相关的保护规划。锁园村自2014年开始承办的外国人住古村落等大型国际化活动，使得锁园村名声大振，也提升了区域传统聚落的价值认同观念。孝顺镇义乌江沿岸工程中架设的自行车骑行路线已基本完成，对于义乌江申请游船经营与郊野骑行车道的建设对于乡村环境的改造与区域风景游赏体系的构建都具有探索性的意义。

9.1.2　传统村落名号的申报工作的开展

　　义乌江下游流域更多传统聚落正加入古村落、历史文化名村、历史街区等省级、市级名目的申报当中，在本人的调研过程中，孝顺镇中柔村、澧浦镇郑店村、江东镇横店村、岭下镇岭五村正在加紧进行对省级历史文化名村的申报工作。除住建部指导下审批的历史文化名村名号以外，浙江省农业建设办还进行传统村落的收录审批工作。这些省级以上政府倡导下进行的传统村落审批工作，极大地促进了义乌江下游流域传统聚落保护与修复的热情，传统村落、历史文化名村、千年古镇等名目也为各村带来了更多的资金支持。此外，由金华市旅游局主持的《金华市传统村落保护与利用规划》明确了金华市传统村落保护的基本目标、原则与方向，并整理了较为全面的金华市传统村落遗存名录。

9.1.3　尚存的传统风俗活动

　　义乌江下游流域始终保持着长久流传下来的传统风俗习惯。春节祭祖、元宵节迎灯、每旬出市的传统风俗习惯一直流传至今。如今的村庄传统聚落仍然保持着单姓宗族聚居的传统居住生活方式，山头下村现有人口几乎全部姓沈，仅有三户外姓，且都与沈氏宗族有联姻关系。雅湖村以胡姓为主姓，曹宅村多数居民都姓曹。各宗族多在近代重新进行了宗谱的编撰重修工作，是本次研究的重要史料依据来源，也是地区宗族荣耀感的体现。正月初一，本地区仍然保持了传统的上山祭祖活动，每当春节"漫山遍野响彻着鞭炮声"。元宵节迎灯习俗由各社区组织开展，延续了原本各村全员参加，竞赛巡演的特点。传统生活的延续，为传统聚落的相关研究提供了极大便利，也是当今新农村公共空间营造的重要参考依据。

9.1.4 宗祠建筑向文化礼堂或老年活动中心、居家养老服务站的转变

在未列为历史街区的义乌江下游流域各村落中，多数村内的宗祠等大型历史建筑被保留下来作为当今的文化礼堂或老年活动中心、居家养老服务站使用。这是很值得推崇的传统建筑再利用的方式之一。宗祠建筑本身体量高大，能容纳多人聚会的自身条件为历史建筑的现代转型提供了优势条件。平日宗祠内大量老人在此集聚打麻将、扑克、看影视节目，例如曹宅的曹氏宗祠是老年活动中心、横店的项氏宗祠等为文化礼堂。当地特色的居家养老活动，将部分祠堂建筑打造为服务于区域老人的饮食服务中心，傅村的五公祠、畈田蒋的务本堂均是此类改造方式。

宗祠建筑的使用功能延续了历史上的公共空间属性，至今仍是村内居民的主要活动场所，使得传统聚落公共空间格局得以延续。而且由于人员使用，建筑的保持程度完好，甚至优于作为景点修复翻新的部分古建筑，是物质文化的双重延续。

9.1.5 本地苗木产业支撑

义乌江下游流域的土地资源优势至今仍然存在，澧浦、曹宅、孝顺等地均以盆景苗木为主要产业。苗木产业延续了义乌江下游流域传统农耕文化，同时也是区域经济发展的重要基础，为本地人就业提供更多的机会。苗木产业也为区域乡村的园林式建设更新提供了便利的乡土材料。

9.1.6 现代交通及基础设施建设

义乌江下游流域当代交通及基础设施的便利条件是区域居民生活保障的基础。此区域有较为完善的基础设施建设，各乡村的饮水系统遍及主要住宅，有基础的垃圾分类处理系统。自2000年开始的新农村建设时期各聚落修建了基础绿化和广场、凉亭、健身器材等设施，是当地居民安居生活的基本条件。

而此地当今的铁路和公路建设卓有成效，连通全国各地，金华至杭州的高铁仅需2小时即可到达。发达的交通建设充分发挥了义乌江下游流域浙中腹心地理地位，加速了区域的连通和交流，是吸引全国各地游客及商贸往来的基础。双龙洞景区以作为区域著名自然经典向全世界推广。

9.2 义乌江下游流域传统聚落公共空间的现状困境

当前义乌江下游流域地区也面临了诸多困境，主要包括：

（1）维护古建筑困境——资金短缺。对于历史街区及古建筑的保护而言，最严重的问题

是资金的短缺。古建筑的修缮工程耗资巨大，一栋古建筑的完整修缮就需要200万～500万元。就调研情况来看除澧浦镇锁园村、傅村镇畈田蒋村以外其他传统聚落大部分都尚未作为旅游资源正式对外开放，因此对于历史街区的保护、修缮、规划全都依靠政府的资金拨款，而聚落内历史建筑通常属于村民的祖宅，对于历史建筑的产权问题政府与个人之间又存在巨大争议，也使得居住者与管理者两方面都无意主动进行维护和修复。

（2）居民安置的困境在于居住用地资源的限制，无法整体搬迁聚落居民。在传统聚落具有重要历史文化价值的同时，却与当地居民的日常生活存在明显冲突。当地民众更倾向于住在西式独栋别墅形态的民居之中，调研中部分居于旧屋中的居民极不满意自己的居住状况，期待政府进行整体拆迁安置。而对于流域所属的金东区政府而言，因为居住用地资源的局限，即使有心进行历史街区的整体性改造，也迫于用地安置困难无法进行。在此困境之下，很多珍贵的民居建筑都被视为"危房"，而遭到拆除，而从20世纪初的各镇规划所对于传统聚落的规划图纸中也可以看出，之前的规划工作对于传统聚落缺少应有的重视，试图将原本聚落全部推翻，重建为千篇一律的现代社区。因此，很多格局完整的传统聚落以及历史街区正以极快的速度逐渐消失。

（3）交通方式变革带来的冲击。传统交通方式的彻底变革也是义乌江下游流域传统聚落面临的问题之一。义乌江下游流域以陆路为主要交通通行方式，现代化公路、铁路的修建彻底改变了区域交通格局。尤其使原本位于区域主要交通干线上的市镇聚落迅速衰落，位于现代化交通偏远位置的聚落鲜有人到访，位于交通便达位置的传统聚落因为经济发展而过早遭到整体性的破坏重建。就聚落内部村民的日常生活而言，传统聚落巷弄空间与现代化的车行交通存在明显冲突，因此很多聚落地面卵石铺装早在20世纪60年代就已经被水泥路面所取代。大量停泊车辆严重侵占了原本的明堂地和晒谷场空间。

（4）公共生活的减少，生活方式的改变与冲突。如今义乌江下游流域的传统生活方式因为现代文明的发展而发生重大转变。由原本的大家庭聚居转变为以小家庭为主的生活方式。一方面，原本供多户家庭生活的民居大院多因为分家而被分隔为多个小单元部分，是对于历史建筑的严重破坏；另一方面，生活方式变革使聚落内部以及区域性的公共交流活动大幅度消减，取水与晾晒工作多在各自家中完成。区域性的出游、庙会等以郊野为背景的娱乐活动远少于以往。人与人之间的关系变得更加淡漠，区域凝聚力有待进一步强化。

（5）人口外流的困境。现代本地年轻人口多在外出打工，聚集在大城市工作，当地聚落老龄化空心化严重，大多数聚落中仅有老年人留守，呈现出明显的衰退、萧条之感。如何吸引留住年轻人口，振兴乡村经济，是需要与历史街区保护共同进行的关键课题。

（6）新建公共空间与历史空间的冲突。新建公共空间与传统环境形象的冲突也是现代传统聚落面临的一大困境。在新农村建设开展以来，当地村镇已经开始重视对乡村基础设施建设和园林式美化改造。但很多斥巨资修建的公共空间与传统聚落历史样貌存在明显差异，很多西式的凉亭、绿篱、假山石的配置不符合周边传统环境，反而是对整体环境的破坏。对于一些珍贵的历史街区遗存，一些地方的村委会仅关注于少数重点古建筑，而对于周边进行破坏性的改建，完全破坏了原本传统聚落的格局。例如畈田蒋村，由于艾青故居的和大堰河墓的存在，而在20世纪90年代在村中央开辟了便于机动车通行的宽阔公路和大型停车场，直达艾青故居门前，是对原本传统聚落格局的严重破坏。岭五村村西的文昌阁建筑群直至20世纪80年代末一直保持完好，但如今仅剩上方孤亭，仅因为往届村委觉得"前面建筑遮挡看不见亭子"而将整个古建筑院落全部拆除。

9.3　建议和举措

以党的十九大、十九届一中全会精神为指导，以"彰显中华文化特色，弘扬中国精神、传播中国价值，传承人文精神和传统工艺"为奋斗目标，贯彻落实中央"复苏传统村落""实施乡村振兴战略"精神，依据对于义乌江下游流域传统聚落公共空间历史特征的解读，对于此区域传统聚落公共空间的保护与更新分为传统聚落历史街区总体形态保护、历史街区空间保护、历史街区构筑物及基础设施建设、精神文化传承四个方面内容。

首先基于义乌江下游流域传统聚落历史街区的普查与评级，开展针对各传统聚落历史街区总体形态的合理保护规划。由金华市旅游局主持的《金华市传统村落保护与利用规划》已全面统计记录了义乌江下游流域现存传统村落名录。建议基于当地传统聚落现状，可依照历史街区的遗存完好程度将义乌江下游流域传统聚落划定为历史文化名村、传统文化村落、生态文明乡村三个等级。其中，历史文化名村是历史街区保存最为完好的传统聚落，包括山头下村、锁园村、郑店村等，应加快国家级、省级历史文化名村的申报工作，加大历史街区的保护修复力度。对于尚存部分历史建筑和街区，整体传统聚落形态已不完整的传统聚落以传统文化村落为保护发展目标，协调整个村落建筑立面的色彩与体量，挖掘内在传统文化内涵。对于仅存几座传统建筑或构筑物，聚落已经历现代化拆迁建设的聚落，以生态文明村落为目标，保障村民生活质量，同时保护现有历史建筑及构筑物，促进乡村积极有序地更新发展。

从总体空间形态角度，要尽力保护传统聚落总体形态的原真性与完整性，注重保护传统聚落周边山水景观和风水格局原貌。如前文所言，传统聚落周边山势走向、溪流形态、风水林布局等要素均是传统聚落历史空间形态的重要组成部分。传统聚落风水格局的位置形态更是体现历史文化传承的重要载体，必须予以重视和保护。

在此基础上在区域框架下构建义乌江下游流域郊野风景游赏体系。义乌江下游流域传统聚落公共空间中最值得借鉴的特点之一是以郊野为广阔背景的大量郊野娱乐活动。这样的娱乐活动强化了区域睦邻友好的关系，也有利于区域人口的身心健康。对于当代的义乌江下游流域，可将传统聚落与周边郊野风景名胜区连接起来，形成区域行的游赏体系。澧浦镇的郊野骑行路线、孝顺镇的义乌江竞渡计划都是很好的现有局部举措。而笔者认为其力度应该扩大到整个义乌江下游流域范围内，将步行及骑行游赏路线遍及整个地区郊野名胜地点。构建义乌江南、江北一体的整体区域性游赏空间系统。在增大居民对郊野空间的利用的同时，也吸引外地游客到访。可在原本传统渡口所在地如低田、洪村方等地建立游船码头，并可将在保存完好的传统聚落所在地，如曹宅、傅村、孝顺、澧浦等地作为住宿休整地点，将本来游览所需时间过短的小型聚落衔接在一起，形成聚落—郊野、名山名寺共同组成的区域游赏线路，也为区域旅游经济增长，吸引就业贡献力量。

合理开展传统聚落历史街区周边发展规划，维护保持历史街区边缘景观风貌。随着人口增长、新农村发展建设的逐步开展，村落居住区域范围的扩张在所难免。对于传统聚落历史街区周边的新街区规划，应与历史街区保留合理距离。对于新建乡村建筑，依照具体情况限制新建建筑物高度，以保持传统聚落历史街区天际线景观。对于已经建成的乡村新建住宅，目前义乌江下游流域以及广大浙江乡村地区都崇尚修建西式别墅城堡式住宅，大量带有圆顶或锥形顶的红色、绿色、黄色住宅建筑严重影响了传统聚落的原本白墙黛瓦的总体形象。在政府引导下修缮整改历史街区临近区域的建筑形象，是改善和保护传统聚落的课题之一，目前此领域已经在杭州、绍兴等地取得了探索性的成绩，有待将优秀的经验引入义乌江下游流域地区。

对于传统聚落历史街区内部，需高度重视传统聚落公共空间体系的保护与修复。传统聚落公共空间体系是展现传统聚落意象的最主要载体。传统聚落公共空间体系所包含的交通空间、生活空间、贸易空间、仪式空间、娱乐空间中，尤其交通空间作为传统聚落的脉络和骨架，对外来民众和游客而言是主要的游赏体验线路，直观展现了整个聚落的神韵和风貌。对传统聚落的巷弄应力求维持原有的尺度、规模、比例。在对于聚落交通空间的保护与修复过程中，应当注重保持街巷界面材质与色彩的协调一致。由于大部分义乌江下游流域传统聚落中原本巷弄的卵石铺地多已改造为水泥浇筑地面，对于重新铺筑卵石地面斥资甚巨。应本着"核心区域重点修复，周边区域协调一致"的原则，重点复原重建历史街区中主要景观区域，对于周边地带以色彩质感协调为修复目标，以求在有限的资金成本前提下获得最佳的历史街区复原更新风貌。义乌江下游流域传统聚落历史街区公共空间中的生活空间、贸易空间、仪式空间、娱乐空间均是展现当地原汁原味历史文化传统的宝贵文化遗产，通常也是聚落中较为核心的景观节点部分。应尽力维护保持传统聚落公共空间的原真性，尊重维护当地居民传统生活方式。

在微观层面，应当重视传统聚落中构筑物保护及基础设施建设工作。对于古井、古桥、牌坊等历史遗存予以重点保护。在对传统聚落的保护与修复过程中应当保持义乌江下游流域特有的以质朴致用之美为主要审美倾向。杜绝过度营建与当地历史传统不相符的仿古景观。协调历史遗迹周边建筑物及空间界面的色彩与材质。同时以保障传统聚落居民的基本生活为目标，强化传统聚落基础设施建设。传统聚落历史形态与现代化的生活方式之间的冲突是不可忽视、不可消除的。而义乌江下游流域绝大多数传统聚落中都尚有本村居民继续生活在其中，是活的仍处于动态发展中的历史文化宝藏。保证传统聚落尤其历史街区中原著居民的生活所需是传统聚落保护与更新的重点与难点。尤其对于历史文物遗存较为丰富的历史文化名村与传统文化村落，强化水源、电力、煤气、网络等设施，是进一步保护与开发的先决条件。

对于精神文化传承，应当深入挖掘和整理传统聚落非物质历史文化遗存，合理开展旅游文化产业，继承和发扬优秀传统文化。确定传统村落发展过程中起到重要作用的地方宗族、血缘、自然环境等因素，厘清传统村落发展的文化脉络。引导村民积极参与保护，争取当地居民的理解与合作。其中，传统村落需要保护的历史文化传统主要有：书面形式的文学艺术资料，流传的口头文学艺术，当地特有的文艺、曲艺形式，具有地方、民族特色的节庆活动等。在获得当地居民理解与配合的前提下，合理开展旅游文化产业。旅游文化产业的开发在带来经济效益的同时，也为地方政府和当地人民增加了保护历史与传统的热情。目前，义乌江下游流域的旅游相关产业正处于起步阶段，仅澧浦镇锁园村一处取得了较好的成绩以及很高的国际声望。已评为国家级和省级历史文化名村的山头下村和曹宅村都尚未形成规模化的旅游文化系统。山头下村斥巨资对历史街区周边河道进行整治和建设，但目前看来尚收效甚微，合理的旅游开发与更大力度的宣传推广势在必行。同时旅游开发又是双刃剑，如何在开展旅游业的同时保护好传统物质与非物质文化遗产，衡量好商业与保护发展之间的关系，是当地传统聚落未来面临的必经课题。

9.4 本章小结

义乌江下游流域传统聚落公共空间的现状优势在于已开展的历史街区与风景区建设、传统村落名号申报工作的开展、尚存的传统风俗活动、宗祠建筑的当代转变、本地苗木产业支撑、现代交通及基础设施建设。而现状困境主要包括：资金短缺、居住用地资源限制、交通方式的变革带来的冲击、公共生活的减少、人口外流的困境、新建公共空间与历史空间的冲突。为此相应提出对于保护更新义乌江下游流域传统聚落历史街区的建议主要包括：开展传统聚落历史街区的普查与评级，进行针对各传统聚落历史街区总体形态的合理保护规划。从总体空间形态角度，要尽力保护传统聚落总体形态的原真性与完整性，注重保护传统聚落周边山水景观和风水格局原貌。在此基础上在区域框架下构建义乌江下游流域郊野风景游赏体系。合理开展传统聚落历史街区周边发展规划，维护保持历史街区边缘景观风貌。对于传统聚落历史街区内部，需高度重视传统聚落公共空间体系的保护与修复。在微观层面，应当重视历史街区构筑物保护及基础设施建设工作。对于精神文化传承，应当尽可能深入挖掘和整理传统村落非物质历史文化遗存，合理开展旅游文化产业，继承和发扬优秀传统文化。

结语

本书针对义乌江下游流域传统村镇聚落公共空间研究的主要结论主要有如下五点内容：

1. 义乌江下游流域传统聚落在江南传统聚落范畴中具有明显的特殊性与典型性。

义乌江下游流域传统聚落形态特征的形成主要受义乌江下游流域特殊自然地理因素与社会人文因素两方面作用。义乌江下游流域地理环境特征包括：浙中腹地的区位地理、两山夹一川的地形地貌、溪塘纵横的水文环境、温暖干旱的气候条件、农林繁茂的植物资源、陆路为主的区域交通。社会文化特征包括：男耕女织的原始分工、聚族而居的社会传统、庙会繁多的娱乐传统、笃信风水的观念、多神信仰的宗教传统、重农抑商的初级贸易、徽婺结合的构造传统。自然环境与社会人文因素的综合作用促成义乌江下游流域传统聚落公共空间特殊性的形成。

义乌江下游流域传统聚落的历史演化进程中，长期的农耕文化的延续、位于战争后方的稳定社会环境和璀璨的文化积淀是该地区的突出特点。其演化发展自史前时代至民国末期经历了六个阶段：史前至春秋战国时期是上山文化产生至古越人繁衍生息的时期；秦汉时代汉越杂居开始；魏晋南北朝时期士人避乱而来，义乌江下游流域经历了本土越人留氏家族的兴衰更替；隋唐五代时期聚落缓慢发展，吴越国富饶安定，是中国北方动乱时难得的安居乐土；宋元时期义乌江下游流域水利兴建、文化荟萃，是聚落大规模发展的时期；明清之民国时期是聚落发展鼎盛与大型战乱交替出现的时期。

就选址与形态特征而言，义乌江下游流域传统聚落由村庄聚落和市镇聚落两类聚落共同构成，两类聚落因形成源头的差异而在选址、平面总体形态上呈现出明显区别。选址上，村庄聚落因居择地，主要选址特点包括临近水源、规避水患；有田可耕、不占耕地；山环水绕、藏风聚气。而市镇聚落因商建村，选址主要以交通便达、人口集聚为特点。形态上村庄聚落呈现出规整团型，以水塘或明堂地广场为发展源点，而市镇聚落以蜿蜒的线性形态为主，以中央的主街为生长轴线。两类聚落具有共性又有差异，其共同特点在于大面积居住区域的存在和仪式空间外围布置，两类聚落水区域商业经济条件的变化会出现聚落性质的相互转化。村庄聚落与市镇聚落是江南地区传统聚落普遍的两种类型，两类聚落共同构成了承载日常传统生活的完整公共空间体系。义乌江下游流域传统聚落总体意象特征而言：路径由街巷两级构成，差异明显；聚落边界依托自然山水；聚落节点向心性强烈；聚落标志物体现出家园的辨识性；区域特征而言商住差异显著。

2. 以当地传统公共生活为出发点，义乌江下游流域传统聚落公共空间具体特征根据可划分为四个层级、四个演化发展阶段和五类不同的功能空间。此分类与分级方法可同样应用于对于其他地区传统聚落公共空间的解读和研究之中。依据公共性程度的不同，以私宅为出发点由近至远，义乌江下游流域传统聚落公共空间可划分为邻里、宗族、近郊、远郊四个层级，其公共性依次递增。依据聚落形成演进的发展脉络，公共空间的演化发展可划分为定居阶段、发展阶段、鼎盛阶段、再发展阶段四个部分。依据义乌江下游流域传统聚落公共空间的使用功能，可划分为交通空间、生活空间、贸易空间、仪式空间、娱乐空间五个部分。

义乌江下游流域传统聚落公共空间特征与周边地区既有共性又有差异。尤其与浙西徽赣地区、浙北杭绍地区、浙东宁台地区、浙南温闽地区四方向区域渊源深远。就自然与社会背景而言，义乌江下游流域自然环境地势平坦、气候干旱是不同于周边区域的最大特点，社会人文背景而言，义乌江下游流域是史前上山文化的发源地，与周边地区有共同的血脉渊源，在历史的大部分时间处于战争后方位置，社会稳定，文化兴盛思想文化融会贯通，商业发展滞后。这些特点使其与经济发达但战乱频发的周边地区产生明显差异。

3. 就当地公共空间具体特征而言，交通空间、生活空间、贸易空间、仪式空间、娱乐空间五类空间各有特色。交通空间包括巷弄、车马道、聚落出入口三个部分。巷弄是传统聚落内部的主体骨架，具有通行、休憩和排水的功能，平面形态以二级回路、"丁"字形相交、巷段通直为最大特点，空间形态共有六类常见模式，最常见空间D/H比例在1/4至1/3之间。巷弄拐点空间、与街门、过街楼、宅门相衔接处为重要的空间节点位置。车马道是义乌江下游流域主要的区域性交通要道，与聚落位置关系主要有远离式、环绕式和贯穿式三类，宽度通常在3米以上。聚落出入口是传统聚落与外界联系的重要交通节点，通常由街门或过街楼两种形式的通道空间构成。生活空间主要包括滨水空间、生活广场两部分，滨水空间的类型包括塘、渠、溪、井四类形态，而生活广场主要有明堂地与"基"两类。贸易空间由街市、市基广场两部分组成。街市是最主要的贸易活动场所，市基广场具有临时性交易场所的职能，两类空间均由传统商铺建筑所围合，是与生活空间感受差异巨大。仪式空间由宗祠、庙宇、祖坟、风水树与风水林、水口空间五类构成，是均具有布局严谨、讲究风水的特点，是能够体现地区传统信仰的神圣空间。娱乐空间主要由郊野山林、斗牛场、戏台三类构成，是位于远离聚落居住区域的公共开放性空间。各类公共空间共同承载了义乌江下游流域传统公共生活的全部内容。

从微观层面上解析义乌江下游流域传统聚落公共空间，其侧界面主要由民居建筑、商铺建筑、祠庙建筑三类建筑构成，底界面由铺装、植被、水体构成，主要传统人工构筑物包括亭、桥、牌坊等。

4. 义乌江下游流域传统聚落公共空间体系对于当地社会的长久稳定起到重要的推动作用，公共空间具体特征中可揭示出传统文化中的哲学观与审美价值。

义乌江下游流域传统聚落公共空间对社会稳定的贡献包括：充分的生活保障、正统秩序的维护、便达的贸易讯息网络、大量的交往机会、广阔的娱乐平台、多层次的心理慰藉、明确的方向感辨识性。义乌江下游流域传统聚落所展现的文化渊源主要包括：上古农耕文明、儒家礼教传统、道家隐逸精神。义乌江下游流域传统聚落公共空间所体现的审美价值包括：致用之美、秩序之美、祥瑞之美。

5. 对于义乌江下游流域传统聚落公共空间的解析能够进一步为义乌江下游流域传统聚落历史街区的保护更新与此区域乡村公共空间建设提供参考性建议。

义乌江下游流域传统聚落公共空间的现状优势在于已开展的历史街区与风景区建设、传统村落名号申报工作的开展、尚存的传统风俗活动、宗祠建筑的当代转变、本地苗木产业支撑、现代交通及基础设施建设。而现状困境主要包括：资金短缺、居住用地资源限制、交通方式的变革带来的冲击、公共生活的减少、人口外流的困境、新建公共空间与历史空间的冲突。为此相应提出的保护建议包括传统聚落总体保护规划、历史街区空间保护、历史街区构筑物保护及基础设施建设、精神文化传承四方面内容。

参考文献

[1]　（民国）顾家相. 浙江通志[Z]. 民国八年（1919）铅印本.

[2]　（明）程文. 永嘉县志[Z]. 明嘉靖四十五年（1566）刻本.

[3]　（明）胡宗宪. 浙江通志[Z]. 明嘉靖四十年（1561）刻本.

[4]　（明）周宗智. 金华府志[Z]. 明成化十六年（1480）刻本.

[5]　（清）高见南. 相宅经纂[Z]. 清道光年间刻本.

[6]　（清）蒋廷锡. 大清一统志[Z]. 清道光九年（1849）木活字本. 藏.

[7]　（清）张葳. 金华府志[Z]. 清宣统元年（1909）. 石印本.

[8]　邓钟玉. 金华县志[Z]. 民国二十三年（1934）. 铅印本.

[9]　东山傅氏宗谱[Z]. 2006重修.

[10]　东溪郑氏宗谱. 光绪丁酉统. 翻.

[11]　畈田蒋氏宗谱[Z]. 2009重修.

[12]　黄金声. 道光金华县志[Z]. 清道光三年（1823）. 刻本.

[13]　金华安谷周氏宗谱·卷之一[Z]. 光绪丁酉年翻刻.

[14]　金华含香王氏宗谱[Z]. 民国辛未年续修，卷之一.

[15]　金华松溪项氏宗谱[Z]. 宣统己酉重修.

[16]　金华郑氏大宗谱[Z]. 2011修.

[17]　梅川方氏宗谱[Z]. 2016重修.

[18]　梅溪朱氏宗谱[Z]. 2008重修.

[19]　梅溪朱氏宗谱[Z]. 光绪壬午年. 重修.

[20]　蒲塘凤林王氏宗谱[Z]. 2013年增订.

[21]　浦口俞氏宗谱[Z]. 2005重修.

[22]　山头下务本堂沈氏宗谱[Z]. 民国三年（1914）重修.

[23]　山头下务本堂沈氏宗谱编纂. 金华傅村山头下务本堂沈氏宗谱[M]. 长春：吉林文史出版社，2013：卷一.

[24]　松溪胡氏宗谱. 光绪丁酉重修.

[25]　坦源曹氏宗谱. 民国丙子重修.

[26]　王治国原纂. 赵秦甡增修. 金华县志[Z]. 清康熙三十四年增刊本//中国方志丛书. 华中地方. 第四九七号成文出版社有限公司.

[27]　吴县钱等. 光绪金华县志·十六卷[Z]. 清光绪二十年修. 民国四年，民国二十三年重印版.

[28]　孝川方氏宗谱[Z]. 光绪二年（1876）重修.

[29]　协和曹氏宗谱[Z]. 2008重修.

[30]　中柔孙氏宗谱[Z]. 2015重修.

[31]　（德）沃尔特·克里斯塔勒. 德国南部中心地原理[M]. 常正文，王兴中，译. 北京：商务印书馆，2010.

[32]　（法）J.白吕纳. 人地学原理[M]. 任美锷，李旭旦，译. 南京：钟山书局，1935.

[33]　（法）阿·德芒戎，人文地理学问题[M]. 葛以德，译. 北京：商务印书馆，1999.

[34]　（美）路易斯·芒福德. 城市文化[M]. 宋俊岭，等，译. 北京：中国建筑工业出版社，2009.

[35]　（美）C. 亚历山大. 建筑的永恒之道[M]. 赵冰，译. 北京：知识产权出版社，2004.

[36]　（美）E.希尔斯. 论传统[M]. 傅铿，吕乐，译. 上海：上海人民出版社，1991：15-16.

[37]　（美）阿摩斯. 拉普卜特. 宅形与文化[M]. 常青，徐菁，李颖春，张昕，译. 北京：中国建筑工业出版社，2007.

[38]（美）埃德蒙·N.培根. 城市设计[M]. 黄富厢，朱琪，译. 北京：中国建筑工业出版社，2003：23.

[39]（美）凯文·林奇. 城市意象[M]. 方益萍，何晓军，译. 北京：华夏出版社，2001.

[40]（美）柯林·罗，弗瑞德·科特. 拼贴城市[M]. 北京：中国建筑工业出版社，2003.

[41]（美）克里斯托弗·亚历山大，等. 模式语言[M]. 王听度，周序鸿，译. 北京：中国建筑工业出版社，1989.12：558.

[42]（美）路易斯·H.摩尔根. 印第安人的房屋建筑与家室生活[M]. 秦学圣，等，译. 北京：文物出版社出版，1992.

[43]（美）欧文·劳斯，Rouse，潘艳等. 考古学中的聚落形态[J]. 南方文物，2007（3）：94-98.

[44]（美）施坚雅. 史建云，中国农村的市场和社会结构[M]. 徐秀丽译. 北京：中国社会科学出版社，1998.

[45]（挪威）诺伯格·舒尔兹. 存在·空间·建筑[M]. 尹培桐，译. 北京：中国建筑工业出版社，1990：38-39.

[46]（日）布野修司. 世界住居[M]. 胡慧琴，译. 北京：中国建筑工业出版社，2011.

[47]（日）富田芳郎. 台湾聚落的研究[M]. 台北：清水书局，1936.

[48]（日）和辻哲郎，风土[M]. 陈力卫，译. 北京：商务印书馆，2006.

[49]（日）芦原义信. 街道的美学[M]. 尹培桐，译. 天津：百花文艺出版社，2006.

[50]（日）马相一郎，佐古顺彦. 环境心理学[M]. 周畅，李曼曼，译. 北京：中国建筑工业出版社，1986.

[51]（日）藤井明，宁晶译. 聚落探访[M]. 北京：中国建筑工业出版社，2005.

[52]（日）藤井明. 聚落探访[M]. 北京：中国建筑工业出版社，2003.

[53]（日）原广司. 世界村落的教示100[M]. 北京：中国建筑工业出版社，2003.

[54]（英）F.吉伯德等. 市镇设计[M]. 程里尧，译. 北京：中国建筑工业出版社，1983.

[55]（英）布莱恩·劳恩. 空间的语言[M]. 杨青娟，等，译. 北京：中国建筑工业出版社，2003.

[56]（英）戈登·卡伦. 简明城镇景观设计[M]. 王珏，译. 北京：中国建筑工业出版社出版，2009.

[57]（英）克利夫·芒福汀. 街道与广场[M]. 张永刚，陆卫东，译. 北京：中国建筑工业出版社，2004.

[58] B·希列尔，赵兵. 空间句法——城市新见[J]. 新建筑，1985（1）：64-74.

[59] 安东尼. 吉登斯（Anthony Giddens）. 社会的构成[M]. 北京：生活·读书·新知三联书店，1998：238—239.

[60] 白佩芳. 晋中传统村落信仰文化空间研究[D]. 西安：西安建筑科技大学，2014.

[61] 柏春. 议城市景观的可持续发展[J]. 城市问题. 1999，90（4）：15-18.

[62] 包弼德，吴松弟. 地方史的兴起：宋元婺州的历史、地理和文化[J]. 历史地理，2006：432-452.

[63] 包伊玲. 文化视野下的古村落保护与可持续发展研究——以宁海曹宅古村落为例[J]. 宁波大学学报（人文版），2011，24（4）：118-121.

[64] 曹海林. 村落公共空间：透视乡村社会秩序生成与重构的一个分析视角[J]. 天府新论，2005（4）：88-92.

[65] 曹海林. 乡村社会变迁中的村落公共空间——以苏北窑村为例考察村庄秩序重构的一项经验研究[J]. 中国农村观察，2005（06）：61-73.

[66] 曹护九. 论黑龙江省村镇分布体系—县（市）域内三层次三类型的网络（体系）[J]. 中国土地，1985（3）.

[67] 曹林. 金衢盆地河流阶地发育和环境变化[D]. 金华：浙江师范大学，2012.

[68] 常建华. 中国社会生活史上生活的意义[J]. 2012（02）：3-30.

[69] 陈国灿，奚建华. 金华古代城镇史研究[M]. 合肥：安徽大学出版社，2000.

[70] 陈建国. 浙江省地图集[M]. 北京：中国地图出版社，2008.

[71] 陈金泉，谢衍忆，蒋小刚. 乡村公共空间的社会学意义及规划设. 江西理工大学学报，2007（4）：74-77.

[72] 陈晶. 徽州地区传统聚落外部空间的研究与借鉴[D]. 北京：清华大学，2005.

[73] 陈攀. 基于空间句法的历史文化街区空间结构研究[D]. 南昌：南昌航空大学，2017.

[74] 陈桥驿，吕以春，乐祖谋. 论历史时期宁绍平原的湖泊演变[J]. 地理研究，1984，3（3）：29-43.

[75] 陈桥驿. "越为禹后说"溯源[J]. 浙江学刊，1985（3）：98-102.

[76] 陈桥驿. 金华地理简志[M]. 杭州：浙江人民出版社，1985.

[77] 陈桥驿. 历史时期绍兴地区聚落的形成与发展[J]. 地理学报，1980（1）：14-23.

[78] 陈桥驿. 越族的发展与流散[J]. 东南文化，1989（06）：89-96+130.

[79] 陈桥驿. 浙江省地理简志[M]. 杭州：浙江人民出版社，1985.

[80] 陈述彭，杨利普. 遵义附近之聚落[J]. 地理学报，1943（00）：71-83.

[81]　陈伟. 传统商业街区的景观特征分析与量化方法研究[D]. 杭州：浙江大学，2006.

[82]　陈伟煌，储金龙，陈继腾. 传统村落类型划分及活化引导策略研究——以黄山市92个国家级传统村落为例[J]. 小城镇建设，2018（09）：108-117.

[83]　陈小辉，王虹生，刘淑虎. 协同学视角下传统村落公共空间的保护更新[J]. 福州大学学报（哲学社会科学版），2018，32（01）：21-26.

[84]　陈鑫. 清代以来恩施市城镇景观演变解析[D]. 武汉：华中农业大学，2010.

[85]　陈兴中. 中国乡村地理[M]. 成都：四川科学技术出版社，1989.

[86]　陈志华，李秋香. 诸葛村[M]. 北京：清华大学出版社，2010.

[87]　陈志华，楼庆西，李秋香. 楠溪江上游古村落[M]. 石家庄：河北教育出版社，2004.

[88]　陈志华，李秋香. 楠溪江中游[M]. 北京：清华大学出版社，2010.

[89]　陈志华. 乡土中国：楠溪江中游古村落[M]. 北京：生活·读书·新知三联书店，1999.

[90]　陈治邦. 历史文化名村中民居建筑的空间形态比较研究及当代借鉴[D]. 北京：北方工业大学，2014.

[91]　陈仲光，徐建刚，蒋海兵. 基于空间句法的历史街区多尺度空间分析研究——以福州三坊七巷历史街区为例[J]. 城市规划，2009，v.33：No.v.33（8）：92-96.

[92]　陈竹，叶珉. 什么是真正的公共空间——西方城市公共空间理论与空间公共性的判定. 国际城市规划，2009（3）：44-49.

[93]　陈紫兰. 传统聚落形态研究[J]. 规划师，1997（04）：37-41.

[94]　程川. 传统村落公共空间生产与乡村文化传承——以琐园村为例[D]. 金华：浙江师范大学，2017.

[95]　程大锦. 建筑：形式、空间和秩序[M]. 天津：天津大学出版社，2008.

[96]　程尧. 武安市古村落时空演变分析与保护研究[D]. 北京：中国地质大学（北京），2014.

[97]　戴林琳，徐洪涛. 京郊历史文化村落公共空间的形成动因、体系构成及发展变迁. 北京规划建设，2010（3）：74-78.

[98]　单德启. 安徽民居[M]. 北京：中国建筑工业出版社，2012.

[99]　单德启. 冲突与转化——文化变迁·文化圈与徽州传统民居试析[J]. 建筑学报，1991（1）：46-51.

[100]　单德启. 从传统民居到地区建筑[M]. 北京：中国建材工业出版社，2004.

[101]　单德启. 论中国传统民居村寨集落的改造[J]. 建筑学报，1992（4）：8-11.

[102]　单德启. 欠发达地区传统民居集落改造的求索——广西融水苗寨木楼改建的实践和理论探讨[J]. 建筑学报，1993（4）：15-19.

[103]　单军，王新征. 传统乡土的当代解读——以阿尔贝罗贝洛的雏里聚落为例[J]. 世界建筑，2004（12）：80-84.

[104]　单军，吴艳. 地域性应答与民族性传承——滇西北不同地区藏族民居调研与思考[J]. 建筑学报，2010（8）：6-9.

[105]　邓琳爽. 士文化对楠溪江古村落空间营造法则的影响[D]. 上海：同济大学，2008.

[106]　邓爽. 基于空间美学的关中传统村落外部空间分析研究[D]. 西安：长安大学，2014.

[107]　段进，龚恺等. 世界文化遗产西递古村落空间解析[M]. 南京：东南大学出版社，2006.

[108]　段进，季松，王海宁. 城镇空间解析：太湖流域古镇空间结构与形态[M]. 北京：中国建筑工业出版社，2002.

[109]　樊树志. 江南市镇[M]. 上海：复旦大学出版社，2005.

[110]　方辉主编. 聚落与环境考古学理论与实践. 济南：山东大学出版社，2007.

[111]　方贤峰. 浙东传统民居建筑形态研究[D]. 杭州：浙江工业大学，2010.

[112]　费孝通. 江村经济：中国农民的生活[M]. 南京：江苏人民出版社，1986.

[113]　费孝通. 乡土中国[M]. 北京：生活·读书·新知三联书店，1948.

[114]　冯道刚. 江南水乡古镇空间形态与行为的互动性研究[D]. 无锡：江南大学，2006.

[115]　冯尔康. 中国宗族史[M]. 上海：上海人民出版社，2009.

[116]　冯骥才. 传统村落的困境与出路——兼谈传统村落是另一类文化遗产[J]. 民间文化论坛，2013（1）：7-12.

[117]　冯文兰，周万村，李爱农，等. 基于GIS的岷江上游乡村聚落空间聚集特征分析：以茂县为例. 长江流域资源与环境，2008，17（1）：57-61.

[118] 冯亚芬, 俞万源, 雷汝林. 广东省传统村落空间分布特征及影响因素研究[J]. 地理科学, 2017, 37 (02): 236-243.

[119] 傅得芳. 金东区历史文化村落保护利用的探索[J]. 新农村, 2015 (1): 10-11.

[120] 甘琦. 徽州传统聚落景观研究[D]. 北京: 北京林业大学, 2014.

[121] 高峰. "空间句法"在传统村落外部空间系统分析中的应用——以徽州南屏村为例[D]. 南京: 东南大学, 2004.

[122] 高国栋. 徽州传统聚落中外部空间的保护研究[D]. 北京: 北京林业大学, 2011.

[123] 高云萍. 北山学派研究[D]. 杭州: 浙江大学, 2007.

[124] 格奥尔格. 齐美尔 (Georg Simmel). 社会是如何可能的[M]. 南宁: 广西师范大学出版社, 2002.292, 293.

[125] 耿虹, 周舟. 民俗渗透下的传统聚落公共空间特色探析——以贵州屯堡聚落为例[J]. 华中建筑, 2010, 28 (6): 96-99.

[126] 龚政. 浙江金华传统村镇商业街区环境的类型学研究[D]. 杭州: 浙江农林大学, 2015.

[127] 顾希佳, 王兴满. 曹宅: 古村落的活化石[M]. 杭州: 浙江大学出版社, 2009.

[128] 顾媛媛, 黄旭. 宗族化乡村社会结构的空间表征: 潮汕地区传统聚落空间的解读[J]. 城市规划学刊, 2017 (3).

[129] 管岩岩, 赵雯. 感知传统聚落的公共空间[J]. 科技信息, 2008 (34).

[130] 郭鹏, 徐岚. 西部地区农村公共活动空间演进初探[J]. 四川建筑, 2008, 28 (2): 19-20.

[131] 郭水良, 刘鹏. 浙江金华北山植物区系地理的研究[J]. 植物科学学报, 1993, 11 (4): 307-314.

[132] 郭小辉, 张玉坤. 从传统聚落到当代人居环境[J]. 山东建筑大学学报, 2004, 19 (4): 22-25.

[133] 郭晓东, 马利邦, 张启媛. 陇中黄土丘陵区乡村聚落空间分布特征及其基本类型分析——以甘肃省秦安县为例 [J]. 地理科学, 2013, 33 (1): 45-51.

[134] 郭妍. 传统村落人居环境营造思想及其当代启示研究[D]. 西安: 西安建筑科技大学, 2011.

[135] 郭于华. 仪式与社会变迁[M]. 北京: 社会科学文献出版社, 2000.

[136] 哈晨. 鄂东南地区传统村落公共空间研究[D]. 武汉: 华中科技大学, 2011.

[137] 海江. 金华古城邑的变迁[J]. 浙江档案, 1990 (6): 29.

[138] 杭州市档案馆. 民国金华地形图[M]. 杭州: 金华古籍出版社, 2013.

[139] 郝晓宇. 宗教文化影响下的乡城藏族聚落与民居建筑研究——以乡城县那拉岗村为例[D]. 西安: 西安建筑科技大学, 2013.

[140] 何峰, 陈征, 周宏伟. 湘南传统村落人居环境的营建模式[J]. 热带地理, 2016, 36 (4): 580-590.

[141] 何淑宜. 香火——江南士人与元明时期祭祖传统的建构[M]. 台北: 稻香出版社, 2009.

[142] 何晓昕, 罗隽. 风水史[M]. 上海: 上海文艺出版社, 1995.

[143] 何依, 孙亮. 基于宗族结构的传统村落院落单元研究——以宁波市走马塘历史文化名村保护规划为例[J]. 建筑学报, 2017 (02): 90-95.

[144] 何忠礼. 《中国地方志联合目录》(浙江部分) 补录[J]. 杭州大学学报: 哲学社会科学版, 1991 (4): 126-128.

[145] 贺明. 日常生活世界的传统聚落空间解读——以皖南、鄂东南传统聚落为例[D]. 武汉: 华中科技大学, 2004.

[146] 贺雪峰, 仝志辉. 论村庄社会关联——兼论村庄秩序的社会基础[J]. 中国社会科学, 2002 (3): 124-134.

[147] 贺勇, 王竹, 曹永康. 传统与现代——江南水乡与现代城市地域特色[J]. 华中建筑, 2007 (01).

[148] 洪焕椿. 浙江方志考[M]. 杭州: 浙江人民出版社, 1984.

[149] 洪铁城. 东阳明清住宅[M]. 上海: 同济大学出版社, 2000.

[150] 侯锋. 农村集市的地理研究——以四川省为例[J]. 城域研究与开发, 1987 (2).

[151] 胡贝贝, 杨憬铭, 刘诗悦, 陈思佳, 任光淳. 中日韩传统村落的保护与规划研究[J]. 现代园艺, 2018 (19): 106-109.

[152] 胡波. 婺州传统民居营造特征解读[J]. 品牌月刊, 2014 (9).

[153] 胡敏娴. 徽州古村落人居环境空间研究[D]. 北京: 北京林业大学, 2007.

[154] 胡希军, 朱丽东, 马永俊, 等. 金华市旅游社会承载力研究[J]. 经济地理, 2005, 25 (4): 590-592.

[155] 胡小伟. 徽州村落公共空间问题探析[J]. 城市建筑, 2017 (8): 357-358.

[156] 胡最. 浙江金华琐园村的文化景观基因识别研究[J]. 衡阳师范学院学报, 2016, 37 (6): 1-6.

[157] 黄美燕. 义乌建筑文化[M]. 上海：上海人民出版社，2016.

[158] 黄淑娜，刘岚. 浙东古村落建筑环境微更新方法探究[J]. 城市发展研究，2018，25（08）：1-4.

[159] 黄续. 婺州民居传统营造技艺[M]. 安徽科学技术出版社，2013.

[160] 黄忠怀. 明清华北平原村落的裂变分化与密集化过程[J]. 清史研究，2005（2）：21-31.

[161] 贾东. 中国传统民居改建实践及系统观[D]. 北京：清华大学，1993.

[162] 贾文胜，吕旭峰. 宋濂"文""道"思想及其婺学渊源[J]. 学术交流，2011（1）：178-183.

[163] 蒋炳钊. "越为禹后说"质疑——兼论越族的来源[J]. 民族研究，1981（3）：63-72.

[164] 蒋金治，卢萍. 金华明清建筑中的礼乐文化[J]. 东方博物，2007（1）：94-100.

[165] 蒋乐平. 钱塘江流域的早期新石器时代及文化谱系研究[J]. 东南文化，2013（06）：44-53+127-128.

[166] 蒋乐平. 钱塘江史前文明史纲要[J]. 南方文物，2012（2）：87+92-103.

[167] 蒋乐平. 浙江浦江县上山遗址发掘简报[J]. 考古，2007（09）：7-18+97-98+2.

[168] 蒋乐平. 浙江义乌桥头遗址[J]. 大众考古，2016（12）：12-13.

[169] 解锰. 基于文化地理学的河源客家传统村落及民居研究[D]. 广州：华南理工大学，2014.

[170] 金东来. 传统聚落外部空间研究的启示——以苏州、徽州、四川传统聚落为例[D]. 广州：大连理工大学，2007.

[171] 金华传统村落志编纂委员会. 浙江省传统村落志[M]. 上海：上海书店，1991.

[172] 金华地方志编纂委员会. 金华市志[M]. 杭州：金华人民出版社，1992.

[173] 金华区教育文化体育局主编. 金东区文物古建筑精粹[M]. 浙内图准字2012金3号，2012.

[174] 金华师范大学地理系. 金衢盆地地理研究文集[M]. 北京：气象出版社，1993.

[175] 金华市城乡建设志编纂委员会. 金华市城乡建设志[M]. 北京：方志出版社，2005.

[176] 金华市地名办公室. 浙江省金华市地名志[M]. 金华市新华印刷厂，1985.

[177] 金华市金东区《金华县续志》编纂委员会. 金华县续志[M]. 北京：方志出版社. 2005.

[178] 金华市金东区政协文史资料编辑委员会. 金东区古建筑遗存[Z]. 2005.

[179] 金华县交通局史志办公室. 金华县交通志[Z]. 金华：杭州地质印刷厂，1990.

[180] 金华县志编纂委员会. 金华县志[M]. 杭州：浙江人民出版社，1992.

[181] 金其铭，陆玉麟. 县域集镇体系研究[J]. 地理研究，1986（2）.

[182] 金其铭. 农村聚落地理[M]. 北京：科学出版社，1988.

[183] 金颖平. 以记忆与想象共筑之历史文化古村的修缮与保护——以金华市金东区山头下村为例[J]. 大东方，2016（7）：52-52.

[184] 金颖平. 浙中地区古村落"生态协同"发展的研究与思考[J]. 北方文学，2018（05）：164-165.

[185] 寇怀云，俞文彬. 传统村落保护的社区规划师角色构建[J]. 中国文化遗产，2018（2）.

[186] 李伯华，尹莎，刘沛林，等. 湖南省传统村落空间分布特征及影响因素分析[J]. 经济地理，2015，35（2）：189-194.

[187] 李步嘉. 越绝书校释. 浙江卷[M]. 北京：中华书局，2013.

[188] 李琛. 京杭大运河沿岸聚落区域空间分布规律研究[D]. 天津：天津大学，2007.

[189] 李东，许铁铖. 空间、制度、文化与历史叙述——新人文视野下传统聚落与民居建筑研究[J]. 建筑师，2005（3）：8-17.

[190] 李飞，杜云素. 中国村落的历史变迁及其当下命运[J]. 中国农业大学学报：社会科学版，2015，32（2）：41-50.

[191] 李和平，严爱琼. 论山地传统聚居环境的特色与保护—重庆磁口传统街区为例[J]. 城市规划，2000（08）：55-58.

[192] 李贺楠. 中国古代农村聚落区域分布与形态变迁规律性研究[D]. 天津：天津大学，2006.

[193] 李华伟. 乡村公共空间的变迁与民众生活秩序的建构——以豫西李村宗族、庙会与乡村基督教的互动为例[J]. 民俗研究，2008（4）：72-101.

[194] 李立. 传统与变迁江南地区乡村聚居形态的演变[D]. 南京：东南大学，2002.

[195] 李孟奇. 冀南太行山腹地传统村落公共交往空间研究[D]. 邯郸：河北工程大学，2017.

[196] 李秋香. 中国村居[M]. 天津：百花文艺出版社，2002.

[197]　李秋香等. 浙江民居[M]. 北京：清华大学出版社，2010，5.

[198]　李先逵. 中国建筑的哲理内涵——传统建筑生命力评价之一（下）[J]. 古建园林技术，1991（03）：38-41+29.

[199]　李晓峰. 乡土建筑：跨学科研究理论与方法[M]. 北京：中国建筑工业出版社，2005.

[200]　李孝聪. 中国区域历史地理[M]. 北京：北京大学出版社，2004，10.

[201]　李艳旗. 湘南地区单一姓氏聚居传统村落建筑布局研究[D]. 长沙：湖南大学，2010.

[202]　李沂原. 徽州传统聚落——公共空间的空间类型与行为特征[J]. 城市建设理论研究：电子版，2013（33）.

[203]　李志明. 江南古镇空间的多重阅读与思考[J]. 新建筑，2005（5）：68-72.

[204]　李志庭. 秦汉政府在浙江的人口政策[J]. 浙江学刊，1998（5）.

[205]　连蓓. 江南乡土建筑组群与外部空间[D]. 合肥：合肥工业大学，2002.

[206]　梁雪. 传统村镇实体环境设计[M]. 天津：天津科学技术出版社，2001.

[207]　林超. 聚落分类之探讨[J]. 地理，1948（1）.

[208]　林川. 晋中、徽州传统民居聚落公共空间组成与布局比较研究[J]. 北京建筑大学学报，2000（1）：60-67.

[209]　林菁，任荣. 楠溪江流域传统聚落景观研究[J]. 中国园林，2011（11）：5-13.

[210]　林莉. 浙江传统村落空间分布及类型特征分析[D]. 杭州：浙江大学，2015.

[211]　林玉莲，胡正凡. 环境心理学[M]. 北京：中国建筑工业出版社，2000.

[212]　林志森，张玉坤，陈力. 基于民间信仰的传统聚落形态研究——以城郡型传统商业聚落为例[J]. 建筑师，2012（1）：74-77.

[213]　林志森，张玉坤. 基于社区再造的仪式空间研究[J]. 建筑学报，2011（2）：1-4.

[214]　林志森. 基于社区结构的传统聚落形态研究[D]. 天津：天津大学，2009.

[215]　凌璇. 徽州传统村落空间形态特征及保护策略研究[D]. 西安：长安大学，2015.

[216]　刘滨谊，张亭. 基于视觉感受的景观空间序列组织[J]. 中国园林，2010，（11）：31-35.

[217]　刘东洋. 街道的挽歌[J]. 城市规划，1999（3）：61-63.

[218]　刘敦桢. 河南省北部古建筑调查记[J]. 中国营造学社汇刊，1937，6（4）.

[219]　刘明鑫，李翅. 从公共空间整治到古镇复兴——以四川省平乐古镇为例[J]. 规划师，2006，22（8）：20-24.

[220]　刘沛林，董双双. 中国古村落景观的空间意象研究[J]. 地理研究，1998，17（1）：31-38.

[221]　刘沛林，刘春腊，邓运员等. 中国传统聚落景观区划及景观基因识别要素研究[J]. 地理学报，2010，65（12）：1496-1506.

[222]　刘沛林. 古村落：和谐的人聚空间[M]. 上海：生活·读书·新知三联书店，1997.

[223]　刘沛林. 古村落文化景观的基因表达与景观识别[J]. 衡阳师范学院学报，2003，24（4）：1-8.

[224]　刘沛林. 论中国古代的村落规划思想[J]. 自然科学史研究，1998（1）：82-90.

[225]　刘盛和. 我国周期性集市与乡村发展研究[J]. 经济地理，1991（1）.

[226]　刘石吉. 明清时代江南市镇研究[M]. 北京：中国社会科学出版社，1987.

[227]　刘炜. 湖北古镇的历史形态与保护研究[D]. 武汉：武汉理工大学博士学位论文.

[228]　刘兴，吴晓丹. 公共空间的层次与变迁——村落公共空间形态分析[J]. 华中建筑，2008，26（8）：141-144.

[229]　龙元. 公共空间的理论思考[J]. 建筑学报，2009（S1）：86-88.

[230]　楼庆西. 郭洞村[M]. 北京：清华大学出版社，2007.

[231]　楼贤林. 浙中古村落植物景观的保护与建设研究[D]. 杭州：浙江大学，2015.

[232]　鲁晨海. 中国传统建筑实测集锦[M]. 上海：生活·读书·新知三联书店，2002.

[233]　鲁可荣，程川. 传统村落公共空间变迁与乡村文化传承——以浙江三村为例[J]. 广西民族大学学报（哲学社会科学版），2016，38（06）：22-29.

[234]　鲁西奇. 区域历史地理研究：对象与方法——汉水流域的个案考察[M]. 桂林：广西人民出版社，2000.

[235]　陆元鼎，陆琦. 中国民居建筑艺术[M]. 北京：中国建筑工业出版社，2010.

[236]　陆元鼎. 中国民居建筑. 上中下[M]. 广州：华南理工大学出版社，2003.

[237]　陆元鼎. 中国民居研究五十年[J]. 建筑学报，2007（11）：66-69.

[238]　陆志刚. 江南水乡历史城镇保护与发展[M]. 南京：东南大学出版社，2001.

[239] 罗德胤. 中国古戏台建筑[M]. 南京：东南大学出版社，2009.

[240] 吕学斌. 金衢盆地古地貌演变[J]. 浙江师范学院学报（自然科学版）. 1988（02）.

[241] 吕妍. 芝英古镇空间形态构成要素及其特征研究[D]. 杭州：浙江大学，2014.

[242] 麻欣瑶，丁绍刚. 徽州古村落公共空间的景观特质对现代新农村集聚区公共空间建设的启示. 小城镇建设，2009（4）：59-63.

[243] 马春炜. 关于金华古道保护与开发的建议[J]. 工程技术：文摘版，2016（11）：00244-00244.

[244] 马航. 中国传统村落的延续与演变——传统聚落规划的再思考[J]. 城市规划学刊，2006（1）：102-107.

[245] 马寅虎. 试论徽州古村落规划思想的基本特征[J]. 规划师，2002，18（5）：16-19.

[246] 马永俊，胡希军. 城镇群的共生发展研究——以浙中金华城镇群为例[J]. 经济地理，2006，26（2）：237-240.

[247] 毛竹君. 金华市水旱灾害脆弱性研究[D]. 金华：浙江师范大学，2015.

[248] 梅策迎. 珠江三角洲传统聚落公共空间体系特征及意义探析——以明清顺德古镇为例. 规划师，2008（8）：84-88.

[249] 孟祥晓. 水患视野下清代华北平原村落的分合与内聚——以卫河流域为中心[J]. 郑州大学学报（哲学社会科学版），2016（3）：120-125.

[250] 聂兰生. 新居与旧舍——乡土建筑的现在与未来[J]. 建筑学报，1991（2）：38-41.

[251] 潘艳. 长江三角洲与钱塘江流域距今10000-6000年的资源生产：植物考古与人类生态学研究[D]. 复旦大学，2011.

[252] 彭一刚. 传统村落聚落景观分析[M]. 北京：中国建筑工业出版社，1992.

[253] 漆山. 学修体系思想下的我国现代佛寺空间格局研究[D]. 北京：清华大学，2011.

[254] 千人俊. 民国金华县新志稿. 民国三十六年（1947）.

[255] 钱文燕. 金华市古村落保护开发工作的思考[J]. 政策瞭望，2017（4）：40-41.

[256] 钱卓瑛，张春阳. 古村落保护与金华的实践[J]. 城乡建设，2013（6）：66-69.

[257] 任燕，秦丹尼，李斌. 自然村落公共空间和居住空间的环境行为研究——以宁波象山D村为例[J]. 建筑学报，2011，（S2）：33-38.

[258] 阮仪三，邹雨，林林. 江南水乡城镇的特色、价值保护[J]. 城市规划汇刊，2002[1]：1-4.

[259] 桑坚信. 浅谈聚落形态考古与浙江史前聚落形态的考察[J]. 南方文物，1992（3）：102-105.

[260] 沙润. 中国传统民居建筑文化的自然观及其渊源[J]. 人文地理，1997（3）：29-33.

[261] 邵建东. 浙中地区传统宗祠研究[M]. 杭州：浙江大学出版社，2011，5.

[262] 邵甬. 历史文化村落保护规划与实践[M]. 上海：同济大学出版社，2010.

[263] 邵钰涵，刘滨谊. 乡村景观的视觉感知分析[J]. 中国园林，2016，32（9）：5-10.

[264] 沈福煦. 城市论[M]. 北京：中国建筑工业出版社，2009.

[265] 沈聿之. 西周明堂建筑起源考[J]. 自然科学史研究，1995：381-390.

[266] 施俊天. 基于"诗性景观"理念的江南乡村景观设计——以金华市蒲塘古村落为例[J]. 装饰，2016（05）：89-91.

[267] 石丽君. 湘西土家族地区传统聚落民居日常生活空间研究——以湘西凤凰古城为例[D]. 昆明：云南大学，2011.

[268] 斯高阳，张科，孙美灵等. 基于空间句法的历史文化名村景观特征探究[J]. 山西建筑，2014，40（4）：15-17.

[269] 宋爽. 中国传统聚落街道网络空间形态特征与空间认知研究——以西递为例[D]. 天津：天津大学，2013.

[270] 孙大章. 中国民居研究[M]. 北京：中国建筑工业出版社，2004.

[271] 孙晋美. 京西古道传统村落公共空间结构解析与更新研究[D]. 北京：北方工业大学，2018.

[272] 孙静. 人地关系与聚落形态变迁的规律性研究[D]. 合肥：合肥工业大学，2007.

[273] 孙军涛，牛俊杰，张侃侃，邵秀英.山西省传统村落空间分布格局及影响因素研究[J]. 人文地理，2017，32（03）：102-107.

[274] 孙莹. 梅州客家传统村落空间形态研究[D]. 广州：华南理工大学，2015.

[275] 索芳. 传统村落公共空间保护方法与利用策略研究以河南省小店河村为例[D]. 绵阳：西南科技大学，2016.

[276] 汤国安，赵牡丹. 基于GIS的乡村聚落空间分布规律研究：以陕北榆林地区为例[J]. 经济地理，2000，20（5）：1-4.

[277] 陶曼晴. 传统村落外部空间的界面研究[D]. 重庆：重庆大学，2003.

[278] 田林，衡秋歌. 豫北堡寨式聚落公共空间的更新策略研究——以小店河传统村落为例[J]. 遗产与保护研究，2016，1（6）：86-91.

[279] 万艳华. 长江中游传统村镇建筑文化研究[D]. 武汉：武汉理工大学，2010.

[280] 汪葛春. 清代无为的农业水利建设及其治理水旱灾害的困境[J]. 华北水利水电大学学报（社会科学版），2016，32（1）：24-27.

[281] 汪灏，廖宇航.基于集合理论和复杂适应性系统理论的村落更新[J]. 规划师，2017，33（01）：120-127.

[282] 汪亮. 徽州传统聚落公共空间研究[D]. 合肥：合肥工业大学，2006.

[283] 汪之力. 中国传统民居建筑[M]. 济南：山东科学技术出版社，1994.

[284] 王春光，等. 村民自治的社会基础和文化网络——对贵州省安顺市J村农村公共空间的社会学研究. 浙江学刊，2004（1）：137-146.

[285] 王海宁. 文化迁徙与变迁视野中的传统聚落形态研究——以贵州屯堡为例[D]. 南京：东南大学，2009.

[286] 王浩锋，叶珉. 西递村落形态空间结构解析[J]. 华中建筑，2008，26（4）：65-69.

[287] 王浩锋. 徽州传统村落的空间规划——公共建筑的聚集现象[J]. 建筑学报，2008（4）：81-84.

[288] 王景慧，阮仪三，王林. 历史文化名城保护理论与规划[M]. 上海：同济大学出版社，1999.

[289] 王静文，毛其智，杨东峰. 句法视域中的传统聚落空间形态研究[J]. 华中建筑，2008，26（6）：141-143.

[290] 王静文，韦伟，毛义立. 桂北传统聚落公共空间之探讨——结合句法分析的公共空间解释[J]. 现代城市研究，2017（11）：10-17.

[291] 王静文. 传统聚落环境句法视域的人文透析[J]. 建筑学报，2010（s1）：58-61.

[292] 王克旺. 浙江古越族历史初探[J]. 杭州师院学报（社会科学版），1984（02）：98-101+110.

[293] 王莉莉. 云南民族聚落空间解析[D]. 武汉：武汉大学，2010.

[294] 王路. 村落的未来景象——传统村落的经验与当代聚落规划[J]. 建筑学报，2000，25（11）：16-22.

[295] 王敏，吴攀升. 古村落旅游发展策略探讨：以浙江金华古村落为例[J]. 桂林旅游高等专科学校学报，2006，17（1）：61-64.

[296] 王鹏. 常熟古村落空间形态解析及其保护更新研究[D]. 南京：南京林业大学，2010.

[297] 王琴. 金华明清古村落建筑景观布局艺术及其文化特征[J]. 科技致富向导，2013（3）：24-24.

[298] 王庆成. 晚清华北乡村：历史与规模[J]. 历史研究，2007（2）：78-87.

[299] 王飒. 中国传统聚落空间层次结构解析[D]. 天津：天津大学，2012.

[300] 王巍. 徽州传统聚落的巷路研究[D]. 合肥：合肥工业大学，2006.

[301] 王维，耿欣. 耕读文化与古村落空间意象的功能表达[J]. 山东社会科学，2013（7）：77-80.

[302] 王韡. 徽州传统聚落生成环境研究[D]. 上海：同济大学，2005.

[303] 王文光. 百越民族史整体研究述论[J]. 云南大学学报（社会科学版），2004（03）：75-82.

[304] 王文卿，周立军. 中国传统民居构筑形态的自然区划[J]. 建筑学报，1992（4）：12-16.

[305] 王小斌，石庆昱. 地域传统聚落民居空间的文化探析——以皖南徽州聚落民居建筑为例[J]. 华中建筑，2013（12）：165-167.

[306] 王晓薇，周俭. 传统村落形态演变浅析——以山西梁村为例[J]. 现代城市研究，2011，26（4）：30-36.

[307] 王雪涓. 试论村庄布局规划——以金华市婺城区村庄规划为例[J]. 小城镇建设，2005（2）：38-40.

[308] 王益. 徽州传统村落安全防御与空间形态的关联性研究[D]. 合肥：合肥工业大学，2017.

[309] 王远. 古婺村落寻究[M]. 长春：吉林人民出版社，2008.

[310] 王云才，孟晓东，邹琴. 传统村落公共开放空间图式语言及应用[J]. 中国园林，2016，32（11）：44-49.

[311] 王昀. 传统聚落结构中的空间概念[M]. 北京：中国建筑工业出版社，2009.

[312] 王仲奋. 婺州民居营建技术[M]. 北京：中国建筑工业出版社，2014.

[313] 王竹，范理扬，王玲. "后传统"视野下的地域营建体系[J]. 时代建筑，2008（2）：28-31.

[314] 王竹，钱振澜. 乡村人居环境有机更新理念与策略[J]. 西部人居环境学刊，2015（2）：15-19.

[315] 王竹. 从原生走向可持续发展——地区建筑学解析与建构[J]. 新建筑，2004（1）：46-46.

[316] 魏秦，王竹. 地区建筑可持续发展的理念与架构[J]. 新建筑，2000（5）：16-18.

[317]　魏挹澧. "风土环境" 的保护与更新——湘西城镇风情[J]. 建筑学报, 1987（2）: 16-21.

[318]　韦浥春. 广西少数民族传统村落公共空间形态研究[D]. 广州: 华南理工大学, 2017.

[319]　吴良镛. 北京旧城与菊儿胡同[M]. 北京: 中国建筑工业出版社, 1994.

[320]　吴良镛. 人居环境科导论[M]. 北京: 中国建筑工业出版社, 2001.

[321]　吴斯真, 郑志. 桂北侗族传统聚落公共空间分析. 华中建筑, 2008（8）: 229-234.

[322]　吴晓勤. 皖南古村落规划保护方案保护方法研究[M]. 北京: 中国建筑工业出版社, 2002.

[323]　吴燕霞. 村落公共空间与乡村文化建设——以福建省屏南县廊桥为例[J]. 中共福建省委党校学报, 2016（01）: 99-106.

[324]　席丽莎. 基于人类聚居学理论的京西传统村落研究[D]. 天津大学, 2014.

[325]　夏腾飞. 设计视野下楠溪江传统村落建筑外部空间研究[D]. 上海: 上海交通大学, 2009.

[326]　肖佳林. 基于空间句法的浙东传统聚落景观空间形态研究[D]. 杭州: 浙江农林大学, 2017.

[327]　辛土成. 论汉族与百越民族的关系[J]. 厦门大学学报（哲学社会科学版）, 1993（01）: 80-84.

[328]　宿也. 芝英古镇应氏祠堂建筑遗存的形态特征研究[D]. 杭州: 浙江大学, 2014.

[329]　徐建春. 浙江聚落: 起源、发展与遗存[J]. 浙江社会科学, 2001（1）: 31-37.

[330]　徐儒宗. 婺学之开宗, 浙学之托始[J]. 浙江社会科学, 2014（8）.

[331]　徐怡婷, 林舟, 蒋乐平. 上山文化遗址分布与地理环境的关系[J]. 南方文物, 2016（03）: 131-138.

[332]　徐永明. 婺州文人群体之构成及其形成之地域文化背景[J]. 浙江学刊, 2004（6）.

[333]　徐勇, 吴毅, 孙龙, 仝志辉, 肖立辉. 农村社会观察（五则）[J]. 浙江学刊, 2002（02）: 90-98.

[334]　许伟. 徽州古村落空间整治对策研究[D]. 合肥: 安徽建筑大学, 2012.

[335]　许怡. 传统村落公共空间保护与更新研究[D]. 昆明: 昆明理工大学, 2015.

[336]　许怡. 传统村落公共空间保护与更新研究——以红河州传统村落为例[D]. 昆明理工大学, 2015.

[337]　许勇. 交往空间—徽州传统聚落空间研究[D]. 南京: 南京林业大学, 2008.

[338]　薛凯元, 徐建三, 王允双, 等. 浙东历史文化村落公共空间形态探析——以浙江嵊州崇仁古镇为例[J]. 建筑与文化, 2017（12）: 49-51.

[339]　严钦尚. 西康居住地理[J]. 地理学报, 1939（1）: 43-56.

[340]　严文明. 中国史前文化的统一性与多样性[J]. 文物, 1987（3）: 38-50.

[341]　杨锋梅. 基于保护与利用视角的山西传统村落空间结构及价值评价研究[D]. 西安: 西北大学, 2014.

[342]　杨嘉琦. 青海同仁传统村落公共空间保护与更新研究[D]. 西安: 长安大学, 2016.

[343]　杨玫. 传统徽州人居空间与人的行为关系研究[D]. 合肥: 合肥工业大学, 2010.

[344]　姚志琳. 村落透视—江南村落空间形态构成浅析[J]. 建筑师, 2005（3）: 48-55.

[345]　姚周辉, 何华湘. 宗族村落文化的范本: 温州永嘉岩头金氏宗族村落文化研究[M]. 金华: 杭州出版社, 2011.

[346]　业祖润. 传统村落环境空间结构探析[J]. 建筑学报, 2001（12）.

[347]　叶青. 传统聚落的人居环境空间解构方法研究[D]. 杭州: 浙江大学, 2006.

[348]　叶显恩. 明清徽州农村社会与佃仆制[M]. 合肥: 安徽人民出版社, 1983.

[349]　义乌市城建档案馆. 义乌古建筑[M]. 上海: 上海交通大学出版社, 2010.

[350]　余柏椿. 解读概念: 景观、风貌、特色[J]. 规划师, 2008. 11: 91-96.

[351]　郁枫. 空间重构与社会转型[D]. 北京: 清华大学, 2006.

[352]　扎博文. 建筑与街道间的构成形式及空间秩序的研究与探索[D]. 沈阳: 东北大学, 2011.

[353]　张柏齐. 关于传统村落保护开发的几个问题——以金华市实际为例[J]. 休闲农业与美丽乡村, 2013（7）: 81-82.

[354]　张大玉, 欧阳文. 传统村镇聚落环境中人之行为活动与场所的分析研究[J]. 北京建筑工程学院学报, 1999（1）: 11-23.

[355]　张大玉. 北京古村落空间解析及应用研究[D]. 天津: 天津大学, 2014.

[356]　张东. 中原地区传统村落空间形态研究[D]. 广州: 华南理工大学, 2015.

[357]　张光直, 胡鸿保, 周燕等. 考古学中的聚落形态[J]. 华夏考古, 2002（1）: 61-84.

[358]　张国淦. 中国古方志考[M]. 北京: 中华书局, 1962.

[359] 张觉明. 中国传统村落风水[M]. 武汉：湖北人民出版社，2009.

[360] 张杰，吴淞楠. 中国传统村落形态的量化研究[J]. 世界建筑，2010（1）：118-121.

[361] 张晶. 宋元时期"婺学"的流变[J]. 中国文化研究，2003（3）：101-109.

[362] 张凯丽，周曦. 景观、景观学与景观生态学之讨论[J]. 北京林业大学学报. 2009，vol.5（03）09：54-56.

[363] 张立文. 中国传统文化及其形成和演变[G]. 载许启贤. 传统文化与现代化[C]. 北京：中国人民大学出版社，1987：28.

[364] 张楠. 作为社会结构表征的中国传统聚落形态研究[D]. 天津：天津大学，2010.

[365] 张十庆. 五山十刹图与江南禅寺建筑[J]. 东南大学学报（自然科学版），1996，26（6）：37-41.

[366] 张舒菡. 基于空间句法的大研聚落街巷空间特色研究[D]. 北京：北京林业大学，2015.

[367] 张松. 小桥流水人家——江南水乡古镇的文化景观解读[J]. 时代建筑，2002（4）.

[368] 张晓冬. 徽州传统聚落空间影响因素研究——以明清西递为例[D]. 南京：东南大学，2004.

[369] 张晓瑞，程志刚，白艳. 空间句法研究进展与展望[J]. 地理与地理信息科学，2014，30（3）：82-87.

[370] 张昕. 古村落商业空间时空演进过程中的空间认知解析[D]. 天津：天津大学，2012.

[371] 张阳. 关中传统村落公共建筑的布局特征与风貌传承研究[D]. 西安：西安建筑科技大学，2016.

[372] 张颖异，柳肃. 空间句法在街巷空间更新设计中的应用——以台湾宜兰县礁溪地区为例[J]. 城市发展研究，2014，21（12）.

[373] 张愚，王建国. 再论"空间句法"[J]. 建筑师，2004（3）：33-44.

[374] 张玉坤. 聚落·住宅——居住空间论[D]. 天津：天津大学，1996.

[375] 张振. 传统聚落的类型学分析[J]. 南方建筑，2005（1）：14-16.

[376] 章寿松. 金华地区风俗志[Z]. 浙江省金华地区群众艺术馆，1984.

[377] 赵晓英. 传统乡村文化景观及保护研究——以杭州龙门古镇为例[D]. 长沙：中南林业科技大学，2008.

[378] 赵一新，厉仲云. 金华明清民居砖雕装饰艺术初探[J]. 东方博物，2005（4）：46-50.

[379] 赵勇. 亲和性城市公共游憩空间的系统建构研究[D]. 武汉：武汉大学，2011.

[380] 赵勇. 中国历史文化传统村落名村保护理论与方法[M]. 北京：中国建筑工业出版社，2008.

[381] 郑蕾. 徽州传统聚落空间认知与句法研究[D]. 合肥：安徽建筑大学，2017.

[382] 郑振满，陈春声. 民间信仰与社会空间[M]. 福州：福建人民出版社，2003.

[383] 中国建筑设计研究院建筑历史研究所. 浙江民居[M]. 北京：中国建筑工业出版社，2006.

[384] 中华人民共和国住房和城乡建设部. 中国传统民居类型全集[M]. 中国建筑工业出版社，2014.

[385] 钟惠华. 江南水乡历史文化城镇空间解析和连结研究[D]. 杭州：浙江大学，2006.

[386] 周岚，王奇志，朱晓光. 城市空间美学[M]. 南京：东南大学出版社，2001.

[387] 周乾松. 古城镇历史文化遗产保护的思考——以浙江为例[J]. 中共杭州市委党校学报，2003，1（1）：33-38.

[388] 周若祁，张光. 韩城村寨与党家村民居[M]. 西安：陕西科技出版社，1999.

[389] 周尚意等. 文化地理学[M]. 北京：高等教育出版社，2004.

[390] 朱光亚，黄滋. 古村落的保护与发展问题[J]. 建筑学报，1999（4）：56-57.

[391] 朱海龙. 哈贝马斯的公共领域与中国农村公共空间[J]. 科技创业月刊，2005（5）：133-135.

[392] 朱良文. 对传统村落研究中一些问题的思考[J]. 南方建筑，2017（01）：4-9.

[393] 朱炜. 基于地理学视角的浙北乡村聚落空间研究[D]. 杭州：浙江大学，2009.

[394] 朱啸宇. 婺州（金华）孔氏南宗文化内涵探讨[J]. 魅力中国，2016（21）.

[395] 朱雪梅. 粤北传统村落形态及建筑特色研究[D]. 广州：华南理工大学，2013.

[396] 祝红娟. 江南水乡的滨水空间[J]. 园林，2006（12）.

[397] 庄威风. 中国方志联合目录（浙江省）[M]. 北京：中华书局，1985.

[398] 邹农俭等. 集镇社会学[M]. 上海：上海社会科学院出版社，1989.

[399] 左云鹏. 祠堂族长族权的形成及其作用试说[J]. 历史研究，1964（Z1）：97-116.

[400] Doxiadis, Ekistics, the Science of Human, Science, 1970, v.170(no.3956): 393-404: 393.

[401] Emrys, Jones. Towns and Cities, London, Oxford University Press, 1966: 114-115.

[402] Eva, Kiss. Rural restructuring in hungary in the period of socio-economic transition[J]. GeoJournal, 2000, 51(3): 221-233.

[403] Garner, B.J. Models of Urban Geography and Settlement Location. In R.J.C horley and P.Haggett, eds., Socio-Economic Models in Geography, London: Methuen, 1967: 313-312.

[404] Mumford L. The Social Function of Open Space. Landscape, 1960.

[405] Nadai L. Discourses of Urban Public Space, USA 1960-1995 a historical critique. Columbia University(PhD thesis), 2000.

[406] Neil, M Argent, Peter J Smailes, Trevor Griffin. Tracing the density impulse in rural settlement systems: a quantitative analysis of the factors underlying rural population density across South-Eastern Australia[J]. Population & Environment, 2005, 27(2): 151-190.

[407] Njoh A J. Municipal councils, international NGOs and citizen participation in public infrastructure development in rural settlements in Cameroon. Habitat International, 2011, 35(1): 101-110.

[408] Paul, Oldeld. Rural settlement and economic development in Southern Italy: Troia and its contado [J]. Journal of Medieval History, 2009, 31(4): 327-345.

[409] Sevenant M, Antrop M. Settlement models, land use and visibility in rural landscapes: Two case studies in Greece. Landscape and Urban Planning, 2007, 80(4): 362-374.

后记

本书研究义乌江下游流域传统村镇聚落公共空间的主要意义在于：

其一，本书所研究的义乌江下游流域传统聚落是江南区域性传统聚落研究的重要一环。希望借此书内容能够进一步强化树立义乌江下游流域传统聚落在我国传统民居、历史文化村镇研究中的学术地位。义乌江下游流域的传统聚落至今仍被建筑和规划学界所忽视。而且现有研究通常将义乌江下游流域作为整个金华范围或浙中地区范围的一部分笼统地概括其建筑文化的特征，而忽视了该区域地理条件和社会文化方面的特殊性。本书对义乌江下游流域范围内的传统聚落所做研究解读了此地域聚落形态与周边区域的共性与差异，希望在某种程度上弥补江南区域性传统聚落研究的缺失。

其二，本书的研究有利于浙中金华地区历史文化的传承与发扬。本书旨在深入研究历史上义乌江下游流域传统生活与公共空间的关系，研究解析出的传统聚落公共空间的一般特征及研究方法适用于我国广大华中、华南地区。此研究将有助于丰富和延伸中国传统聚落历史文化研究的理论体系，为传统文化遗产的传承与发扬贡献力量。金华地区富有深厚的历史文化底蕴，历来是文献荟萃之地，义乌江下游流域所在的金衢盆地有以吕祖谦为代表的哲学学派融合浙东、徽州等多地的思想精华，也是朱熹理学与江西形势派风水传播发展的核心区域。义乌江下游流域具有深厚的历史文化渊源，深入探究深厚历史文化渊源与传统聚落形态空间之间的联系对于此区域物质及非物质文化遗产的保护与发扬都具有重要意义。

其三，本书内容有助于义乌江下游流域传统聚落历史街区的保护与利用，并可以对当代乡村振兴建设起到一定的借鉴意义。义乌江下游流域传统聚落是活的历史文化资源。至今义乌江下游流域仍有很多村民以农耕、观赏植物栽培、家畜饲养为主业继续生活在传统聚落之中，很多村庄仍以单一姓氏为主，流传至今的风俗习惯并未断绝。本书从传统生活入手对该地区传统聚落所展开的研究可以有针对性地为义乌江下游流域传统聚落历史街区和传统公共空间的保护与开发提供合理的意见与建议。

义乌江下游流域传统聚落公共空间对于长久以来保持当地人民生活上的自给自足、情感与精神上的宣泄、社会秩序的稳定和睦具有重要意义。对于当地历史公共空间的研究对当今义乌江下游流域的乡村建设具有借鉴价值。如今新农村建设正在金东区如火如荼地展开，如何打造出满足人民生活、娱乐各方面需求的合理公共空间，可以在当地传统公共空间特征中找到部分答案。

本书力求从义乌江下游流域传统聚落生活方式入手，全面探讨传统聚落公共空间的具体特征。但研究内容也存在一定的局限性，期待未来学者能有更进一步的补充与完善。

可惜之一在于研究所涉及的传统聚落类型仅为最主要的两类，即以农耕为主业的村庄聚落和商贸经营为主体的市镇聚落。义乌江下游流域历史上还存在一些以烧窑制陶、山中开采石灰等工作为主业的传统聚落，这些聚落因从事行业的特殊性，其聚落形态及公共空间的组成必然有相应的不同特点。但因现存传统聚落样本的缺失，未能在本研究中对这些特殊专业聚落进行解读，有待今后结合考古学发现及地方文献在此方面展开进一步的补充研究。

之二在于研究范围的局限。本书所选研究范围为义乌江下游流域范围，基本与金华市金东区现属行政区划范围重合，此范围的划定完整涵盖了自古以来金华府金华县东部的整块区域，区域内部有一致的自然条件、风俗习惯和历史发展历程，是对于传统聚落研究的合理限定范围。但也因此，本书未能囊括此区域之外的更多传统聚落样本，未能进行更广范围的比对和总结研究。尤其义乌江下游流域与所邻近的西部金华江流域和东部的义乌江上游及东阳江流域联系密切，同处于金衢盆地范围内，有频繁互通的贸易往来和相互之间的宗族迁居、联姻等情况。因此，这两个区域在聚落形态及公共空间特征上均与义乌江下游流域有着明显的一致性，又因与兰溪、汤溪、东阳、浦江等地的往来而有自身的独特变化和特点。今后有待进一步扩大研究范围，进行浙江中部地区各不同区块具体传统聚落特征的比对与归纳，相信将会是很有意义的拓展研究。

之三在于本研究以传统生活与公共空间的关系为着眼点，对义乌江下游流域传统聚落进行解读，而对古建筑具体结构细部研究涉猎不深。就调研所见而谈，笔者认为位于浙江中部的金华地区传统聚落和建筑形态或许是能够解答整个浙江传统聚落形态演变与分布成因的关键所在。尤其目前义乌江下游流域传统聚落形态与建筑特征仍是江浙传统聚落与传统民居研究范畴中被忽视的区域，对金华地区传统建筑的研究也限于对当地历史建筑的测绘和描述。很有必要进一步从建筑学领域针对金华地区与周边地区传统建筑制式的差异与共性展开相关研究。

传统聚落公共空间的相关研究是涉及自然学科、人文学科的跨学科多领域研究议题，建筑及规划学、人文地理学、考古及历史学、社会经济学等领域均对此议题有不同角度的解读，衷心希望针对本书内容，能与本研究相关领域的各位专家学者共同交流探讨。

梁怀月

二零二一年十月

致谢

感谢恩师刘晓明教授在我攻读博士与硕士期间，对我的指导、教诲与包容。在攻读博士期间，我经历了结婚生子的人生大事，也特别感谢家人对我的学业的理解与支持。非常感谢林菁教授在本书作为论文选题及成稿期间给予的耐心指导。感谢王向荣教授、林菁教授、张玉钧教授、赵鸣教授、董璁教授等老师在多次论文预答辩中提出的宝贵建议与意见。感谢天津大学梁雪教授在论文后期提出的修改完善意见。感谢郑曦教授、张玉钧教授、李素英教授、王继旭教授、金荷仙教授在百忙中对论文进行评阅并参加我的博士论文答辩。

在浙江调研期间，尤其感谢下列人士对我提供的大力帮助（排名不分先后）：金华市政协委员蒋鹏放、金华市古村落文化研究会朱俊生、金华成蹊信息发展有限公司郑小杰、傅村镇镇长胡旭卫、傅村镇规划所所长周华亮、联村干部方主任、蒋建民、畈田蒋村主任蒋永名、蒋恺铭、傅村村民傅延洪、孝顺镇副镇长汪宏、王副镇长、中柔村孙书记、澧浦镇镇长乔家友、澧浦镇文化站严勇兵、澧浦镇规划所郑所长、郑店村郑伟森主任、蒲塘村王主任、岭下镇宋副镇长、汤春仙女士、朱华新先生、赤松镇镇长黄建新、黄凯莉、范亚杰、赤松镇规划所黄俊贺、塘雅镇镇长汪丹、塘雅镇规划所所长徐桂成、塘雅文化站杜站长、曹宅镇镇长黄利文、曹宅镇规划所所长申建晴、曹宅镇党政办王傲雪、曹宅村曹克忠先生、江东镇镇长徐军玮、雅畈镇镇长陈友谊、联村干部贾主任、雅湖村胡琼、横店村村主任沈炫韶、金华永康市芝英镇镇长邱军成、芝英镇副镇长王国栋、芝英镇应业修先生、芝英八村村主任应立彪、台州市蟠滩镇党委书记杨卫星、温州市永嘉岩头镇副镇长胡建伟，以及众多未问及姓名的镇委村委干部和当地居民们，衷心感谢你们！

最后感谢两个幼子始终健康快乐地陪伴，给予了我莫大的支持与鼓励。长子陈厚兆从三个月到三岁曾频繁奔波在火车飞机汽车旅途之中，顶着酷暑陪妈妈在浙江乡村进行调研，本书成稿期间又正逢次子陈奕州的顺利降生与成长，希望这些经历会成为你们人生经历中的宝贵财富。也感谢屡败屡战，并未放弃的自己。

梁怀月
二零二二年五月于家中